공장자동화 기초와 응용

이 상 준 저

도서출판 상 학 당

欲爲大者 當爲人役

크고자 하거든 남을 섬기라

머 리 말

현대 산업기술의 발전과 사회적 환경의 변화에 따라 제조업체들의 공장자동화(FA : Factory Automation)에 대한 관심은 IMF를 겪은 기업들의 생존 전략적 차원에서 점점 증대되고 있다.

이러한 공장자동화를 구현하는 데 있어서 공압제어 기술은 각종 산업분야에 광범위하게 응용되고 있으며, 최근에는 공압기기의 성능이 향상되어 기계·유압·전기 및 전자제어 기술과 조합되어 신뢰성과 제어기능이 보다 향상되었고, 소형·경량화되어 중요한 역할을 하고 있다. 그리고 이러한 공장자동화에 가장 핵심요소이며 꽃이라고 할 수 있는 것이 '프로그램 논리제어기(PLC : Programmable Logic Controller)'이다.

기존 릴레이 제어 시스템은 제어조건에 따라 여러 관련요소들을 연결하여 사용하였으므로, 제어조건이 변화되면 제어 시스템을 변경하기 위하여 많은 시간과 돈이 필요하였다. 이러한 문제점을 해결하기 위하여 PLC가 개발되었다.

현재의 PLC는 초기의 PLC가 수행하였던 릴레이 대체 기능뿐만 아니라 아날로그 신호에 의한 PID 온도제어 및 고속 카운터에 의한 위치제어, 그리고 첨단 분산 제어 시스템을 적용하기 위한 고기능을 갖추고 있다.

그 동안 PLC는 제조회사마다 서로 다른 프로그램 명령어나 통신방식 등을 사용하였으므로 호환성이 떨어졌으나 국제표준회의(IEC)에서 프로그램 및 통신방식 등의 표준화를 위하여 IEC-1131을 제정하였다.

이 책은 대학의 기계·전기·전자 및 공장자동화 관련학과를 졸업하여 취업하는 학생은 물론 현장의 실무 초보자가 실험실습을 통하여 순수공압제어, 전기공압제어 및 PLC 제어의 기본기능을 이해하고, 최종적으로 기초적인 PLC 프로그램 작성능력을 배양하여 산업현장의 관련 업무에 적응하는 기간을 최소화할 목적으로 집필하였다. 따라서 학과의 특성이나 교육과정에 따라 필요한 부분만 선택하여 효율적으로 교육할 수 있을 것이다. 그리고 이 책에서 적용되는 PLC는 국내업체 중 LS산전에서 생산되는 GLOFA GM6 계열을 기반으로 대부분의 생산현장에서 많이 적용되는 명령어를 기능별로 분리하여 편집하였으므로 LS산전에서 생산되는 다른

PLC에서도 이 책의 내용을 일부 수정하여 PLC 기초분야의 교육 목적을 달성할 수 있을 것이다. 그러나 PLC에 대한 보다 깊은 지식과 응용에 대해서는 독자들이 사용하는 PLC 제조회사의 사용설명서와 별도의 참고서적을 활용하기 바란다.

이 책의 구성은 다음과 같이 3분야로 편집되었다.

제 I 편 이론에서는 공장자동화, 순수공압제어, 전기제어 및 전기공압제어, 그리고 PLC 제어에 대한 기초이론을 다루었으며,

제 II 편 실험실습에서는 순수공압제어와 그리고 예전의 릴레이 제어방식을 예제로 설명하면서 전기공압제어 및 PLC 제어방식을 이해할 수 있도록 내용을 다루었고,

제 III 편 부록에서는 LS산전에서 생산되는 GLOFA GM6 계열 PLC의 주요 사양, Windows용 PLC 소프트웨어 GMWIN 사용법 등을 다루었다.

이 책은 보다 많은 지식과 경험을 갖춘 여러 선배들의 지도편달을 기초로 계속 개정할 것을 기약하며, 끝으로 이 책을 집필하고 출판에 도움을 주신 도서출판 상학당의 남승우 사장님께 감사드리는 바이다.

2015년 2월

저자 씀

차 례

제 I 편 이 론_11

제 I 편

이 론

CHAPTER 01 공장자동화 개요

1-1 공장자동화와 자동제어

제조업체들의 공장자동화(FA : Factory Automation)에 대한 관심이 높아지고 있는 것은 기술의 발전과 사회적 환경의 변화에 따른 시대적 흐름이라 할 것이다. 일반적으로 경제성장에서 초기에 성장을 제약하는 주요인은 생산시설 혹은 자본의 부족이지만, 경제가 발전함에 따라 점차 기술이 중요한 생산요소로 대두되며, 이에 발맞추어 외국에서는 이미 기술에 대한 투자와 FA 분야에서도 많은 투자와 발전이 되고 있다.

FA는 끝없이 성장하고 변모해가는 시스템이면서 전자 · 기계 · 컴퓨터 · 통신 등 매우 다양한 기술의 융합에 의하여 실현 가능한 것이며 결코 간단한 대상은 아니다. FA라는 용어는 80년대에 들어서 주로 많이 사용되기 시작하였으며, “제품의 수주에서 출하까지의 생산 활동과 생산 시스템 전체의 효율적인 관리 및 제어를 위한 행위”로서, FA의 궁극적인 목적은 원가를 절감하면서 생산성 및 품질을 개선하는 것이다 (2014년 현재 OECD 34개국 노동생산성은 노르웨이 1위(87.1$), 한국 28위(30.4$)).

FA 생산시스템은 크게 컨베이어 라인(conveyer line : Ford line)과 워크 셀(work cell) 방식으로 분류한다. 그러나 최근에는 생산 현장의 특성에 따라 컨베이어 라인과 워크 셀을 동시에 적용하여 다품종 대량생산에 적합한 혼합 및 혼류생산시스템이 확산되고 있다.

컨베이어 라인 시스템은 이동식 도르래를 사용하여 고기를 운반하는 도축 공정을 응용한 일관 생산방식이며, 1914년에 미국 포드 자동차 회사의 자동차 생산 공정에 처음으로 도입되었다. 컨베이어 라인 시스템의 특징은 공급 중심, 저부가 가치, 분업 위주(생산 위주) 및 소품종 대량생산 체제에 적합하지만 효율성이 떨어지는 고정생산시스템방식이다. 그러나 생산성을 향상한 대량생산으로 근로자의 경제적 환경이 개선되어 도시생활을 벗어나 전원생활을 할 수 있는데 기여하였지만 기계에 의한 인간의 노예화를 촉진하게 되었다.

워크 셀 시스템은 점차 다양화되어가는 시대적 배경에 따라 1998년에 일본 캐논 회사의 생산 공정에 처음으로 도입되었다. 워크 셀 시스템의 특징은 수요 중심, 고부가 가치, 자기완결(조립→검사→수리→포장, 기술 위주) 및 다품종 소량생산 체제에 적합하며, 빈번한 공정의 변경에도 생산성 및 품질의 균일화를 달성할 수 있는 유연생산시스템(FMS : Flexible manufacturing System)이다. 그러나 워크 셀 방식을 도입하기 위하여 다공정 기술자 육성이 절대적으로 필요하며, 성급하게 도입하면 실패한다.

이와 같이 FA는 자동화와 더불어 유연성과 공장 전체의 통합을 실현함으로써 생산성과 품질의 향상을 지향하여 다양하고 급변하는 수요에 신속하게 대응하는 것이다.

1-2 공장자동화의 필요성

1997년 IMF 체제를 혹독하게 겪었던 우리나라는 주변 3국 제품과 경쟁, 즉 일본 제품의 품질, 타이완 제품의 기술 및 중국 제품의 가격(Japan-Quality, Taiwan-Technology and China- Price) 경쟁을 극복한 특성화된 제품을 생산하여 안정된 제조회사의 공장자동화 환경을 추구하여 왔지만, 2008년 글로벌 금융위기 이후에는 이런 분업 구조가 기술, 부품. 장비 및 제품 등 다방면에서 급격하게 경쟁적인 구조로 변화하고 있다. 그리고 이러한 공장자동화는 다음과 같은 3대 요인에 의하여 그 필요성이 증대되고 있다.

1-2-1 사회적 요인

여러 차례의 오일 쇼크를 겪은 생산 활동을 위한 환경이 생산만 하면 되었던 양(量)의 시대에서 경쟁을 전제로 하는 질(質)의 시대로 급변하고 있다. 즉, 고성장의 시대에서 안정성장의 시대로 변화하고 있으며, 어떤 기업에서도 유사한 제품을 유사하게 만든다는 현실에서 제품의 특성화 방법이 살아남는 조건이 된다.

생산현장에서는 최고가 아닌 최적의 품질, 적절한 시기와 생산량(just-in-time), 최소의 설비투자로 다품종 소량혼합 생산방식 및 생산품의 큰 변화나 공법의 혁신적인 변화에 수반하는 생산라인의 변경 등에 대한 유연성과 재활용 효과 요구가 증대되고 있다.

1-2-2 인적 요인

인건비의 삭감은 물론 안정된 고품질을 유지하기 위하여 사람이라는 불안정한 요인을 소유한 수단에 의지하기가 곤란하다. 원래 공장의 자동화는 열악한 작업, 즉 3D(dangerous, difficult, dirty) 업종이나 숙련 작업자가 부족하기 때문에 필요하며, 로봇은 5D(3D, Dull, Distance) 업종에 적합하다. 그러나 무의식중에 대량의 정보나 고도의 처리능력을 발휘하는 인간이 갖고 있는 유연한 적응력이나 시각검사와 같은 직관적인 판단력은 경제적 문제 때문에 기계화가 곤란하기도 하다.

1-2-3 기술적 요인

앞의 두 가지 사항을 달성하기 위한 기술발달과 관계되는 요인의 변화이다. 초기에는 단순한 릴레이(relay) 제어방식을 대체한 PLC의 경우처럼 컴퓨터화는 기계나 설비의 소프트웨어를 요구하였고, 소프트웨어의 변경으로 동작을 변환하는 방식은 바로 유연한 기계에 필수불가결한 요소가 되었다.

대용량 메모리에 의한 정보처리가 설계행위를 CAD(Computer Aided Design)로 변화하는 중이며, 고속의 반복연산처리로 카메라에 의한 시각인식을 가능하게 하여 시각검사라는 공장의 무인화를 달성하고 있다. 그리고 통신기능의 발달은 종합적인 생산관리를 가능하게 하고 시스템 전체의 유연성을 개선하게 되었다. 즉, 생산의 현장에서 제어(control), 컴퓨터(computer), 통신(communication)이 필수불가결한 혁신성 때문에 현대를 새로운 규범(new paradime)의 3C 시대라고 한다. 따라서 사회적 및 인적 요인이 서로 관련되고 자극되면서 신속한 변혁이 이루어지는 현대의 공장 환경에 적절하고 유연한 공장자동화에 대한 요구와 사고방식이 필요하다.

1-3 공장자동화와 시스템의 구성

FA 시스템, 즉 CIM(Computer Integrated Manufacturing) 시스템은 그 시스템에 존재하는 제품과 정보가 상호 관련성을 유지하면서 제어되며, [그림 1-1]의 하위 부분은 좌측으로부터 재료나 부품반입, 포장 등의 과정을 거쳐 출하되는 제품의 생산흐름을 나타내고 있다. 그리고 이 과정에서 공정 간에 반제품을 이동하거나 각 공정에서 부품 및 공구공급 등을 위한 운송이 추가되며 이 과정이 FMS(Flexible Manufacturing System)가 적용된 공정관리 제어부분이다.

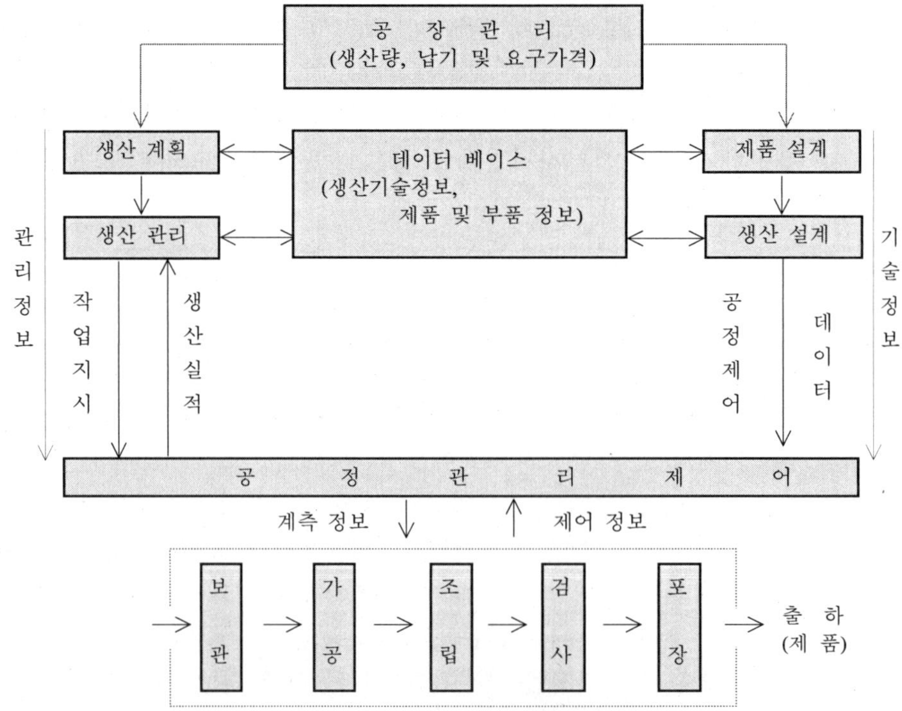

[그림 1-1] FA 시스템의 구성(제품 및 정보의 흐름)

이러한 공정관리 정보는 적당한 변환과정을 거쳐 각 공정에 전송되어 전체 공정제어를 실현한다. 그리고 FMS 부분에서는 제품의 제조공정에서 전송된 계측정보를 수집하여 공정관리 제어정보를 발생하고 제품의 생산 과정을 제어한다.

[그림 1-2]는 구성장비의 관점에서 본 예를 나타낸 것으로 표준화된 형태는 아니지만 이와 같은 형태를 지향하고 있다. 그리고 최하위에 있는 공정단계로서 고유의 제어장치를 갖고 있으나 제어기능 수준이 일정하지 않은 NC 공작기계, 공업용 로봇, 컨베이어 벨트, 무인운송차, 검사장치 등이 필요하며, 제어목적에 따라 서로 다른 제어명령을 공정단위에 부여하는 것이 공정제어 단위로서 PLC(Programmable Con- troller), PC(Personal Computer), 제어용 컴퓨터 등이 필요하다.

공정관리 단계는 공정제어 정보에 따라 제어명령을 공정제어 단계에 전송하여 공정을 진행하며, NC 가동정보도 동시에 전송한다. 그리고 상·하위의 컴퓨터간에는 WAN(Wide Area Network)이나 LAN(Local Area Network)으로 공정관리 단계와 하위의 공정제어 단계간은 고속 데이터 버스로 접속되는 것이 일반적이다.

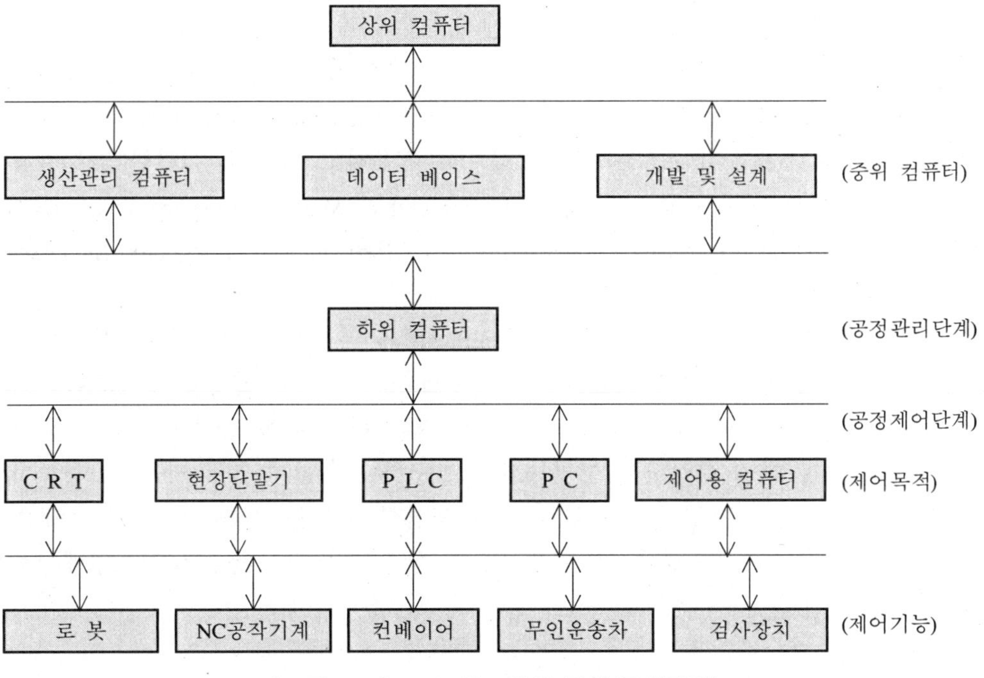

[그림 1-2] FA 시스템의 구성(구성장비)

[그림 1-2]에서 상위의 생산관리 컴퓨터는 보통 중형 컴퓨터로 구성되어 생산명령을 전송하여 생산계획 및 관리업무를 수행하고, NC 가공정보는 개발설계실로부터 전송되며, 이 부분이 소위 CAD/CAM에 해당된다.

요즘은 많은 기업들이 글로벌 기업화하면서 ERP 관리 시스템이 몇 년 전부터 기업 사이에서 급속도로 확산되고 있다.

ERP(Enterprise Resource Planning) 시스템은 기업의 업무를 전산화하여 기업 업무에 효율을 증가시키기 위하여 여러 모듈로 구성이 된 전사적 자원관리 소프트웨어로서 기업의 기간 업무인 회계, 인사, 재무 등을 비롯해 생산, 구매, 재고, 주문 등의 업무를 돕는 통합 애플리케이션이다. 그리고 최근에는 경영 자원을 기업 대 기업, 기업 대 고객으로 확장하여 운용하는 Extended ERP(XRP) 시스템이 도입되고 있다.

1-4 공장자동화 시스템의 조건

최근에는 일관된 완전자동화보다 경제요건의 변화에 따라 부분자동화 방식으로 소수인원에 의한 안제품을 생산하여 품질향상을 추구히고 생산단기를 절감하고 있다. 그리고 생산현장의 PLC와 관리실의 주 컴퓨터를 연계하여 생산현장의 상황을 집중감시 제어하는 SCADA (Supervisory Control And Data. Acquisition)와 같은 FAM(Factory Automation Manager)이나 HMI (Human-Machine Interface)를 적극적으로 활용하고 있으며, 이러한 공장자동화 시스템의 구축하기 위하여 FMS(Flexible Manufacturing System), DCS (Discrete Control System), Scalability 및 CIM(Computer Integrated Manufacturing) 등의 조건을 갖추어야한다.

FMS은 생산조건과 품종이 자주 변화하는 다품종 소량생산 방식에 대응하기 위한하드웨어와 소프트웨어 양면에서 유연성을 추구하며, DCS는 고장 및 사고 등에 의한 생산성의 저하를 억제하기 위한 공간적 또는 계층적으로 시스템을 분산하여 고기능화를 추구한다. 그리고 Scalability는 기능이나 지능 등을 포함한 자동화 레벨과 생산성 향상을 위한 확장성을 추구하며, CIM은 기술·생산 및 판매시스템 상호간의 정보전송과 상호연계성을 추구한다.

1-5 공장자동화와 기술의 분류

공장자동화 기술을 수직적 개념으로 분류하면 [그림 1-3]과 같이 자동화설계 기술, 공정설계 기술, 계측기술, 제어기술, 시스템 기술 및 경영관리 기술이 있다.

경영관리 기술은 제품의 수주에서 제조·판매까지 일괄 관리하고 플랜트를 설계하며, 시스템 기술은 단독공정을 연결하여 워크 셀을 구성하고 생산라인을 구축하고, 제어기술은 제어변수가 목표값을 잘 추종하도록 PLC와 컴퓨터 등을 이용하여 제어입력을 발생한다. 그리고 계측기술은 온도·유량·압력 및 속도 등 제어변수 신호를 검출하며, 자동화설계 및 공정설계 기술은 실제 생산을 담당하는 로봇 본체 등을 설계한다.

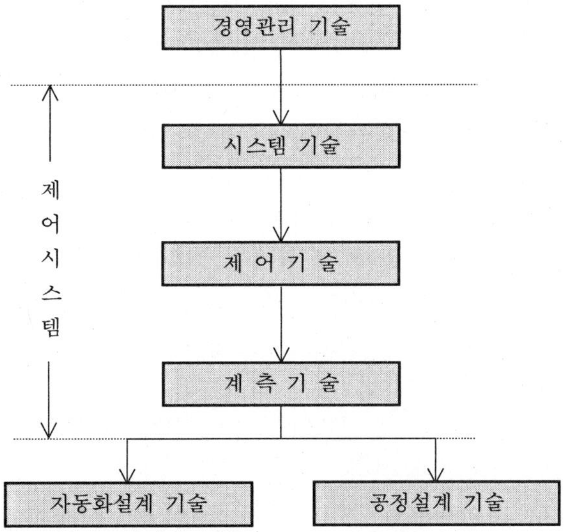

[그림 1-3] 자동화기술의 수직적 분류

1-6 도요타 생산 시스템

도요타 생산 시스템(Toyota Production System : TPS)이란 오노 다이이치 전 도요타 부사장의 경영철학 방식으로 장기불황에 허덕이는 일본에서는 물론 세계적으로도 동종업계 최고 수준으로 2003년 순이익 10조원을 돌파

한 일본 최고의 기업 도요타가 채택하고 있는 생산개혁 시스템이다(かいぜん(개선)-かくしん(혁신)).

극도의 합리화를 통하여 생산과정에서 생산비용과 제고를 최대한 감축하여 각종 낭비요소를 제거하여 가장 필요한 시기에 물품을 공급하고 생산하는 JIT(Just In Time : 부품 적기 공급) 시스템과 어떤 직원도 하루만 교육을 받으면 생산라인에 곧바로 적응할 수 있도록 간단한 생산라인을 만드는 것이 핵심이다.

가장 유명한 TPS 중 하나는 각 부품의 상자마다 수량, 규격, 모델명 등이 기록된 자동차 번호판 크기의 간판을 붙이는 간판방식이다. 생산라인 책임자가 간판을 수거함에 넣어두면, 부품업체 관계자들이 간판을 수거, 필요한 만큼 부품을 공급함으로써 아주 간단한 간판 하나 때문에 부품 재고가 넘치거나 모자라는 일은 절대 생기지 않는다고 한다.

최근에는 TPS의 개념이 생산 공정뿐만 아니라 인사, 연구개발 등 전 분야에도 적용되고 있으며, 이러한 TPS에 대한 국내 기업들의 벤치마킹 열풍은 1990년대 초부터 있었지만 2003년 들어 세계 경기 침체의 여파로 기업마다 혁신 노력에 관심을 가지면서 TPS가 다시 각광을 받고 있다. 그러나 일부에서는 눈에 보이는 방식만 도입했을 뿐 기본 이념까지 도입하지를 못하고 있다.

도요타 생산방식을 도입하여 성공하기 위한 기본 조건은 언제 해고될지 모르는 회사에서 고통을 수반하는 개혁의 의욕은 일어날 수 없으므로 종업원에게 개혁을 요구하려면 일단 감원을 해서는 안 되며, 일시적으로 모인 팀은 개혁을 지속할 수 없으므로 훌륭한 전임자를 만들어 지속적으로 현장을 체크하고 사장이 직접 책임자가 되어야 한다. 그리고 실패하면 해당 팀을 해체하여 재교육을 통하여 다른 팀에 배치하고, 성과에 직결되지 않는 노력도 평가하여야 한다.

도요타 생산방식은 기술자들이 원하는 생산 시스템을 그대로 구현하는 환경에 적합하며, 생산 노조와 모든 것을 협의하여 작업 강도나 방식을 구현하는 환경에서는 구현이 곤란하다. 따라서 국내 업체(현대모비스)는 현장의 현실을 극복하기 위해 도요타 생산방식생산을 개선한 모듈화와 JIS(Just In Sequence : 부품 적기 순차 공급) 시스템을 도입하여 적기 공급은 물론 생산성과 품질을 개선하고 있다. 그리고 최근에는 선진국과 글로벌 기업들이 생산성을 개선하기 위하여 각종 데이터를 분석한 빅 데이터(Big Data)와 인공지능 기능, 사물인터넷(IoT : Internet of Things), 증강 현실 등 IT 신기술을 공장자동화에 접목하여 '지능형 공장'을 실현하고 있다.

CHAPTER 02 공 압 제 어

2-1 공압의 역사

인간이 사용한 가장 오래된 에너지 중의 하나인 압축 공기는 B.C. 1000년 경 그리스인 Ktesibios가 최초로 이용하였으며, 공압을 이용한 최초의 기구는 수렵에 사용한 바람살(추진방식 석궁)이다. 그 후 B.C. 100~A.D. 100년 경에는 무기, 펌프, 시계, 오르간 등에 이용하기 시작하였고, 고대 이집트인들은 이 압축공기를 이용(풀무)하여 불을 피웠다.

공기의 운동이나 현상에 관한 학문을 다루는 Pneumatics는 "Pneuma"라는 말에서 유래되었으며, 원래 "Pneuma"라는 말은 그리스어로 호흡·바람을 의미하고, 철학에서는 정신(영)을 의미한다.

공기를 에너지로 이용하는 데 관련된 최초의 책 중의 하나가 AD 1세기에 만들어졌으며, 이는 더운 공기에 의하여 움직이는 장치에 대하여 기술되었다. 비록 공기학의 원리가 오랜 인간의 지식에서 나와 광업이나 건설업 그리고 철도(압축 공기 브레이크) 등의 영역에서 사용되긴 했었지만, 그 가동이나 원리에 대한 공기학의 조직적인 연구가 시작된 것은 공정의 자동화와 합리화의 문제가 증대하기 시작하여 산업생산에 적용된 1950년 경부터이다.

공기의 이용은 인간이 불을 사용하기 시작하면서 불을 발생시킬 때, 입으로 공기를 불거나 풀무와 비슷한 도구를 이용한 것부터라는 학설도 있다. 그리고 공압 발생기로는 1762년 John Smealton이 수차구동에 의한 실린더 방식의 블로워를 발명하였고, 1776년에는 John Wilkinson이 약 1[kgf/cm^2]의 압력을 발생시키는 압축기를 발명하면서부터 공압시대의 막을 열었다.

최근에는 조립기계, 포장기계, 식품기계, 단조기계, 용접기계, 철강설비, 반송설비, 인쇄기계를 비롯하여 거의 모든 분야에 이용되고 있을 정도로 단순한 장치에서부터 고도의 산업용 로봇이나 의료기기에 이르기까지 폭넓게 이용되고 있다.

2-2 공압기술의 특징

공압 시스템은 저가로 장치를 구성할 수 있다는 특징과 함께 현재 사용하고 있는 장치나 기계를 쉽게 자동화 · 성력화할 수 있어서 그 경제적 효과가 매우 크다. 특히 요즘 로봇화나 FA화가 추진되는 과정에서 공압 기술도 소형, 경량화의 요구에 일익을 담당하며 신뢰도가 높은 시스템을 구축하고 있다.

이와 같이 단기간 동안 공압장치가 널리 이용되는 이유는 공기보다 더 쉽게 경제적으로 자동화에 사용될 수 있는 매체가 없다는 사실이며, 공압기술의 장단점은 다음과 같다.

2-2-1 공압의 장점

(1) 이용가능성

압축 공기는 어느 곳에서나 실제적으로 쉽게 얻을 수 있고, 저장 탱크에 저장할 수 있어 정전과 같은 비상시나 안전기능이 요구될 때 편리하게 사용할 수 있다. 그리고 압축 공기는 회수할 필요가 없으므로 복귀 라인이 필요하지 않고 쉽게 이송과 확장이 가능하다.

(2) 사 용 성

공압기기는 동력공급원 · 정류기 · 변압기와 같은 부수적인 장치가 필요하지 않고, 빠르고 쉽게 조립할 수 있으며, 콤팩트한 형태로 구성되어 있다. 그리고 시스템을 확장할 때 낮은 가격으로 제어기능을 빨리 전환시킬 수 있으며, 전기장 · 자기장 · 폭발 위험 및 오염에 의하여 심한 외부 간섭을 받는 장소에 설치될 시스템에 적당하다.

(3) 취 급 성

구조가 견고하고 노이즈에 둔감하므로 거의 모든 산업 분야에서 사용되고 있다. 그리고 고도의 설계와 기술 보증으로 신뢰성이 매우 높아 다양하게 응용될 수 있으며 내구성이 좋다.

공압은 쉽게 배울 수 있고, 사용하기에 편리하므로 설치하기가 용이하고, 유지보수가 쉬우며, 비용이 적게 든다. 그리고 힘과 속도를 연속적으로 조절할 수 있다.

공기는 점성이 작으므로 배관 내에서 압력 강하가 적고 유속도 빠르므로 고속으로 작동할 수 있다(공압 실린더의 속도는 보통 1～2[m/sec]). 그리고 공기량의 증감에 따라 구동기기의 속도를 정확하게 조절할 수 있다.

(4) 안 정 성

공압 에너지 자체가 인체에 해가 없으므로 특별한 안전장치 없이 널리 사용되며, 공압부품 자체에 과부하에 대한 보호 기능을 갖고 있다. 그리고 광산이나 화학 플랜트와 같은 폭발 위험성이 있는 곳에서도 안전하며, 직물 · 종이 · 나무 · 고무산업 등과 같이 화재 위험이 있는 곳에 적당하다.

2-2-2 공압의 단점

(1) 준 비 성

압축공기를 만드는 데에는 많은 주의가 필요하며 먼지나 습기를 가능한 한 많이 제거해주어야 하므로 많은 주변장치가 필요하다.

(2) 압 축 성

공기는 압축·팽창하는 성질이 있으므로 구동기기의 위치제어가 어렵고, 부하 변동에 따라 작동 속도가 영향을 받기 쉬우므로 정밀한 속도제어가 곤란하다. 특히 저속에서는 속도의 불안정이 심해진다.

(3) 역학적 한계

공기는 높은 압력을 가하여 압축하므로 탄력성이 있지만 압축성과 공압 기기의 내구성 등으로 인하여 사용 압력은 유압과 비교하여 낮은 10[kgf/cm^2]까지가 한계이다. 그리고 조작력은 이송 길이와 속도에 달려 있지만 일반적으로 3[ton] 정도가 한계이므로 어떤 기준 이상의 힘이 요구될 때에는 비경제적이다. 그러나 현재는 높은 압력을 사용하여 이러한 역학적 한계를 높이려는 시도가 이루어지고 있다.

(4) 소음 발생

압축 공기가 배기될 때 큰 소리가 발생하므로 소음 원인이 되지만, 현재는 소음 흡수 재료의 개발로 크게 개선되었다.

(5) 저 효 율

에너지 효율이 낮아 운전비용이 비교적 비싼 편이며, 일반적으로 압축 공기의 팽창에너지를 사용 기기에서 100[%] 이용할 수 없다.

이상의 장단점을 비교하여 {표 2-1}에 공압과 유압 이외에 전기와 기계 제어 방식을 비교하여 나타내었다.

일반적으로 공압은 최대 조작력이 3[ton] 정도이며, 그 이상이 되면 압력이 변화한다. 그러나 유압은 압력 생성 과정이 공압과 다르고 비압축성이므로 유압의 출력은 기구가 견딜 수 있는 한계치까지 활용이 가능하다. 따라서 공압과 유압의 기호는 동일하지만 사용할 때 유의하여야 한다.

〈표 2-1〉 각종 동력 전달과 제어방식의 비교

전달방식 / 항 목	공 압	유 압	전 기	기 계
에너지 축적	공기탱크에 의한 저장으로 간단	어큐뮬레이터로 저장	직류만 콘덴서로 저장	스프링, 추 등 소규모
동력원 집중	용이	곤란	용이	다소 곤란
동력원 발생	다소 용이	다소 곤란	용이	곤란
인 화·폭 발	압축성에 의한 폭발	작동유에 의한 인화	누전 및 가스에 의한 인화	영향 없음
외 부 누 설	영향 없음	오염, 인화	감전, 인화	관계 없음
과부하 안전대책	압력 조절 밸브	릴리프 밸브	복잡	복잡
출 력 유 지	용이	다소 곤란	곤란	곤란
작 동 속 도	10[m/sec]도 가능(대)	1[m/sec] 정도(중)	가장 빠르다	소
보 수 관 리	용이	다소 곤란	다소 곤란	용이
에너지 변환 효율	다소 나쁘다	다소 좋다	좋다	다소 좋다
조 작 력	중(1[ton] 정도)	대(10[ton] 이상 가능)	중	소
속 도 제 어	다소 나쁘다	우수하다	우수하다	나쁘다
중 간 정 지	곤란	용이	용이	다소 곤란
응 답 성	나쁘다	좋다	매우 좋다	좋다
부 하 변 동	크다	조금 있다	거의 없다	거의 없다
소 음	크다	다소 크다	적다	적다

2-2-3 공압의 이용분야

공압은 최근 자동화에 의한 생산공정 개선이 가속화되면서 여러 분야에서 많이 활용되고 있으며, 특히 간이 자동화(low cost automation)에 주로 활용되고 있다. 그리고 전자제어기기의 발달과 가격 저하로 PLC와 공압이 결합된 제어 방식이 도입되고 있으며, 구동기기도 종래의 on-off식 제어에서 임의 위치제어를 할 수 있는 아날로그 방식 운동이 가능한 것도 개발되고 있다. 이와 같은 공압 에너지의 이용 분야를 살펴보면 다음과 같다.

(1) 공기의 이용

1) 압력 이용

자동화에 가장 일반적으로 사용되는 공압 기술의 중심을 이루는 방법으로 인공적으로 압축한 공기의 압력 에너지를 기계적 작동으로 변환시키는 동력기기를 사용하여 여러 가지 일을 한다.

이러한 응용 기기에는 워크를 클램프하거나 공압 전동공구를 사용하여 볼트를 조이는 일 등이다.

2) 압축성의 이용

압력 매체의 공기 압축성을 이용하는 방법으로 공기총이나 전동차의 공기 스프링이 있다. 공기의 압력을 변화시켜 임의의 강도로 조절할 수 있다.

(2) 압력 범위

4～6[kgf/cm^2]의 압력을 이용하는 일반 산업분야의 1[kgf/cm^2] 전후의 압력을 이용하는 프로세스 제어 분야로 크게 구별된다.

(3) 산 업 별

연중 무휴 운전으로 내 환경성이 중시되는 석유화학분야와 인체에 해를 끼치지 않아야 하는 의료·식품 분야, 안전과 신뢰성을 요구하는 차량 분야, 그리고 소형·기밀·방진 등을 매우 중요시하는 반도체 산업 분야 등 여러 분야에서 이용된다.

(4) 기 능 별

공압 구동기기의 직선·요동 및 회전운동을 작업 목적에 따라 이용하는 방법으로 가공공정자동화·용접자동화·포장자동화·조립자동화·반송자동화 및 계측자동화 등에 이용되며, 작동 횟수와 빈도도 연간 수 회에서 수억 회 작동하는 분야까지 활용된다.

2-2-4 공압의 발생 및 분배

공압을 이용하여 일을 하려면 먼저 공기를 요구하는 작업 압력까지 압축해야 하며, 이를 위하여 공기압축기나 송풍기가 필요하다. 여기서 공기압축기와 송풍기의 차이는 토출 압력이 1[kgf/cm^2] 미만의 것을 일반적으로 송풍기라 부르며, 1[kgf/cm^2] 이상의 것을 공기압축기라 한다.

[그림 2-1]에 일반적인 공압 발생장치의 구조와 각부 명칭을 나타내었다.

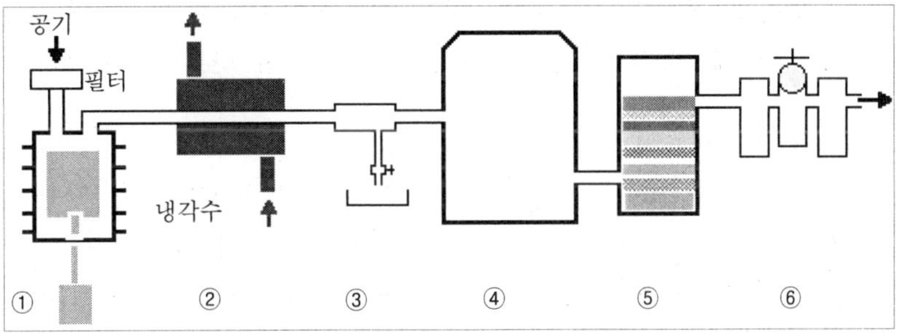

[그림 2-1] 공압 발생장치

1) 공기 압축기

공압 에너지를 이용하여 각종 기계적 일이나 자동화를 도모하기 위하여 공기를 흡입하여 필요한 작업 압력까지 압축하는 역할을 한다.

압축기는 구조에 따라 용기에 공기를 가득 채우고 이 용기의 체적을 감소시켜 압축공기를 생산하는 피스톤 방식과 선풍기처럼 한 쪽으로 공기를 집어넣고 질량 가속도를 변화시켜 대량의 압축공기를 생산하는 터빈 방식을 이용하여 압축한다.

그리고 토출량, 토출 압력, 급유 방식, 제어 방식에 따라 여러 형식이 있으며, 사용목적, 환경조건, 가격 등을 고려하여 적당한 것을 선정하는 것이 필요하다. 즉 1대의 대용량 압축기에 의한 운전보다는 소용량의 압축기를 복수로 병렬 운전하는 것이 고장에 의한 손해를 최소화할 수 있으며, 가격 검토를 하는 경우에는 초기 투자비, 유지비, 보전비 등을 고려하여 선정해야 한다.

2) 냉 각 기

상대 습도가 100[%]인 압축공기 속에 함유된 수분의 양은 공기의 체적과 온도에 정비례하며, 압축기에서 토출된 공기 온도는 250[℃] 정도까지 상승하므로 탱크, 배관을 통과할 때 방열만으로는 충분히 냉각되지 않는다.

압축공기는 온도가 감소되면 여분의 공기는 액화되어 수분으로 변화하므로 냉각하지 않고 그대로 사용하면 사용기기 패킹의 열화를 촉진하거나, 말단에서 냉각된 수분이 분리되어 기기에 나쁜 영향을 주므로 압축기 토출구의 바로 뒤에 냉각기를 설치하여 공기를 냉각하고 수분을 제거하기 쉬운 물방울로 만들어 분리하는 것이 필요하다. 이때 압축기내 윤활유의 미스트도 동시에 어느 정도 분리하는 것이 가능하므로 효과적이다.

3) 드레인 분리기

압축공기 중의 이물질 제거는 여과도 3~5[μm]의 주 배관 필터가 부착되어 이물질을 제거한다. 그러나 이 필터로 제거되지 않는 미세한 먼지나 오일 미스트를 제거하고, 드레인 분리기까지의 배관 중에 발생한 기름·물 등의 미세한 입자를 99.9[%] 이상으로 분리하여 청정한 공기를 얻기 위하여 필요하다.

4) 공기 탱크

공기 압축기로부터 토출 압력이 맥동화하는 것을 평활하게 하고, 일시적으로 많은 양의 압축 공기를 사용하게 되더라도 공기 압력의 저하를 최소화하기 위하여 공기 탱크가 필요하며 용기가 클수록 유리하다. 그리고 탱크 표면에서 방열을 이용하여 냉각 작용을 하거나, 압축 저장된 공기를 정전시 등 비상시에 사용하는 것도 가능하다.

공기 탱크에는 압력계, 안전 밸브, 압력 스위치 등을 부착해야 하고, 또 공기 탱크 자체가 압력 용기이므로 법적 규제를 받는다.

5) 건 조 기

공기 압축기로부터 나온 압축 공기 속에는 기름·물·먼지 등이 포함되어 있으며, 기름, 응축수, 먼지는 필터, 기름분무 분리기 등으로 제거할 수 있지만 비교적 큰 물방울을 제거할 뿐이고 수증기 제거는 불가능하다. 그리고 수증기는 공기 배관 중에서 외부와의 온도 차이에 의하여 응축되므로 녹 발생을 촉진시켜 이 녹과 수분이 공압기기 고장의 원인이 되므로 이 수증기를 제거하기 위하여 공기건조기가 필요하다.

건조기는 흡착방식과 흡수방식이 있지만 건조기 입구에 응축수를 분리할 수 있는 능력이 탁월한 실리카를 사용하는 흡착 방식이 대중화되어 있다. 그러나 흡착 방식은 실리카 표면에 발생된 수분을 제거하기 위하여 더운 공기를 공급하기 위한 열발생장치가 필요하고, 화학적 처리를 하므로 계속하여 건조제를 보충하여야한다.

6) 서비스 유닛(공압조정모듈 : FLR 패키지)

서비스 유닛은 공압원에서 보내지는 압축공기를 정화하고 압축공기에 급유하여 적정하게 설정된 압력의 공기를 공압기기에 공급하기 위하여 서비스 유닛이 필요하며, 반드시 공압기기 상류측에 설치한다.

서비스 유닛은 공압 필터, 감압 밸브, 윤활기가 조합되어 있으며, 이러한 기기를 일체형 구조로 만든 것도 있으나 일반적으로는 이런 기기를 접속관 등으로 접속하여 사용한다.

2-3 공압구동 요소

공압 에너지를 기계적 에너지로 변환하는 공압 구동 요소는 직선운동 작업요소와 회전운동 작업요소로 구분한다.

직선운동 작업요소는 압축공기 에너지를 기계적인 직선 운동으로 바꾸는 기구이며, 대표적인 요소는 단동 실린더와 복동 실린더가 있다. 이와 같은 실린더는 실린더 직경 6~320[mm], 실린더 행정 1~2000[mm], 작용력 1~50000[N] 및 속도 1~100[cm/sec] 범위 내에서 효과적으로 사용된다. 그러나 속도가 2[cm/sec] 이하이면 배압과 마찰력 때문에 스틱(stick)과 슬립(slip) 현상이 발생한다.

회전운동 작업요소는 압축공기 에너지를 기계적인 회전 운동이나 간헐운동으로 바꾸는 기구이며, 대표적인 요소는 연속 회전운동을 발생하는 모터와 최대 회전각을 360[°]로 제한한 요동형 모터가 있다.

2-3-1 공압실린더 개요

공압 실린더는 피스톤 면에 공기 압력을 작용시켜 그 구동력을 외부로 내보내 직선운동을 하는 구동기구이다.

공압 실린더는 구조가 간단하여 손쉽게 직선운동기구를 만들 수 있으므로 자동화 직선 운동기기 중 가장 보편적으로 사용되고 있다. 주로 온·오프 동작이 주체가 되어서 워크의 분리, 공급, 반송, 축출, 나사 조임, 구멍 뚫기, 클램프 등의 자동기계나 반송기기에 많이 사용된다.

최근에는 피드백 제어로서 정확한 중간 위치 정지가 가능하여 간이 산업용 로봇 팔의 구동기구 등으로도 사용하게 되었다. 그리고 매우 기본적인 것부터 사용 목적에 따라 특수한 구조의 제품까지 다양하게 제작되고 있으며 그 중에서도 피스톤 형식의 복동 실린더가 가장 많이 사용되고 있다.

2-3-2 공압실린더 구조와 기능

(1) 구 조

[그림 2-2]는 일반적인 실린더의 구조이며, 각부 명칭은 다음과 같다.

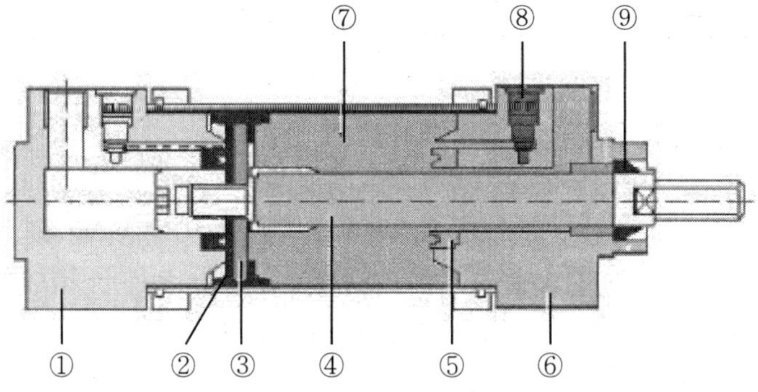

[그림 2-2] 실린더 구조

1) 헤드 커버

로드가 돌출되어 있지 않은 말단 부분으로 충격 완화용 쿠션 기구를 내장하고 있으며, 피스톤의 행정 거리를 결정한다.

2) 피스톤 패킹

피스톤 주위에 고정되어 공기 유출을 억제한다.

3) 피스톤

공기 압력을 받는 실린더 튜브 내에서 미끄럼 운동을 하여 공압 에너지를 기계적 에너지로 변환시켜 준다. 피스톤은 고속으로 헤드 커버에 충돌하기도 하므로 충분한 강도와 내마모성이 요구되며, 피스톤 외주에는 피스톤과 튜브 사이에 누설을 방지하기 위하여 패킹이 조립된다.

4) 피스톤 로드

피스톤에 접속되어 왕복운동을 전달하는 봉이며, 작용하는 부하에 따라 인장·압축·굽힘 및 진동 등의 하중에 견딜 수 있도록 충분한 강도와 내마모성이 요구된다.

5) 쿠션 패킹

피스톤 로드 주위에 고정되어 있으며, 사용 공기량이 많을 때 공기 유출을 억제한다

6) 로드 커버

피스톤 로드를 지지하기 위하여 덮는 커버이다.

7) 실린더 튜브

피스톤의 움직임을 안내하는 공압 실린더의 몸체로 피스톤의 미끄럼 운동 및 내압이 걸리므로 내압성과 내마모성이 요구된다. 재질로는 알루미늄관, 기계 구조용 압연강관, 황동관 등이 일반적으로 사용되어 왔으나, 최근에는 소형 실린더에 스테인레스관 또는 플라스틱 튜브도 사용된다.

8) 쿠션 밸브

쿠션의 효율 정도를 조정한다.

9) 부시

마모를 방지하기 위하여 피스톤 로드 주위에 삽입한다.

(2) 기 능

필요에 따라 다음과 같은 기능을 갖는 특수 실린더를 선택 사용한다.

1) 위치검출 기능

실린더의 동작 위치에서 행정 끝단의 위치를 검출하기 위하여 고무자석이 부착된 피스톤이 이동할 때 자기 변화를 감지하여 on/off하는 소형 리드 스위치를 부착하여 사용한다.

최근 동향으로는 자기저항 소자를 이용한 무접점 스위치가 개발되고, 소형화로 제작하여 최적 동작 위치를 2색으로 표시할 수 있는 스위치가 개발되었다.

2) 측장 기능

실린더에 스위치를 부착하면 어떤 특정 지점만 검출할 수 있지만, 실린더 피스톤에 자기 스케일을 내장하거나 피스톤 로드의 이동을 회전자를 통하여 로터리 인코더로 검출함으로써 스트로크 전 영역에서의 위치 검출을 할 수 있다.

3) 회전방지 기능

피스톤 로드가 원형으로 되어 있으므로 회전 방향에 대하여 부하가 걸리면 회전하게 되므로 피스톤 로드를 4각형이나 6각형 또는 2면형으로 가이드와 로드 실(seal)을 장착하여 피스톤 로드가 회전하지 않도록 하는 기능이다. 그리고 회전방지 정밀도를 높이기 위하여 실린더 피스톤을 2개 병렬로 조합하여 사용한다.

4) 가이드 기능

미끄럼 베어링 또는 볼 부시로 가이드 역할을 하여 회전 방지 정밀도를 ±0.03~0.08[°]까지 할 수 있는 기능이다.

5) 엔드 로크 기능

작업이 종료된 후 기계장치에서 압축 공기를 배기하면 실린더가 자유로운 상태가 되어 낙하할 때 부하나 장치가 파손되지 않도록 하는 기능이다.

6) 브레이크 기능

실린더를 중간 위치에서 정밀도를 높여 정지시키기 위하여 공압 실린더에 전자식 브레이크 기구를 내장하여 강제적으로 피스톤 로드를 클램프하는 기능이다.

7) 분산제어 기능

여러 개의 실린더를 분산제어하기 위하여 하나의 실린더에 방향제어와 속도제어 기능을 조합하여 사용함으로써 복잡한 배관을 단순화시키는 기능이다.

8) 직선 요동 기능

로봇 핸드 등에서 핸들링하고 반전시키기 위하여 직선운동과 요동운동 기능을 조합하여 하나의 실린더에서 사용하는 기능이다.

2-4 실린더의 종류와 특징

실린더는 운동 방향에 따라 단동 실린더와 복동 실린더로 구분하며, 사용 목적에 따라 특수한 구조의 제품까지 다양하게 제작되고 있으므로 그 중에서도 대표적인 실린더만 설명한다.

2-4-1 단동 실린더

단동 실린더는 포트(작동 유체의 통로 개구부)가 1개이며, 압축 공기를 피스톤의 한쪽으로만 공급해서 작동시키고 다른 한쪽의 작동은 단동 실린더 내부에 있는 스프링이나 외력으로 작동하는 구동 기구이므로 한쪽 방향의 작업만을 할 수 있다.

내장된 스프링의 힘은 피스톤이 충분한 속도로 원위치로 될 수 있도록 설계되어 있으며, 스템핑·펀칭 및 리벳팅 작업과 같이 압축공기를 직접 대기에 방출하여 작업 속도가 빨라야 하거나 가공물 등의 클램핑 등에 사용한다. 일반적인 단동 실린더의 구조는 [그림 2-3]과 같고, 그 특징은 다음과 같다.

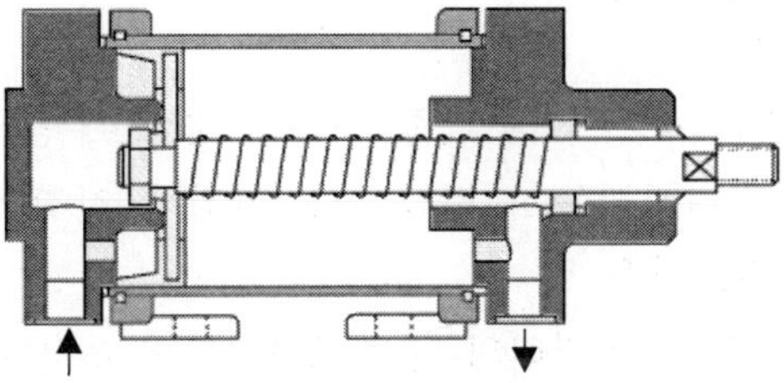

[그림 2-3] 단동 실린더

(1) 장 점

한 쪽 방향의 용적에 해당되는 공기만을 사용하므로 공기 사용량을 감소할 수 있으며, 공기를 입력 포트에만 공급하므로 3포트 2위치 밸브로서 작동이 가능하며 가격이 싸다. 그리고 공기를 배기 포트를 통하여 직접 대기에 배출하여 작동 측의 속도를 증가시킬 수 있다.

(2) 단 점

행정 거리에 따라 스프링의 힘이 변화하므로 실린더 속도가 변화하며, 외력에 의한 후진 행정에서 작용하는 힘이 변화하면 실린더 속도가 변화하므로 되돌아오는 사이클 타임이 불안정하다. 그리고 스프링이 내장된 단동 실린더의 경우 스프링으로 인하여 최대 행정 거리가 100[mm] 정도로 제한된다.

(3) 도면기호

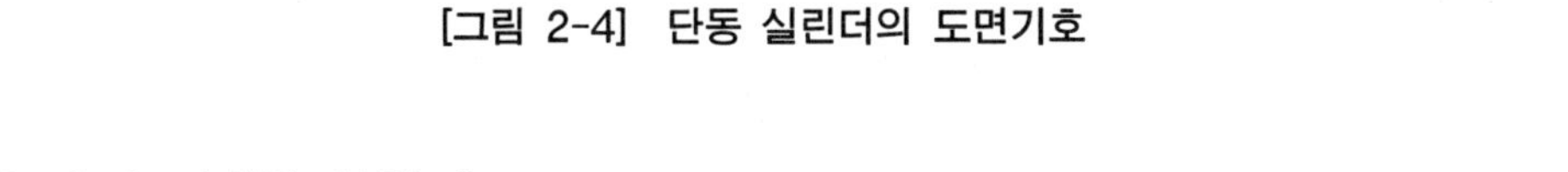

(a) 상세 기호 (b) 간략 기호 (a) 상세 기호 (b) 간략 기호

(가) 스프링 없음 (나) 스프링 붙이

[그림 2-4] 단동 실린더의 도면기호

2-4-2 복동 실린더

복동 실린더는 압축 공기를 양측에 교대로 공급하여 피스톤을 전진시키거나 또는 후진시키는 실린더이다. 따라서 전진 행정뿐만 아니라 후진 행정에서도 모두 일을 할 수 있다.

일반적인 복동 실린더의 구조도는 [그림 2-5]와 같고, 그 특징은 다음과 같다.

(1) 장 점

압축 공기에 의한 힘을 이용하여 피스톤을 전진 또는 후진시키며, 후진 행정에서도 속도제어가 가능하므로 일을 수행할 수 있다.

(2) 단 점

행정거리는 제한받지 않지만 너무 길면 피스톤 로드의 구부러짐(buckling)과 휨(bending)을 고려하여야 하므로 2000[mm] 이내로 행정 거리가 제한된다. 그리고 실린더의 운동 속도가 빠르거나 실린더로 무거운 물체를 움직일 때 관성에 의한 충격으로 실린더가 손상되므로 피스톤 끝 부분에 니들 밸브와 같은 쿠션 기구를 장착한 실린더를 사용하여야 한다.

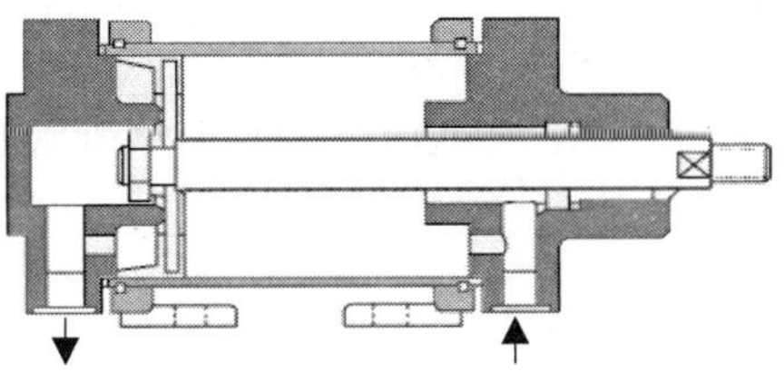

[그림 2-5] 복동 실린더

(3) 도면기호

(a) 상세 기호 (b) 간략 기호
(가) 편로드형

(a) 상세 기호 (b) 간략 기호
(나) 양로드형

[그림 2-6] 복동 실린더의 도면기호

2-4-3 양로드 실린더

피스톤 로드가 양쪽에 있고, 피스톤 로드를 잡아주는 베어링이 양쪽에 있어 축 방향의 왕복 운동이 원활한 실린더이다. 이러한 양로드 실린더는 작업 테이블 이송 및 정확한 수평운동 등에 사용된다.

일반적인 양로드 실린더의 구조도는 [그림 2-7]과 같고, 그 특징은 다음과 같다.

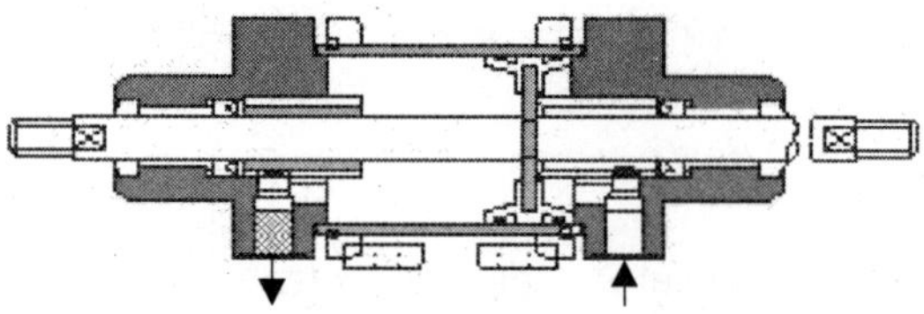

[그림 2-7] 양로드 실린더

(1) 장 점

전진 운동과 후진 운동에서 피스톤의 압력 작동면의 크기가 동일하므로 전진 행정과 후진 행정에서 발생할 수 있는 힘이 같으며, 로드에 걸리는 횡 하중에도 어느 정도 견딜 수 있다. 그리고 운동 부분에 리밋 스위치 등 검출용 기구를 설치할 수 없는 곳에서는 작업을 하지 않는 반대 측에 설치할 수 있다.

(2) 단 점

실린더 축방향의 길이가 길어진다.

2-4-4 탠덤 실린더

공압이 작용하는 피스톤 면적을 확대하여 작용력이 증대되도록 두 개의 복동 실린더를 1개의 실린더 형태로 나란히 조립한 복수의 피스톤을 갖는 실린더이다.

일반적인 탠덤 실린더의 구조도는 [그림 2-8]과 같고, 그 특징은 다음과 같다.

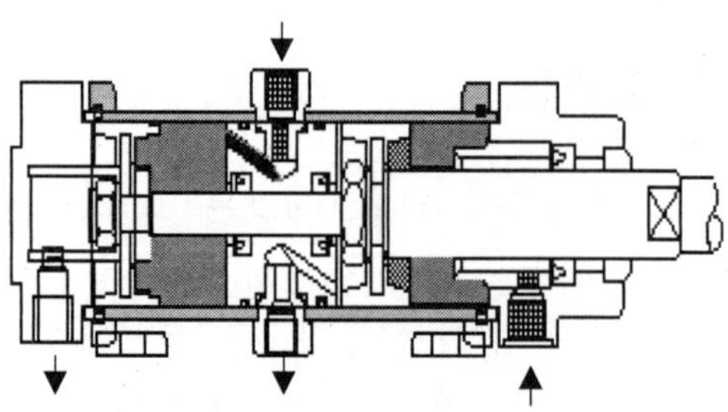

[그림 2-8] 탠덤 실린더

(1) 장 점

생산 현장의 공압이 일정하고 큰 힘이 요구될 때 사용되며, 2개의 피스톤에 압축 공기가 공급되므로 피스톤 로드의 출력은 거의 2배가 된다.

(2) 단 점

축 방향의 실린더 길이가 길어진다.

2-4-5 충격 실린더

큰 운동 에너지를 얻기 위하여 속도를 증가시켜 높은 충격 에너지를 발생할 수 있도록 설계된 실린더이다. 이러한 충격 실린더는 압축 · 플랜징 · 리벳팅 및 펀칭 등의 작업에 이용된다.

일반적인 충격 실린더의 구조도는 [그림 2-9]와 같고, 그 특징은 다음과 같다.

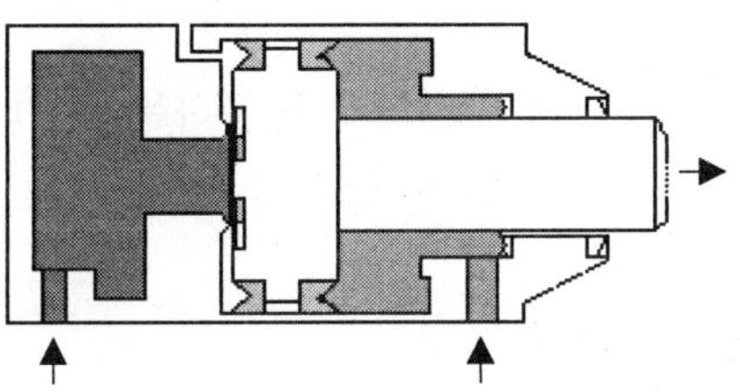

[그림 2-9] 충격 실린더

(1) 장 점

규격이 자은 실린더로 상당히 높은 충격 에너지(25~500[N · m])를 얻을 수 있다.

(2) 단 점

행정거리가 커지면 속도나 충격 에너지가 급속히 저하된다.

2-5 밸브 종류 및 구조

공압제어 시스템은 신호감지요소, 제어요소 및 구동요소 등으로 구성되어 있다. 신호감지요소와 제어요소는 구동요소의 작동 순서에 영향을 미치며 이를 밸브라고 부른다.

밸브는 시작과 정지 그리고 방향을 제어하고, 유량과 압력을 제어 및 조절해주는 장치이다. 그리고 슬라이드 밸브 · 볼 밸브 · 디스크 밸브 및 콕 등은 국제적으로 통용되는 명칭으로 모든 설계에 일반적으로 적용되며, 밸브는 기능에 따라 압력제어 밸브 · 유량제어 밸브 · 방향제어 밸브 · 논-리턴 밸브 및 차단 밸브 등 5개의 그룹으로 구분된다.

방향제어 밸브는 공압에서 가장 많이 사용되며 구조가 다양하므로 기능을 기준으로 기호를 만들어 나타내지만 나머지 밸브는 구조가 단순하므로 일정한 기호로 나타낸다.

2-5-1 방향제어 밸브

방향제어 밸브는 구동 요소에 공급하는 공기 흐름의 방향을 소설하는 요소로서 시동과 정지 · 흐름의 방향을 제어한다.

(1) 밸브의 도면 기호

제어회로를 설계할 때 도면에 나타나는 밸브 기호는 밸브의 내부 구조나 동작원리를 나타내는 것이 아니라 단순히 밸브의 기능만을 도면 기호로 나타낸다. 그리고 밸브의 기능과 작동원리는 사각형 안에 표시하며, {표 2-2}에 방향제어 밸브의 도면 기호를 나타내었다.

〈표 2-2〉 밸브의 도면 기호

표시 의미	표 시 법
밸브의 스위치 전환 위치(switching position)는 사각형으로 나타낸다.	
겹쳐져 있는 사각형의 개수는 밸브 전환위치의 개수를 나타낸다.	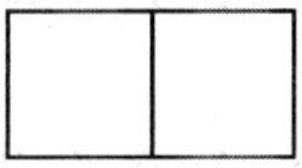
직선은 통로를 나타내며, 화살표는 흐르는 방향을 나타낸다.	
차단(shut-off) 위치는 사각형 안에 직각으로 표시된다	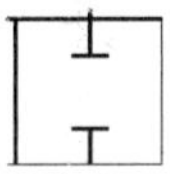
통로의 접점은 점으로 표시된다.	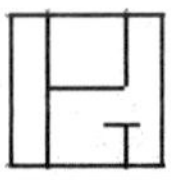
출력 포트와 입력 포트의 접속 포트는 사각형 밖에 직선으로 표시된다.	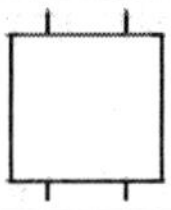
밸브의 다른 제어 위치는 사각형을 옆으로 움직이면 얻을 수 있다.	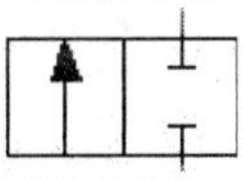
밸브의 스위치 위치는 a, b, c 등의 소문자로 표시될 수 있다.	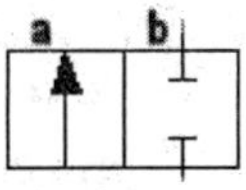
3개의 제어 위치를 갖는 밸브에서 중간 위치는 중립 위치를 나타낸다.	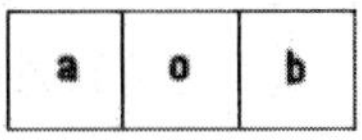
파이프 라인이 없는 밸브에서 직접 배기되는 배기 포트는 사각형에 직접 붙는 삼각형으로 표시한다.	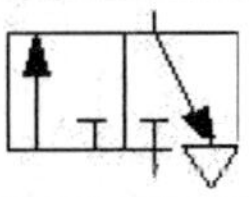
파이프 라인이 있는 밸브에서 배기 포트는 사각형에 직접 붙지 않는 삼각형으로 표시한다.	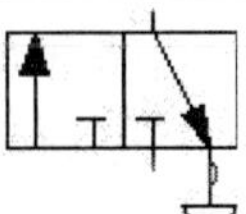

(2) 밸브의 포트 수와 제어 위치 수에 의한 분류

1) 포트 수

방향제어 밸브의 제어 통로의 수이며, 2 · 3 · 4 · 6 포트 밸브가 있다. 그리고 밸브의 포트에는 공기 통로의 접속 포트와 조작 신호용 파일럿 포트가 있으나 밸브의 포트 수는 공기의 주관로와 밸브를 접속하는 공기 통로의 포트 수와 같다.

압축 공기가 진입하는 입력 포트는 P, IN 또는 SW 등으로 표시하고, 실린더와 접속하는 압축 공기 출력 포트(작업 포트)는 A, B, OUT 또는 CYL 등으로 표시한다. 그리고 압축 공기를 대기 중으로 방출하는 배기 포트는 R, S 또는 EXH로 표시하는 것이 통례이지만 제조회사에 따라 1 · 2 · 3 등의 숫자로 표시하는 경우도 있다.

2) 제어 위치 수

공기 흐름의 상태를 결정하는 밸브 본체의 제어 상태가 가능한 위치의 수이며, 2위치 · 3위치가 대부분을 차지한다.

방향제어 밸브는 공기 흐름을 제어시키는 것이 목적이므로 최소한 2가지 상태의 기능이 있어야 하고, 따라서 각기 다른 기능을 발휘할 수 있는 제어 위치를 가지고 있어야 한다. {표 2-3}에 방향제어 밸브의 포트와 제어 위치에 의한 분류를 나타내었다.

(3) 흐름 형식에 의한 분류

1) 중립 위치에서 흐름의 형식

공압 실린더의 중간 정지나 기계의 조정 작업 등을 위하여 3위치나 4위치 밸브를 사용하는 경우가 종종 있다. 이러한 밸브의 제어 위치 중 중앙의 것을 중립 위치라 하고, 이 중립 위치에서 흐름의 형식에 따라 올 포트 블록(클로우즈 센터), PAB 접속(입력 포트 센터) 및 ABR 접속(배기 포트 센터) 등이 있다.

올포트 블록 상태란 중립 위치 상태에서 모든 포트가 닫혀 있는 상태를 말하며, PAB 접속은 중립 위치에서 입력 포트 P가 출력 포트 A, B로 접속되어 압축 공기가 공급되는 상태를 말한다. 그리고 ABR 접속은 출력 포트 A, B와 배기 포트 R이 접속된 상태로 중립 위치에서 출력 포트 A, B는 배기 포트 R을 통하여 대기로 압축 공기가 배기됨을 의미한다.

{표 2-3} 방향제어 밸브의 포트와 제어 위치에 의한 분류

종 류		KS 기호
포트 수	제어 위치 수	
2포트	2위치	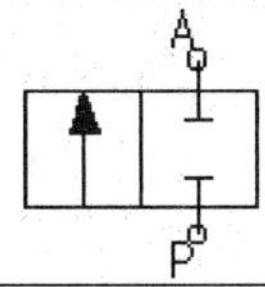
3포트	2위치	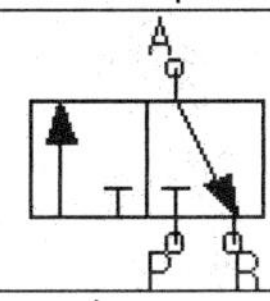
	3위치	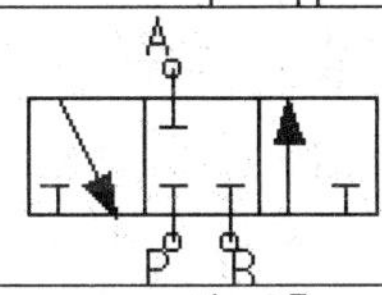
4포트	2위치	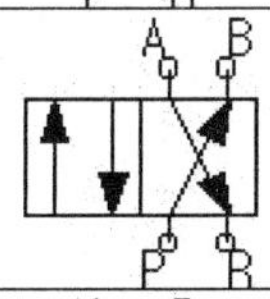
	3위치(all port block)	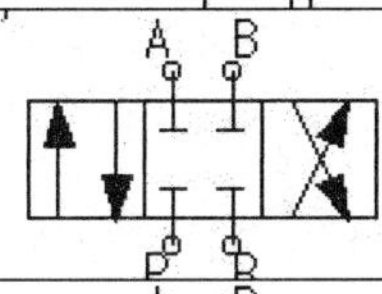
	3위치(ABR 접속)	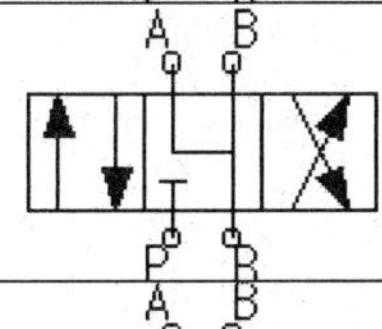
	3위치(PAB 접속)	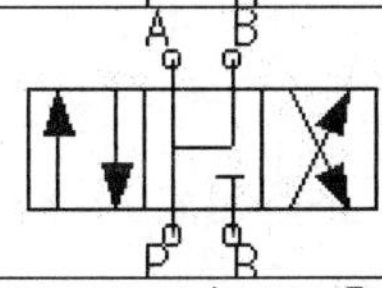
5포트	2위치	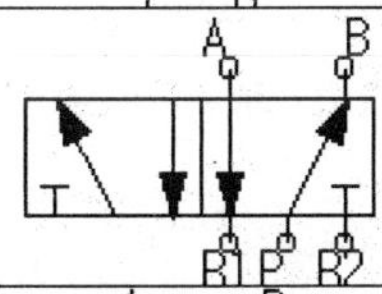
	3위치(all port block)	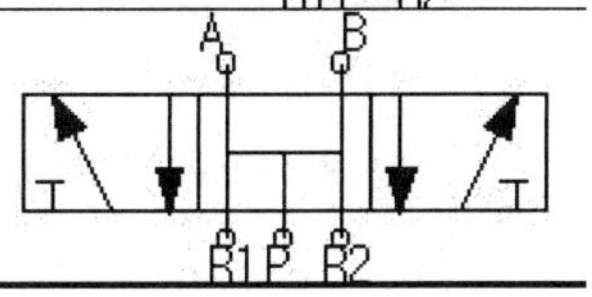

2) 정상 상태에서 흐름의 형식

방향제어 밸브에 조작력이나 제어신호를 가하지 않을 상태를 그 밸브의 정상상태 또는 초기상태라 말한다. 정상상태에서 밸브가 열려 있는 상태를 정상상태 열림형(NO : Normally Open)이라 하고, 정상상태에서 닫혀 있는 밸브는 정상상태 닫힘형(NC : Normally Closed)이라 한다.

예를 들어 3포트 2위치 방향제어 밸브에서 입력 포트 P와 출력 포트 A가 접속된 상태이면 정상상태 열림형이고, 출력 포트 A와 배기 포트 R이 접속된 상태이면 정상상태 닫힘형이라 한다. 단, 이 구별은 2포트와 3포트 밸브에서만 존재하고, 4포트 밸브나 5포트 밸브는 방향의 상위성이 없다.

(4) 밸브 조작 방식에 의한 분류

제어 위치를 변환시키는 것을 변환 조작이라 한다. 이 변환 조작에는 다음에 열거하는 4가지의 기본방식이 있으며, 이 방식들이 단독으로 사용되기도 하고 또는 두 가지 이상이 복합적으로 조합되어 사용되기도 한다.

1) 수동 조작 방식

사람의 손이나 발로서 조작하므로 레버, 푸시버튼, 페달 등이 밸브에 장착되어 있다. 이 밸브는 핸드 밸브 또는 수동 변환 밸브라 하고, 발로 조작하는 밸브를 페달 조작 밸브라 부른다.

그리고 수동 조작 밸브는 대부분이 회로에서의 스타트용 밸브로 사용되므로 스타트 밸브라고도 한다.

2) 기계적 조작 방식

실린더 피스톤 로드에 장착되어 있는 접촉 도그나 기계적으로 움직이는 캠 등에 의한 접촉이나 누름으로 조작하므로 플런저나 롤러 등이 장착되어 있다. 이 밸브는 메카니컬 밸브, 기계 작동 밸브, 기계 조작 밸브 등 여러 가지로 부르고 있다.

3) 전자 조작 방식

방향제어 밸브와 전자석을 일체화시켜 전자석에 전류를 보내 여자시키거나 전류를 끊어 소자시키는 동작에 의하여 공기 흐름을 변환시키는 밸브로서 전자 밸브라 한다. 실제로 가장 많이 사용되는 방향제어 밸브이며, 종류가 대단히 많고 중요하다.

4) 공압 조작 방식

주 밸브를 공압신호로서 제어하는 밸브이다. 이 제어신호인 공압을 공압신호, 파일럿 공기, 파일럿 신호라 한다. 그러므로 이 방식을 파일럿 방식이라 하며 공압 조작 방식이라 부르는 경우도 있다.

{표 2-4}에 방향제어 밸브의 조작 방식에 의한 분류를 나타내었다.

{표 2-4} 방향제어 밸브의 조작 방식에 의한 분류

조작 방식	종 류	KS 기호
수동 조작	누름 버튼	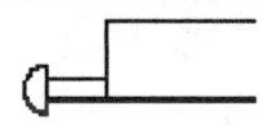
	레버	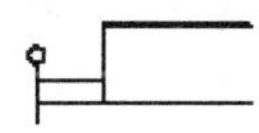
	페달	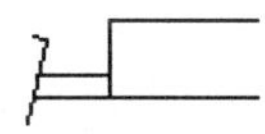
기계적 조작	플런저	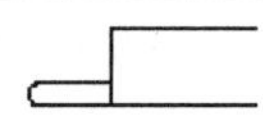
	롤러	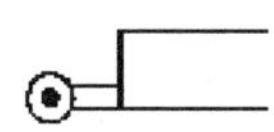
	스프링	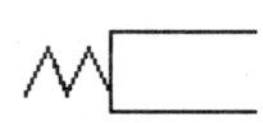
전자적 조작	단일 작동	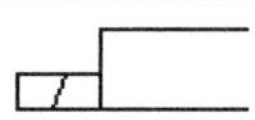
	복합 작동	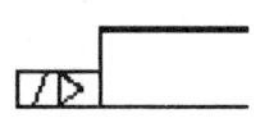
공압 조작	직접 작동	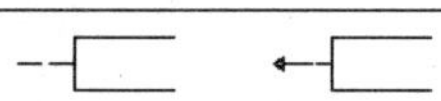
	간접 작동	
보조 조작	디텐트	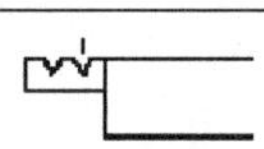

(5) 주 밸브의 구조에 의한 분류

밸브의 주 밸브는 구조에 따라 포핏(poppet) 방식, 스풀(spool) 방식, 슬라이드 방식과 그리고 이것들을 조합한 구조 등으로 분류한다. 일반적으로 수동 조작 밸브는 슬라이드 방식의 구조가 대부분이고, 자동 조작 밸브는 포핏 방식이나 스풀 방식의 구조가 많이 사용된다.

1) 포핏 방식

볼이나 디스크 또는 원추 등으로 개폐되며, 구조가 간단하고, 이물질에 대한 영향을 받지 않으며, 짧은 거리에서 개폐가 가능하다. 그리고 활동부가 없어 윤활이 필요 없고, 수명이 길다. 단점으로는 압축공기 압력이 밸브에 작용하므로 조작을 위해서 큰 힘이 필요한 것이 흠이다.

• 볼 시트 형

[그림 2-10]은 2포트 2위치 볼 시트 밸브로서 구조가 간단하므로 가격이 싸고 크기가 작다.

내장된 스프링은 볼을 시트(seat)로 밀어 붙여 입력 포트 P에서 출력 포트 A로 흐르는 공기를 차단하며, 밸브의 플런저를 조작시키면 볼은 시트로부터 떨어지게 된다.

이때에 플런저에 작용하는 힘은 스프링의 반발력과 압축 공기가 볼을 밀어 올리는 힘을 이길 수 있어야 한다. 이 밸브는 플런저를 통한 배기 포트를 갖는 3포트 2위치 밸브도 있으며, 수동이나 기계적으로 조작된다.

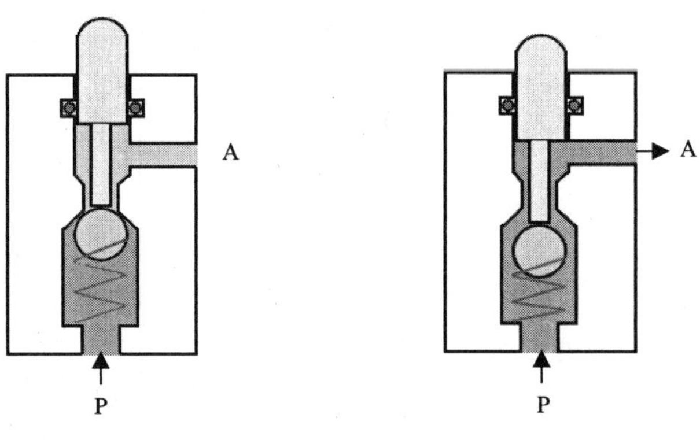

(a) 초기 상태 (b) 동작 상태

[그림 2-10] 2포트 2위치 밸브

• 디스크 시트 밸브 1

[그림 2-11]은 4포트 2위치 디스크 시트 밸브로서 두 개의 3포트 2위치 밸브의 조합으로 복동 실린더의 제어에 사용된다(하나의 정상상태 열림과 정상상태 닫힘).

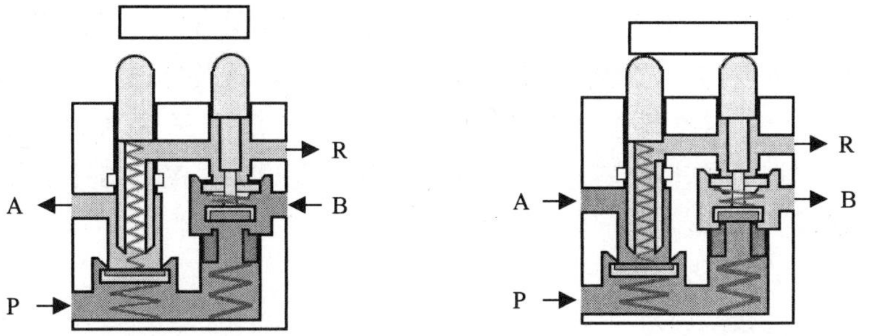

(a) 초기 상태 (b) 동작 상태

[그림 2-11] 4포트 2위치 밸브(디스크 시트 밸브)

그림과 같이 입력 포트 P에서 출력 포트 B, 그리고 출력 포트 A에서 배기 포트 R의 통로는 열려져 있다. 두 개의 플란저가 동시에 조작되면 입력 포트 P에서 출력 포트 B 및 A에서 배기 포트 R의 통로는 일단 접속되며, 플란저가 복원 스프링 힘을 이겨서 더욱 내려가면 입력 포트 P에서 출력 포트 A 및 B에서 배기 포트 R의 통로가 접속된다.

이 밸브는 배출 오버 랩이 일어나지 않으며, 내장된 스프링에 의하여 원래 위치로 복귀된다.

• 디스크 시트 밸브 2

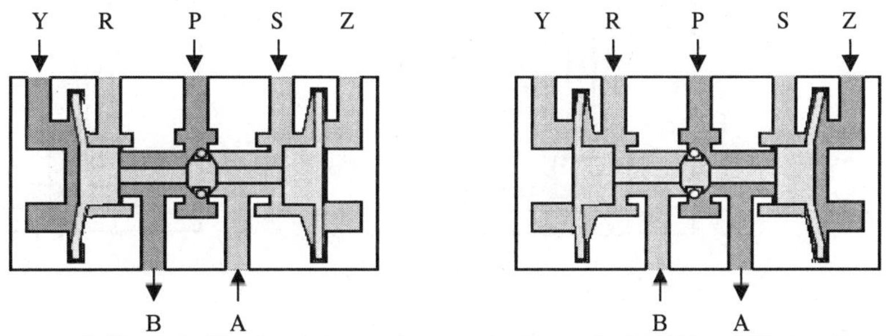

(a) 초기 상태 (b) 동작 상태

[그림 2-12] 5포트 2위치 밸브(디스크 시트 밸브)

[그림 2-12]는 5포트 2위치 디스크 시트 밸브로서 내부에 스프링이 없으므로 압축 공기에 의하여 밸브의 전환이 일어나며, 다른 쪽에 신호 압력이 들어올 때까지 그 때의 상태를 유지하므로 메모리 밸브라고 한다.

제어신호 접속 포트 Z로부터 들어오는 압축 공기는 격판(diaphragm)에 압력을 가하게 되어 격판에 접속된 파일럿 스풀이 움직이게 되고, 밀봉 링으로 된 디스크에 의하여 입력 포트 P와 출력 포트 A 또는 B가 접속되기도 하고 차단되기도 한다. 그리고 공기는 배기 포트 S와 R을 통하여 배기된다.

2) 스풀 방식

밀봉이 우수하며 구조가 간단하다. 그리고 적은 거리만 움직여도 공기가 통하기에 충분한 단면적을 얻을 수 있으므로 반응시간이 짧으며, 볼 시트 밸브와 같이 먼지에 민감하지가 않으므로 내구성이 좋다.

• 직접 조작형

[그림 2-13]은 스풀 방식의 직접 조작형 3포트 2위치 디스크 시트 밸브로서 플런저가 작동하게 될 때 입력 포트 P, 출력 포트 A 및 배기 포트 R의 3점이 모두 잠시 동안 서로 접속되므로 운동 속도가 아주 작은 경우에는 실제적인 작업이 없이 많은 압축 공기가 대기로 방출되게 된다.

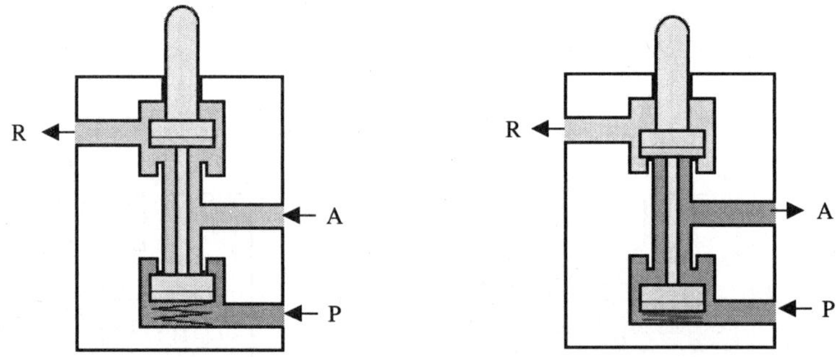

(a) 초기 상태 (b) 동작 상태

[그림 2-13] 직접 조작형 3포트 2위치 밸브

• 간접 조작형

밸브의 조작력은 가끔 실제의 경우에 매우 중요한 요인이 된다. 예를 들어 1/8["] 밸브를 6[bar](6[kgf/cm^2]) 압력에서 사용할 때에 조작력은 약 1.8[N] (0.18[kgf]) 정도가 된다.

[그림 2-14]는 간접조작형 3포트 2위치 디스크 시트 롤러 레버 밸브로서

압력 입구 P와 파일럿 밸브는 작은 구멍으로 접속되어 있으므로 필요한 작동력이 작으며, 롤러 레버가 조작되면 파일럿 밸브가 열려 압축 공기는 주 밸브의 격판으로 흐르게 되고, 밸브 디스크는 아래로 움직이게 된다.

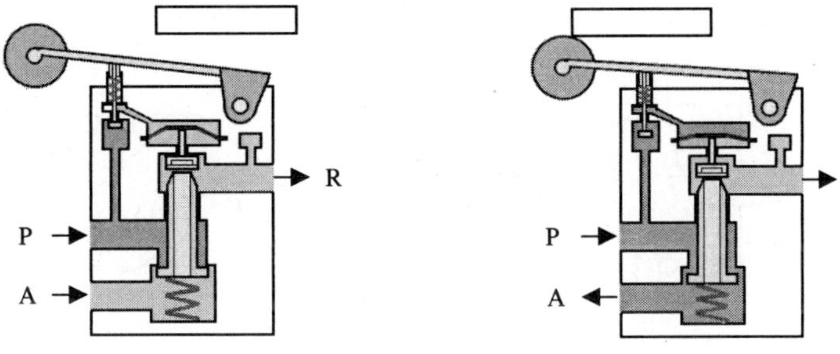

(a) 초기 상태　　　　(b) 동작 상태

[그림 2-14] 간접 조작형 3포트 2위치 밸브(롤러 레버 작동)

밸브의 전환은 다음과 같은 순서로 된다. 먼저 출력 포트 A와 배기 포트 R은 접속되지 않고, 입력 포트 P와 출력 포트 A는 접속된다. 롤러 레버가 이완되면 격판의 압력선이 차단되고 공기는 배출되며, 스프링에 의하여 밸브는 원래의 위치로 되돌아오게 된다.

이 밸브는 정상 상태에서 닫힌 밸브나 정상 상태에서 열린 밸브로 모두 사용될 수 있다. 즉 입력 포트 P와 배기 포트 R을 교환하고 밸브의 작동 요소(밸브의 윗부분)를 180[°] 회전시키면 된다.

3) 슬라이드 방식

가장 널리 사용되고 있는 것으로 하우징 안에서 스풀이 미끄럼 운동을 하여 밸브를 작동 시키는 형태이다. 스풀의 원주에 가느다란 홈을 파 놓으면서 축 방향의 정적 추력 평형이 얻어지고, 각종 유압 흐름의 형식을 쉽게 설계할 수 있다. 그리고 각종 조작방식을 쉽게 적용시킬 수 있는 특징이 있지만 밸브 안을 스풀이 미끄러지며 운동하여야 하므로 약간의 간격을 필요로 하기 때문에 누설이 따르게 되는 점이 결점이 있어 로크(lock) 회로에는 이 형식을 이용하지 않고 포핏 형식을 사용하여 장시간 확실한 로크를 하도록 한다.

• 판 슬라이드 밸브(pan slide valve)

[그림 2-15]는 4포트 3위치 판 슬라이드 밸브(중립 위치 닫힘)로서 일반적으로 손이나 발로만 조작할 수 있으며, 다른 작동 방법을 택하기가 힘들다.

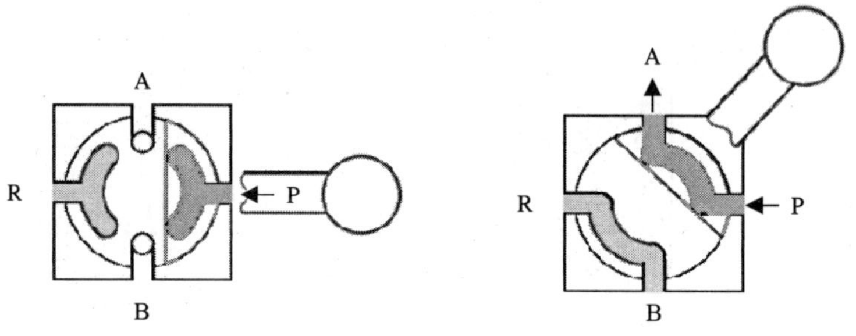

(a) 초기 상태 (b) 동작 상태

[그림 2-15] 4포트 3위치 밸브(판 슬라이드 밸브, 중립 위치 닫힘)

판 슬라이드 밸브는 주로 3포트 3위치 밸브나 4포트 3위치 밸브로 만들어지며, 두 개의 디스크를 돌림으로써 각 통로를 서로 접속하거나 차단하여 피스톤 로드가 행정 거리 범위 내의 임의의 위치에서 멈추는 것을 가능하게 한다. 그러나 공기의 압축성 때문에 정확한 위치제어는 힘들며, 디스크의 통로를 길게 하면 다른 형태의 중간 위치를 얻을 수도 있다. 이러한 중간 위치를 채택하면 외력에 의하여 피스톤을 원하는 위치에 정지시킬 수가 있으며, 이와 같은 것을 'setting'이나 'floating position'이라 한다.

• 세로 평 슬라이드 밸브 1

[그림 2-16]은 4포트 2위치 슬라이드 밸브로서 밸브를 전환하기 위한 파일럿 스풀을 갖고 있다. 그러나 각 통로는 별도의 평 슬라이드에 의하여 접속되거나 차단되며, 평 슬라이드가 압축 공기와 내장된 스프링에 의하여 자기 조절이 되므로 마모가 일어나도 밀봉은 유효하게 된다. 그리고 파일럿 스풀 자체는 O링에 의하여 밀봉된다.

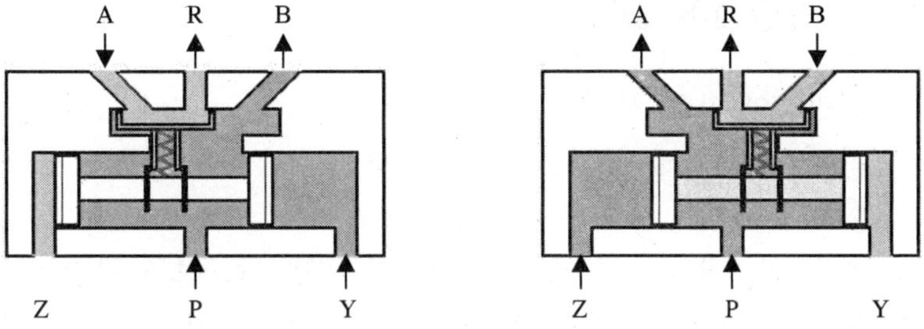

(a) 초기 상태 (b) 동작 상태

[그림 2-16] 4포트 2위치 밸브(슬라이드 밸브)

• 세로 평 슬라이드 밸브 2

[그림 2-17]은 5포트 2위치 세로 슬라이드 밸브로서 세로로 움직이면서 해당하는 통로를 접속하거나 차단하여 주는 파일럿 스풀을 제어 요소로 사용하고 있다. 조작에 요구되는 힘은 포핏 밸브에서와 같은 스프링이나 압축 공기에 의한 반발력이 없으므로 작다. 그리고 수동·기계적·전기적 및 공압 등과 같은 모든 형태의 조작 방법을 택할 수 있으며, 밸브를 원래 위치로 하는 데에도 모든 조작 방법을 사용할 수 있다. 그러나 조작에 요구되는 작동 거리는 포핏 밸브보다는 상당히 크게 된다.

슬라이드 밸브에는 밀봉 장치에 문제가 있으며, 공압 밸브에서 슬라이드와 틀의 내경이 0.002～0.004[mm]를 초과하면 누출 손실이 크게 되므로 주의하여야 한다. 밀봉을 정확하게 하려면 제조 단가가 비싸지므로 이를 절약하기 위하여 스풀에 O링이나 양컵 패킹(double-cup packing)을 하거나 틀의 내경을 O링으로 밀봉한다.

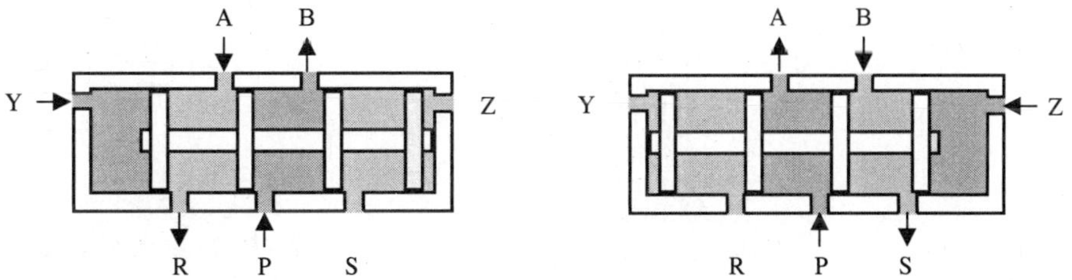

(a) 초기 상태 (b) 동작 상태

[그림 2-17] 5포트 2위치 밸브(세로 슬라이드)

2-5-2 유량제어 밸브

실린더의 작동 시간이나 공압 모터의 회전수 제어는 각종 구동장치에 출입하는 공기의 양에 의하여 가능하며, 이 압축 공기를 조절하는 것이 유량제어 밸브이다.

압축 공기가 흐르는 통로의 면적을 가변하는 것은 교축 밸브로서 조절이 가능하고, 이와 같은 유량제어 밸브는 압축 공기의 흐름을 일정하게 유지하고(교축 밸브), 공압 실린더 등의 속도를 제어한다(속도제어 밸브, 배기 교축 밸브).

유량제어 목적으로 교축시킨 뒤 공기 유속은 음속 이상이 되지 않아야 한다. 왜냐하면 교축 후의 압력이 교축 전 압력보다 낮아지게 되어 감압이 되기 때문이다. 따라서 교축 후 압력이 음속 이상이 되지 않도록 하기 위하여 출력 포트 압력을 입력 포트 압력의 1/2 이하가 되지 않아야 되며, 교축 후 저항물이 있는 상태에서 사용하고 압력을 교축 전의 상태로 복귀시켜야 한다.

(1) 교축 밸브

조절 나사로 밸브 시트와 원추체 간의 통로 단면적을 조절하여 유량을 일정하게 유지함으로써 공압 실린더의 피스톤 속도를 조절할 수 있다.

교축 밸브는 공압회로 내에 설치하여 공기의 유량 및 압력 등을 변화시키며, 공압 실린더의 급기·배기를 교축하거나 또는 공기 탱크와 함께 타이머로 사용된다.

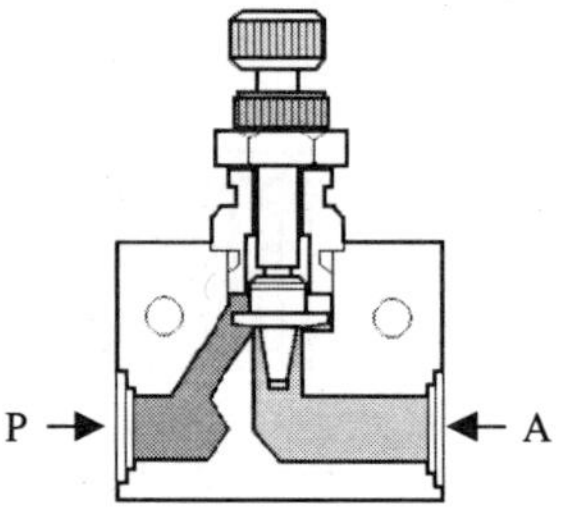

(a) 초기 상태

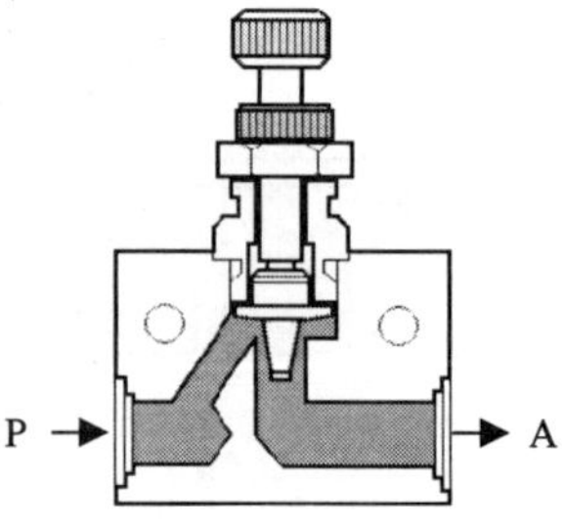

(b) 동작 상태

[그림 2-18] 교축 밸브

교축 밸브의 구조는 [그림 2-18]과 같이 니들 밸브를 밸브 시트에 대해 상하로 이동시켜 교축시키는 구조로 된 것이 많다.

이것은 니들 밸브와 밸브 시트 틈새를 공기가 통과할 때의 압력강하를 이용한 것으로 안정성은 좋으나 제작상 니들 밸브와 밸브 시트가 완전 동심을 이루지 않아 틈새가 생기거나 공기 중의 먼지 등의 영향을 받아 미소 유량을 정밀히 조정하는 것은 곤란하다.

(2) 교축 릴리프 밸브

교축 밸브와 체크 밸브가 결합된 일종의 논 리턴(non-return) 밸브로서 가능한 실린더에 직접 부착하여 주로 실린더의 속도 제어에 사용되므로 속도 제어 밸브로 더 알려져 있다.

체크 밸브가 한쪽 방향의 공기 흐름을 차단하므로 한쪽 방향의 속도제어만 이루어지지만 반대 방향으로는 공기가 흘러갈 수 있고, 조절 나사에 의하여 통과 유량도 조절되므로 속도가 제어된다. 이러한 이유로 이 밸브를 일방향 유량제어 밸브 또는 속도 제어 밸브라고 한다.

일반적인 교축 릴리프 밸브의 구조는 [그림 2-19]와 같고, 교축 릴리프 밸브를 이용하여 실린더의 속도를 조절해주는 방법에는 실린더로 공급되는 공기를 조절해 주는 미터-인(meter-in) 방식과 실린더로부터 배기되는 공기를 조절해주는 미터-아웃(meter-out) 방식의 두 가지가 있다.

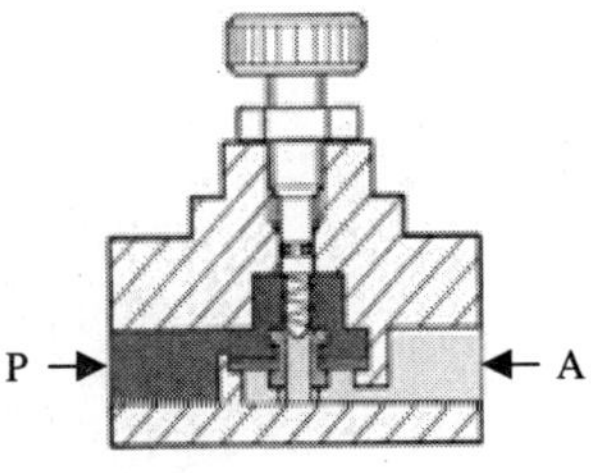

(a) 초기 상태

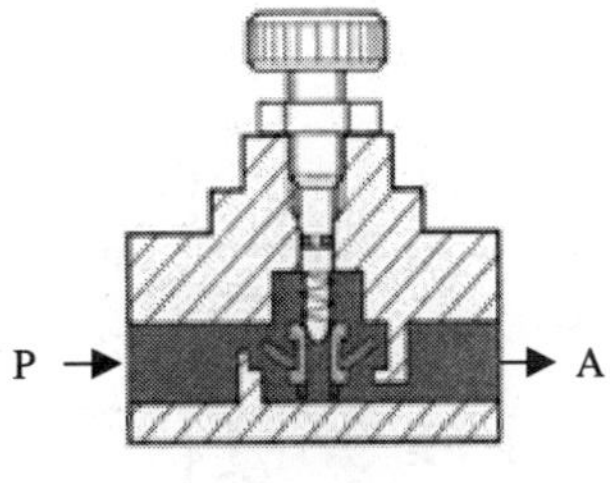

(b) 동작 상태

[그림 2-19] 교축 릴리프 밸브

1) 공급 공기 조절 방식

실린더로 공급되는 공기를 조절하여 실린더의 속도를 제어하는 방법으로 미터-인(meter-in) 방식이라고도 한다. 이 방식에서의 배기는 체크 밸브를 통하여 이루어진다.

공급 공기 조절 방식은 실린더로 공급되는 공기로만 제어되므로 실린더가 움직일 때 실린더 내에 형성되는 압력은 실린더에 작용하는 부하에 의하여 결정된다. 실린더에 걸리는 부하가 크면 실린더 내의 압력이 증가하고, 부하가 작으면 압력이 감소하면서 움직이게 된다. 따라서 실린더에 작용하는 부하에 따라 실린더에 형성되는 압력도 변화되므로 가볍고, 극히 작은 하중의 변화에도 실린더의 속도가 크게 변하는 단점이 있다. 그러므로 이 방식은 단동 실린더의 제어나 용적이 아주 작은 실린더의 속도제어 정도에만 사용된다.

2) 배기 공기 조절 방식

실린더에서 배기되는 공기량을 제한하여 속도를 조절하는 방법으로 미터-아웃(meter-out) 방식이라고도 한다. 이 방식은 실린더의 피스톤이 압축 공기의 쿠션 사이에 있어 공급 공기 조절 방식보다는 안정된 속도를 얻을 수 있고, 실린더에 충분한 공기가 공급되므로 부하 변동에 큰 영향을 받지 않는다.

전진은 무작위이지만 공압을 제거하면 스프링력에 의하여 복귀할 때 배기 공기는 교축 부분을 통과하여 복귀 동작을 제어하므로 항상 복동 실린더에 사용하며 용적이 작은 실린더에 사용하면 충분한 효과가 없다.

(3) 급속 배기 밸브

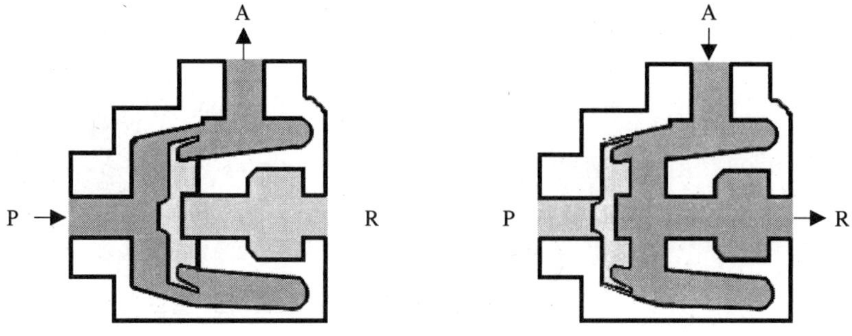

(a) 초기 상태 (b) 동작 상태

[그림 2-20] 급속 배기 밸브

실린더에 있는 공기를 급속히 방출할 필요가 있을 때 실린더에 가까운 배관 중에 부착하여 공기를 방출하게 되면 저항이 작으므로 급속 배기되며, 실린더의 피스톤 속도를 증가시킬 수 있어 특히 단동 실린더에서 귀환 행정시간을 감소시켜 줄 수 있다.

일반적인 급속 배기 밸브의 구조는 [그림 2-20]과 같고, 차단 가능한 압력 입력 포트 P, 배기 포트 R과 출력 포트 A를 갖고 있다. 만약 압력이 입력 포트 P에 작용하면 밀봉 디스크는 배기 포트 R을 완전히 막게 되어 압축 공기는 출력 포트 A로 흐르게 된다. 그리고 입력 포트 P의 압력이 제거되면 출력 포트 A로부터 들어오는 공기에 의하여 밀봉 디스크가 입력 포트 P를 막게 되어 배출 공기는 파일럿 밸브로 통하는 좁고 긴 제어선(control line)을 통하지 않고 직접 대기로 나가게 된다.

2-5-3 압력제어 밸브

압력제어 밸브는 압력에 큰 영향을 미치거나 압력의 크기에 의하여 제어되는 요소이다. 압력제어 밸브의 역할은 공압 라인의 말단에서 공기의 사용량에 따라 변화하는 압축공기의 압력을 일정한 범위 내로 제어하여 안정된 공기 압력을 공급하며(감압 밸브), 적정한 압력으로 사용하여 압축 공기의 낭비를 방지한다. 그리고 공압 기기의 내구성과 신뢰성을 확보한다. 그리고 장치에 가해진 압력이 설정 압력 이상이 되면 공기를 방출하여 안전을 확보한다(릴리프 밸브).

(1) 압력조절 밸브(감압 밸브)

공급 압력(1차 압력)이나 공기 소비의 과다에 관계없이 작동 압력(2차 압력)을 일정하게 유지시키는 역할을 하며, 감압밸브의 구조는 [그림 2-21]과 같고, 입력 포트 P의 압력은 출력 포트 A의 압력보다 항상 커야 한다.

공기의 압력은 격판(diaphragm)에 의하여 조절되며, 출력 포트 압력이 격판에 작용하고 다른 쪽에는 스프링이 작용한다. 스프링 힘은 조절 나사로 조절될 수 있다. 그리고 출력 포트 압력이 높아지면 격판이 스프링을 눌러 밸브 시트의 바깥 단면적을 감소시키거나 완전히 닫아버린다. 그러므로 압력은 유동 체적에 의하여 조절된다.

공기량이 줄어들면 2차 압력이 떨어지고, 스프링 힘에 의하여 밸브가 열리게 된다. 진동을 방지하기 위하여 밸브 디스크 위에 스프링이 장치되어 있으며, 2차 압력은 압력계에 나타나게 된다. 2차측 압력이 현저히 증가되면 격판의 중간 부분이 열려 압축 공기는 배기 포트 R을 통하여 공기 중으로 방출된다.

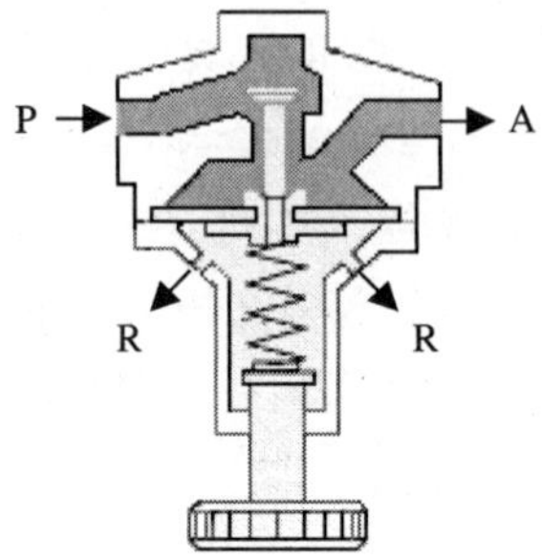

[그림 2-21] 감압 밸브

(2) 릴리프(안전) 밸브

밸브 고장 및 압축기 고장으로 공기 탱크 압력이 최고 압력을 초과하면 기기 손상을 초래하므로 압력이 과대하게 상승하면 여분의 압축 공기를 대기로 방출하여 압력을 내리는 역할을 한다. 이와 같은 릴리프(안전) 밸브는 조작 형태에 따라 다음과 같이 분류한다.

1) 직접 조작형

일반적인 직접 조작형 릴리프 밸브의 구조는 [그림 2-22]와 같다. 그리고 조절 스프링으로 릴리프 압력을 설정하며, 설정 압력에 비하여 일반적으로 생각하고 있는 것보다 낮은 압력으로 릴리프 작용이 일어난다.

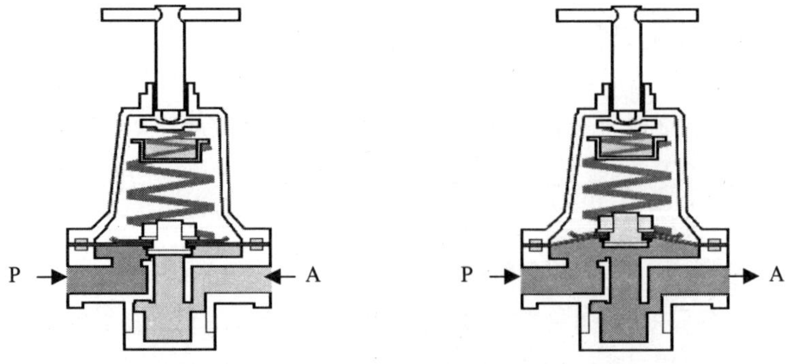

(a) 초기 상태 (b) 동작 상태

[그림 2-22] 직접 조작형 릴리프 밸브

2) 간접 조작형

외부 파일럿 압력으로 릴리프 압력을 설정하며, 설정 압력의 90[%] 이상에서 릴리프 작용이 일어나고, 직접 조동형 릴리프 밸브보다 성능이 좋지만 밸브의 응답시간이 늦어진다.

(3) 시퀀스 밸브

일반적인 시퀀스 밸브의 구조는 [그림 2-23]과 같고, 입력 포트 P에서 출력 포트 A의 공압이 차단되어 있다가 파일럿 포트 Z가 설정 압력에 도달하면 스풀이 피스톤을 밀어 입력 포트 P에서 출력 포트 A로 통로가 접속되어 순차적으로 제어된다.

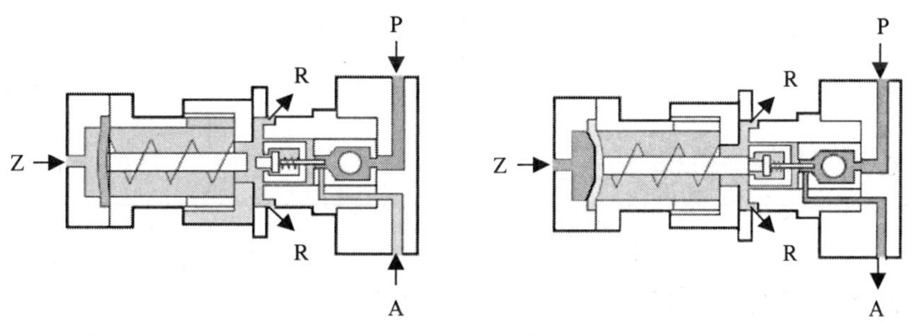

(a) 초기 상태 (b) 동작 상태

[그림 2-23] 시퀀스 밸브

실린더나 작동기의 사용을 조작 순서에 따라 동작시키고자 할 때 이 밸브의 사용으로 압축공기가 작동기를 통과하면서 작은 압력으로 작동기를 움직이다가 동작이 끝나면 내부에 축압된다. 이 때 시퀀스 밸브의 설정 압력이 되면 변환 밸브가 열려 다음 작동기에 흘러 들어가서 순차적으로 작동시켜 주는 밸브를 시퀀스 밸브라 한다. 그러나 압력에 의하여 순차적으로 동작하므로 신뢰성은 떨어진다.

(4) 압력 스위치

회로의 압력이 일정 압력보다 높거나 낮으면 내장되어 있는 마이크로 스위치가 작동하여 전기회로를 열거나 닫게 된다. 일정 압력을 검출하는 검출부는 다이어프램, 벨로우즈 및 플런저 등이 사용된다.

[그림 2-24]는 피스톤 방식 압력 스위치 내부 구조를 나타낸 것이며, 압력이 가해져 접점이 닫혀 있다.

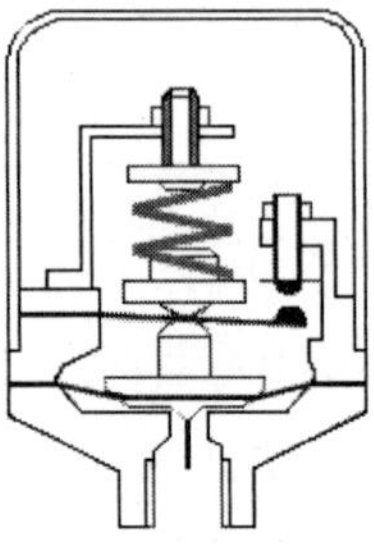

(a) 초기 상태(off)

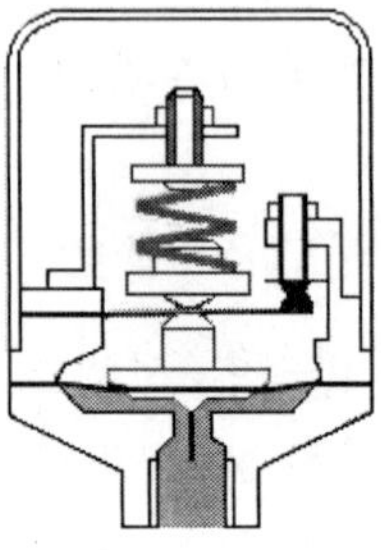

(b) 동작 상태(on)

[그림 2-24] 압력 스위치

2-6 기타 밸브

2-6-1 체크 밸브

[그림 2-25]는 파일럿 조작 체크 밸브(check valve)로서 공압회로에 있어 한쪽 방향은 접속하고, 반대 방향은 차단하여야 할 경우 사용하는 논 리턴 밸브이다. 즉 원추(cone), 볼(ball), 판(plate) 또는 격판(diaphragm) 등을 사용하여 공압원의 압력이 저하되어도 공기 탱크 안의 공압을 그대로 유지하고자 할 때 사용한다.

포트 A에서 포트 B 방향의 통로는 스프링에 의하여 포핏이 차단하고, 포트 B에서 포트 A 방향의 통로는 스프링의 힘이 공압 힘보다 약하여 스프링은 밀리므로 접속된다.

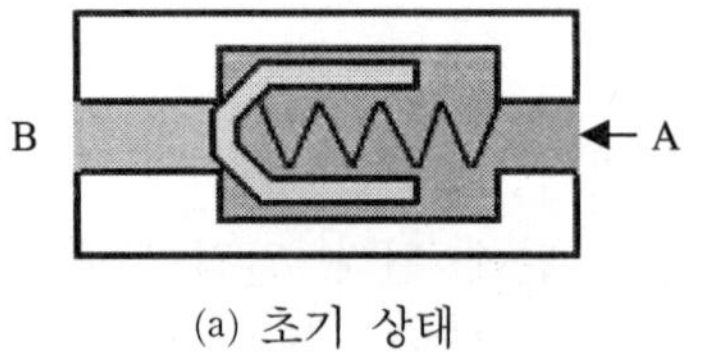

(a) 초기 상태

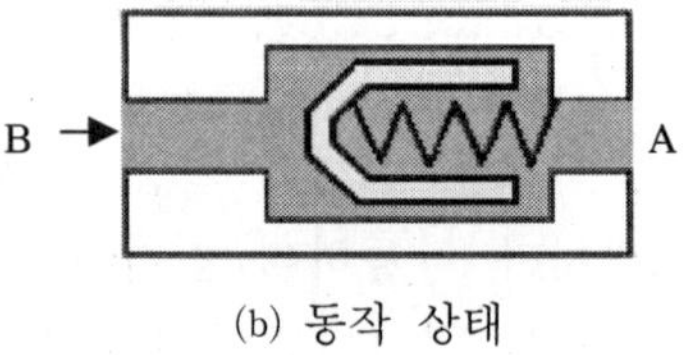

(b) 동작 상태

[그림 2-25] 체크 밸브

2-6-2 2압 밸브

[그림 2-26]은 2압 밸브(AND valve)로서 연동제어(interlocking control), 안전제어, 검사 기능 또는 논리 조작(logic operation)에 사용되는 논-리턴 밸브이다.

두 개의 입력 포트 X, Y가 있으며, 하나의 출력 포트 A가 있다. 압축 공기가 두 개의 입력 포트 X, Y에 모두 작용할 때만 출력 포트 A에 압축 공기가 흐르게 된다.

입력 포트 X나 Y 중에서 한 부분에서만 압축 공기가 들어오면 디스크에 의하여 통로가 차단되므로 출력 포트 A로 흐르지 못한다. 그러나 압축 공기가 동시에 들어오면 피스톤은 양쪽에 틈이 발생하여 공기는 출력 포트 A로 흐른다.

입력 포트 X, Y 양쪽에서 압축 공기가 들어오면 늦게 들어온 쪽의 압축 공기가 출력 포트 A로 흐르며, 두 개의 입구 중 압력이 다를 때에는 압력이 낮은 쪽이 출력 포트 A로 흐른다. 압축 공기가 두 개의 입력 포트 X, Y에 작용할 때 출력 포트 A로 흐르게 되므로 이 밸브는 AND 요소라고도 한다.

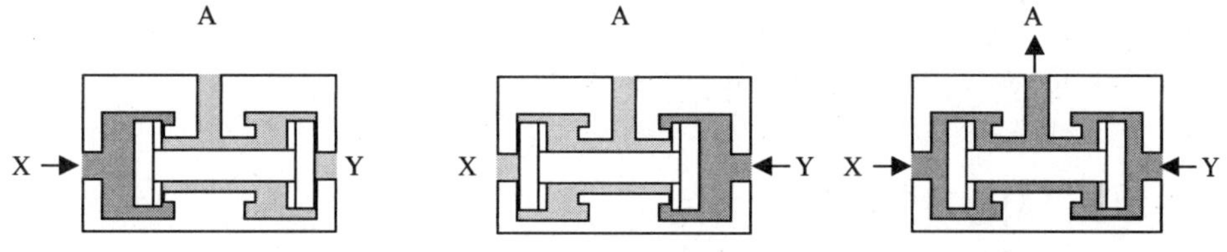

(a) 초기 상태 X (b) 초기 상태 Y (c) 동작 상태

[그림 2-26] 2압 밸브

2-6-3 셔틀 밸브

[그림 2-27]은 셔틀 밸브(shuttle valve)로서 공압회로 구성에 있어 실린더나 밸브가 두 개 이상의 위치로부터 조작되어야 할 때 사용하는 논 리턴 밸브이다. 이 밸브는 양 제어(double control) 밸브 또는 양 체크 밸브(double check valve)라고도 한다.

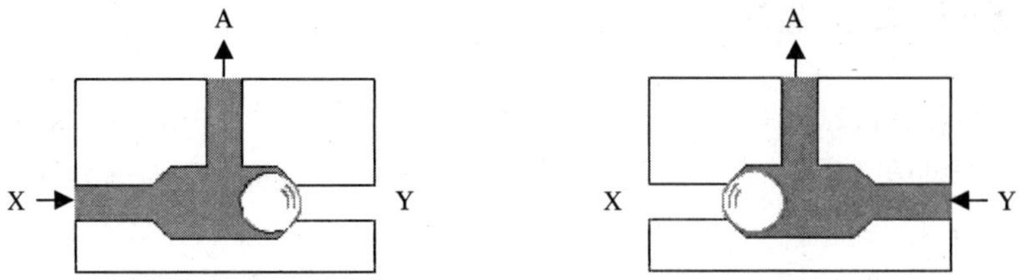

(a) 포트 X (b) 포트 Y

[그림 2-27] 셔틀 밸브

입력 포트 Y에서 들어온 공기는 볼이 입력 포트 X의 통로를 차단하므로 출력 포트 A로 흐르고, 입력 포트 X에서 들어온 공기는 볼이 입력 포트 Y로 밀려서 출력 포트 A로 흐르게 된다.

압축 공기가 입력 포트 X에 작용하면 볼은 입력 포트 Y를 차단하므로 공기는 입력 포트 X에서 출력 포트 A로 흐르게 되며, 압축 공기가 입력 포트 Y에 작용하게 되면 공기는 입력 포트 Y에서 출력 포트 A로 흐르게 된다. 그리고 공기의 흐름이 반대로 되면, 즉 실린더나 밸브가 배기가 되면 볼은 압력 조건 때문에 그 때의 위치를 유지하게 된다.

셔틀 밸브는 서로 다른 위치에 있는 신호 밸브에서 나오는 신호를 분류하고, 제2의 신호 밸브로 공기가 빠져나가는 것을 방지해주므로 OR 요소라고도 한다. 만약 실린더나 밸브가 두 개 이상의 위치로부터 작동되어야만 할 때 이 셔틀 밸브(OR 밸브)를 꼭 사용하여야 한다.

2-6-4 시간지연 밸브

시간지연 밸브는 제어신호가 입력된 후 일정한 시간이 경과된 다음에 작동되는 한시작동 시간지연 밸브(delay-on time delay valve)와 제어신호가 없어진 후 일정한 시간이 경과한 후 복귀되는 한시복귀 시간지연 밸브(delay-off tlme delay valve)의 두 종류가 있다.

[그림 2-28]은 정상상태 닫힘형의 시간지연 밸브로서 압축 공기로 사용되는 3포트 2위치 밸브, 속도제어 밸브(교축 릴리프 밸브) 및 탱크로 구성되어 있다. 그리고 제어신호가 제어 밸브의 제어 포트에 도달한 때부터 탱크에 적정 압력이 형성되는 시간이 밸브의 제어 지연시간이 되며, 이 시간은 대체로 30[초] 이내가 된다. 그러나 보조 탱크를 사용하면 시간을 연장할 수 있다.

밸브가 작동되지 않는 상태에서는 입력 포트 P에 공급되는 압축 공기는 차단된 상태로 있다. 이 상태에서 시간을 제어하기 위한 제어 공기가 제어 포트 Z로 입력되면 이는 조절 가능한 속도제어 밸브를 통하여 탱크로 들어가게 되고, 탱크 내의 압력이 적정 제어압력에 도달하게 되면 3포트 2위치 밸브가 작동되므로 출력 포트 A로 압축 공기가 흐를 수 있다.

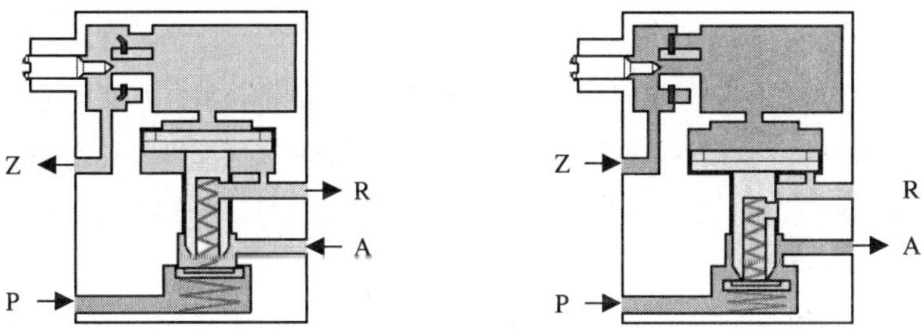

(a) 초기 상태　　(b) 동작 상태

[그림 2-28] 시간지연 밸브

2-6-5 전자 밸브

[그림 2-29]는 전자석(솔레노이드)으로 조작되는 전자 밸브(solenoid valve)로서 전자 절환 밸브라고도 한다. 전기신호에 의하여 전자석에 발생된 힘을 이용하여 전자 밸브의 밸브 몸체를 절환하고, 공기의 흐름 방향을 제어하므로 일반 산업 기계의 시퀀스(순서) 제어에 많이 사용된다.

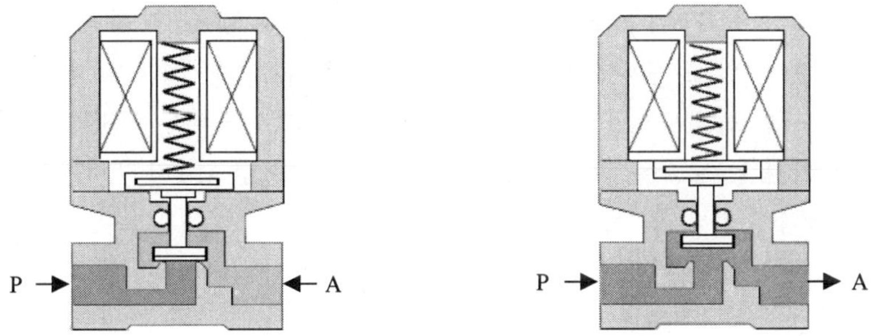

(a) 초기 상태　　(b) 동작 상태

[그림 2-29] 전자 밸브

전자 밸브는 밸브 몸체를 움직이게 하는 전자 조작부(전자석)와 밸브의 몸체로 구성된다. 전자석에 전류가 흐르면 가동 철심이 흡인되고 밸브 몸체를 움직이게 하여 통로를 절환한다.

2-7 공압제어회로 기초

공압회로도는 부품의 설치 위치나 치수에 관계없이 어떤 기기를 어떻게 접속하여 사용 목적에 적합하도록 나타내기 위하여 작성하는 경우가 대부분이며, 그리고 용량이나 치수 등을 표시할 필요가 있을 때는 기호 옆에 병기한다.

공압회로도는 목적에 따라 도면 기호 · 실물 그림 · 기기 단면 또는 이것을 조합하여 작도하며, 이 중에서 도면 기호를 사용한 회로도가 가장 많이 이용된다. 이와 같은 기호 회로도는 수평 방식과 수직 방식이 있으며, 어느 방식으로 회로도를 작성하여도 무방하지만 수평 방식이 작성하기 쉽고 회로도 이해에도 편리하다.

2-7-1 공압기기의 배치도

공압회로도에서 기기의 배치는 순서도와 일치하여야 한다. 즉 신호의 흐름은 밑에서부터 위로 접속되어야 하며, 에너지 공급원이 회로도에서 중요하듯이 순서도에도 포함되어야 한다.

에너지 공급에 필요한 모든 요소는 제일 밑에 작성하며, 에너지는 밑에서부터 위로 분배되도록 한다. 즉 장치의 실제 배치를 무시하고 이해하기 쉽도록 회로도의 밑에서부터 공압 에너지 공급원→신호 입력요소→신호 처리요소→최종 제어요소→구동요소 순서로 [그림 2-30]과 같이 배치하는 것이 좋다.

구동요소	실린더 모터	명령 실행
↑		
최종 제어 요소	방향 제어 밸브	신호출력
↑		
신호처리요소	방향 제어 밸브 논 리턴 밸브 압력 제어 밸브 유량 제어 밸브	신호처리
↑		
신호입력요소	스위치 누름 버튼 조작 밸브 리밋 스위치 각종 센서	신호입력
↑		
공압 에너지 공급원	공기 압축기 필터 분리기 윤활기	공압 생산 및 분배

[그림 2-30] 공압기기 배치도

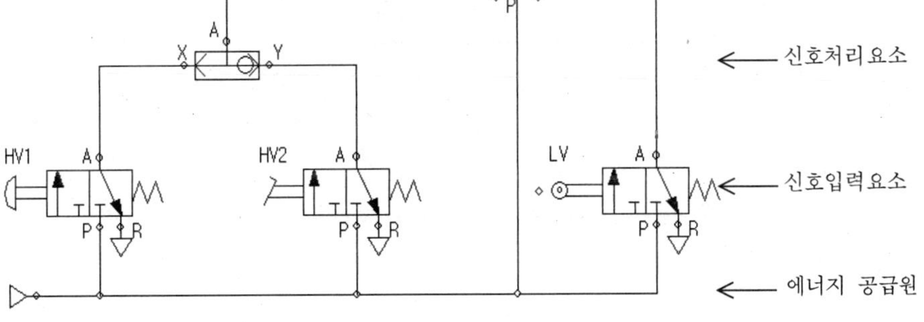

[그림 2-31] 실린더 전 · 후진 제어 회로도

2-7-2 회로도의 예

공압회로도를 작성할 때 기기의 실제 배치는 무시하고 회로도를 작성하며, 모든 실린더와 방향 제어 밸브는 수평으로 작도하도록 한다.

[그림 2-31]은 복동 실린더의 피스톤 로드가 푸시버튼에 의하여 조작되어 전진 운동을 완료하고, 롤러 레버 밸브 LV 신호를 받아 후진 운동하는 회로도를 나타낸 것이다. 그리고 밸브 LV는 회로도에 작도된 위치와 실제 부품의 위치는 서로 다르며, 실제 피스톤의 전진 행정 끝에 위치하지만 신호 요소이므로 회로도의 아래 부분에 작도하고, 실제 배치 위치는 짧은 수직 선으로 표시한다.

2-7-3 요소의 표시법

공압회로도에서 각종 요소들을 일관성 있게 표시하면 회로도의 이해 및 배관이 매우 편리하며, 제어장치가 복잡하고 여러 구동요소가 포함되는 경우에는 각각의 요소를 구분하여 표시할 수 있어야 한다.

공압요소의 표시 방법은 숫자 표시법과 문자 표시법이 이용되지만 두 방법을 병용하여 표시하기도 한다.

(1) 숫자 표시법

1) 그룹 번호 표시법

제어 그룹을 나누어 표시하는 방법이며, 동일 그룹 내에서는 일련 번호를 이용한다. 그리고 일반적으로 하나의 실린더가 하나의 그룹이다.

{표 2-5} 그룹의 분류

그룹 번호	요소 이름
0	모든 에너지 공급원
1, 2, 3	각 구동장치

2) 일련번호 표시법

{표 2-6} 그룹 내에서 일련번호

일련 번호	요소 이름
.0	구동요소(실린더, 모터 등)
.1	최종 제어요소
.2, .4	전진 행정요소
.3, .5	후진 행정요소
.01, .02	구동요소와 제어요소의 중간 요소(교축 밸브 등)

제어장치가 복잡하거나 한 사이클 안에 특정 실린더가 여러 번 운동할 때 이용한다.

[그림 2-32]는 숫자 표시법을 이용한 공압요소의 일반화된 모형이고, [그림 2-33]은 숫자 표시법으로 [그림 2-31] 회로도에 요소 번호를 표시한 것을 나타낸 것이다.

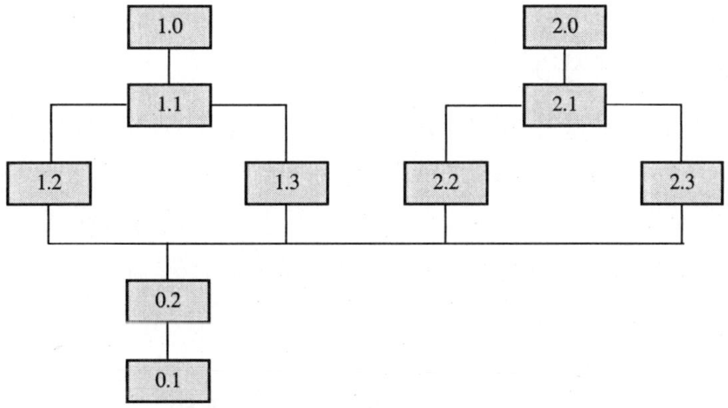

[그림 2-32] 공압요소의 일반적 모형

여기서 별개의 그룹이나 실린더의 전·후진에 같은 번호가 부여될 수도 있으며, 복잡한 제어장치에서는 한 개의 요소에서 나온 신호가 다른 여러 개의 그룹에 영향을 미치는 간섭 현상이 발생할 수도 있다.

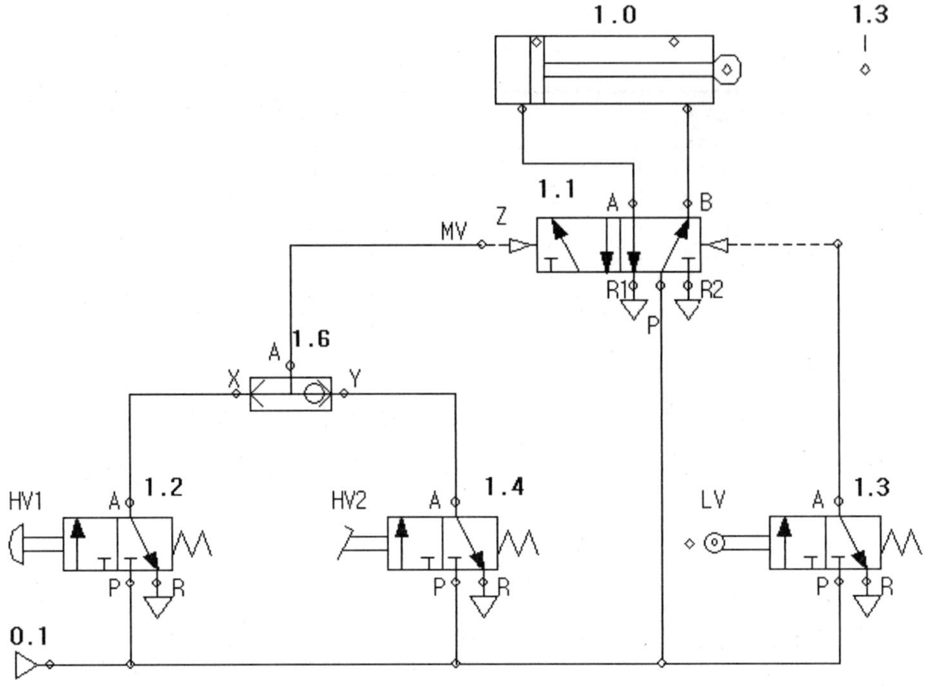

[그림 2-33] 공압요소의 숫자 표시법

(2) 문자 표시법

회로도를 질서 정연하게 배치하여 검토를 쉽고 분명하게 할 때 많이 사용되는 방법이다. 구동요소는 대문자로 표시하고, 신호요소와 리밋 스위치는 소문자로 표시한다. 그리고 지금까지의 표시법과 달리 리밋 스위치의 신호 요소는 그룹에 속하지 않고, 그것을 작동시키는 실린더에 따라 표시가 결정된다.

〈표 2-7〉 문자 표시법

문 자	요소 이름
A, B, C	구동요소
a_0, b_0, c_0, …	A, B, C 실린더의 후진 위치에서 작동하는 리밋 스위치
a_1, b_1, c_1, …	A, B, C 실린더의 전진 위치에서 작동하는 리밋 스위치

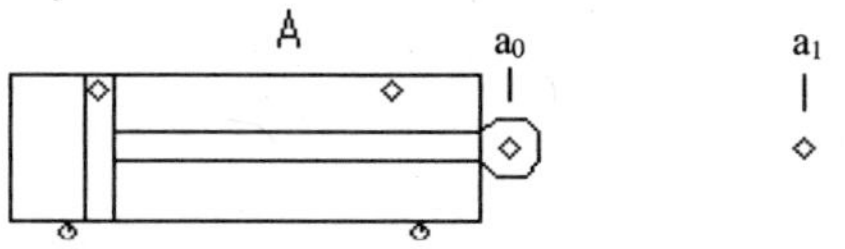

[그림 2-34] 공압요소의 문자 표시법

2-7-4 공압회로 작성시 유의사항

(1) 요소의 접속

공압회로도에서 모든 요소는 초기 상태로 접속하여야 하며, 초기 상태는 밸브를 제어장치에 설치하고, 에너지원을 공급하여 작업을 시작하려고 할 때의 상태로 정의한다. 그리고 초기 상태에 대하여 밸브를 제어장치에 설치하지 않았을 때 상태를 정상 상태라고 한다.

정상 상태에서 닫혀 있는 밸브가 초기 상태에서 실린더 로드 선단의 도그나 캠에 의하여 눌려져 있을 때 on 상태가 되며, [그림 2-35]의 (b)는 실린더 로드에 의하여 동작 중인 롤러 레버 밸브의 상태를 나타낸 것이다.

(a) 정상 상태 (b) 초기 상태

[그림 2-35] 밸브의 상태

(2) 기호 표시

공압회로도에서는 실제로 사용될 요소와 같은 종류의 기호를 사용하여 표시하여야 한다.

(3) 배 선

공압회로도에 나타내는 배선은 가능한 한 교차점이 없이 직선으로 그려야 한다. 그리고 주관로는 실선으로 작성하고, 파일럿 신호 등의 제어선은 점선으로 작성한다. 다만 회로도가 복잡하면 제어선도 실선으로 그려도 무방하다.

(4) 포트 표시

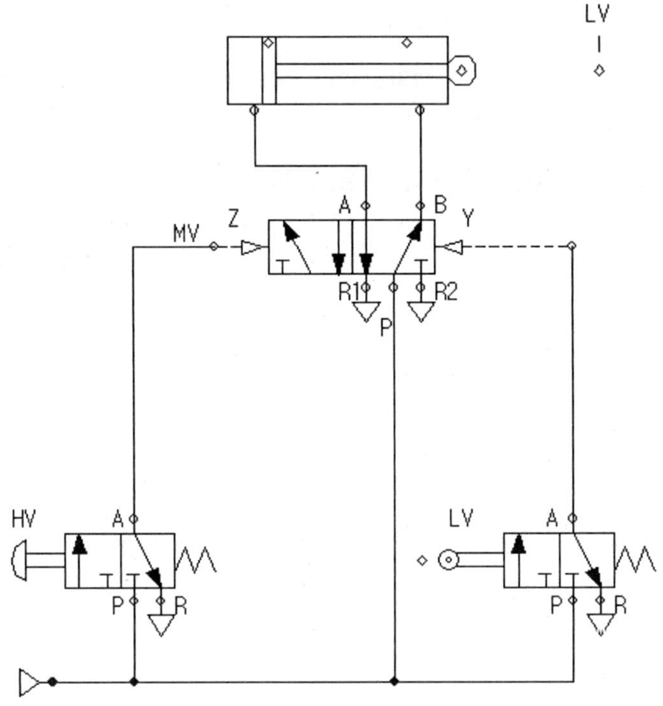

[그림 2-36] 포트의 표시

{표 2-8} 요소의 포트 표시법

규 격 / 포트	ISO 5599	ISO 1219
공 급	1	P
작 업	2, 4, 6	A, B, C
배 기	3, 5, 7	R, S, T
제 어	10, 12, 14	X, Y, Z

배선할 때 실수를 방지하기 위하여 도면 기호에 [그림 2-36]과 같이 요소의 포트(접속구) 기능을 표시하는 것이 편리하다.

요소의 포트 표시법은 ISO 1219, ISO 5599에 규정되어 있으며, 그 규정 내용은 다음 {표 2-8}과 같다. 그리고 [그림 2-36]은 ISO 1219 규정의 포트 표시법을 적용하여 작성한 회로를 나타낸 것이다.

2-8 공압 시퀀스 제어회로 기초

지금까지는 공기압 실린더 1개만을 왕복 운동시키는 공압회로에 대하여 설명하였으나 공압을 이용하는 자동화장치의 대부분은 여러 개의 실린더로 구성되어 자동화장치의 작동 기능에 맞춰 각 실린더가 순차적으로 운동하도록 되어 있다.

이와 같이 여러 개의 액추에이터가 '미리 정해놓은 순서에 따라 제어의 각 단계를 순차적으로 진행시켜 나가는 제어'를 시퀀스 제어라 하고, 시퀀스 제어에는 타임 제어와 순서제어, 조건제어 등으로 나누어진다.

타임 제어란 시한제어라고도 하며 검출기를 사용하지 않고 시간의 경과에 따라 작업의 각 단계를 순차적으로 진행시켜 나가는 제어로서 공기압 회로에서는 타이밍 일치가 곤란하고 시간설정 요소인 밸브가 고가이므로 그다지 사용되지 않는다.

순서제어에는 각 동작의 완료여부를 확인한 후 다음 단계의 동작을 실행해 나가는 제어로서 검출 센서의 신호를 이용한다. 그러므로 순서제어는 각 동작의 이행 상태가 확실하여 대부분의 시퀀스 제어는 이 순서제어로 이루어지며 순차작동회로라고도 한다.

그리고 조건제어는 입력조건에 따라 여러가지 패턴 제어를 실행하는 것으로서 자동화 장치에서 위험방지 조건이나 불량품 처리, 엘리베이터 제어 등에 주로 적용된다.

2-8-1 회로도를 구성하는 방법

회로도를 구성하는 방법에는 기본적으로 두 가지가 있는데, 첫째는 소위 직관적인 방법으로서 경험이나 시행착오에 의한 방법이고, 둘째는 규칙과 지시사항들에 따라서 구성하는 방법론적인 회로도 구성 방법이 그것이다.

첫 번째 방법은 체계적인 두 번째 방법보다 개인의 능력이 더 큰 요인으로 작용된다. 두 번째 방법은 정확하게 규정된 방법에 의하여 회로도를 구성하므로 개인의 능력이 비교적 적게 영향을 미친다.

첫 번째 방법에는 많은 경험과 풍부한 직관이 요구되고, 회로도의 구성에 많은 시간이 요구되지만, 반면에 두 번째 방법에는 회로 설계에 대한 기초 이론과 논리 정연한 작업이 필요하다. 회로도를 구성하는데 어떠한 방법을 사용하든지 궁극적인 목적은 적절한 작용과 신뢰성이 있는 제어가 되도록 하는 데에 있다.

과거에는 가장 비용이 적게 드는 해결안에 중점을 두었지만 요즘에는 신뢰성과 시스템 유지의 난이, 또 정확하고 깔끔한 배치에 더 중점을 두고 있다. 이 때문에 필연적으로 체계적인 회로설계 방법이 더 많이 사용되었다. 따라서 이 경우의 제어 회로도는 정해진 절차에 의하여 구성되고, 설계자의 능력, 기분 상태, 성격 등의 개인적인 영향을 받지 않아야 한다.

그리고 다른 사람이나 이 회로도를 사용할 사람이 정확하게 이해할 수 있어야 한다. 대부분의 경우 직관적인 방법으로 구성된 회로보다 더 많은 수의 부품이 사용되는 수가 있다.

그러나 일반적으로 이러한 부수적인 필요 사항들은 설계 단계에서의 시간 절약과 사용 단계에서의 유지 등으로 상쇄할 수 있다. 설계 단계, 특히 회로의 단순화에 소요되는 시간은 전체에 필요한 노력에서 차지하는 부분이 적당해야만 한다.

회로도를 구성할 때에는 어떤 방법이나 기술을 사용하든지, 기본적으로 부품에 대한 정확한 지식, 회로 개폐 방법 및 요소의 특성에 대한 이해가 필요하다.

2-8-2 작동 선도와 스위칭 조건의 표시법

여러 가지의 공압 실린더를 순서제어하면 회로가 복잡해지고, 또한 이해하기 어려워지므로 그 이해를 돕고 회로설계를 용이하게 하기 위해 작동순서와 스위칭 조건을 도표로 나타내는 각종 선도가 사용된다.

[그림 2-37]은 컨베이어 벨트에 의해 이송된 상자가 실린더 A에 의하여 들어 올려지고 이어서 실린더 B에 의하여 제2 컨베이어 벨트로 이송되는 상자 운반장치의 구성도이며, 이 구성도를 모델로 각종 작동의 표현법과 작동선도 및 시간선도·제어선도 등의 작성법에 대해 알아보기로 한다.

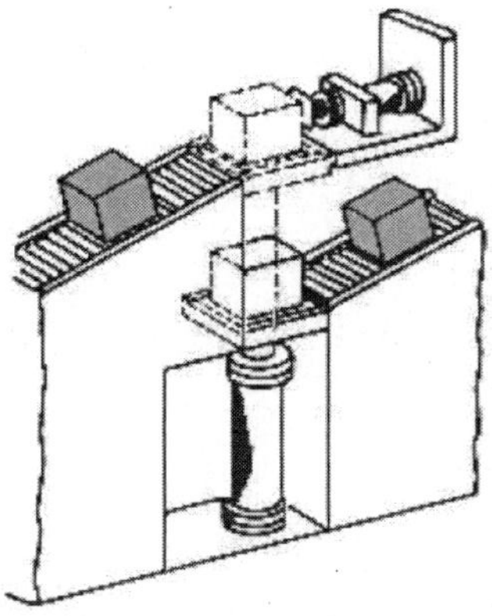

[그림 2-37] 상자 운반장치의 구성도

(1) 작동의 서술적 표현법

• 제1 컨베이어에 의하여 상자가 도달되면 실린더 A가 상자를 들어 올린다. 그리고 실린더 B가 상자를 제2 컨베이어로 밀어 넣고, 실린더 A가 내려오면 실린더 B가 복귀한다.

이 방법은 장치의 각 공정별 작업 상태를 서술적으로 표현하는 것으로 장치의 작동 특성을 정확히 나타낼 수 있으나 장치가 복잡해지면 작동 순서를 쉽게 요약할 수 없다.

(2) 테이블 표현법

{표 2-9}

작업 단계	실린더 A	실린더 B
1	전 진	-
2	-	전 진
3	후 진	-
4	-	후 진

(3) 벡터선도 표시법

실린더의 전진 운동과 후진 운동을 각각 벡터의 방향을 나타내는 화살표(→, ←)로 표시할 수 있다.

[그림 2-37]의 컨베이어 벨트간 상자 운송장치의 작동순서를 벡터적 표시법으로 나타내면 다음과 같다.

A→ B→ A← B←

(4) 간략적 표시법

간략적 표시법은 정해진 기호에 의하여 작동 상태를 한 눈으로 파악할 수 있도록 나타내는 방법으로 작동 순서의 표현법으로 가장 많이 쓰인다.

공압 실린더의 전진운동이나 모터의 정회전을 +로 표시하고, 실린더의 후진운동과 모터의 역회전을 −로 나타내면 작동순서를 간단 명료하게 나타낼 수 있다.

[그림 2-37]의 컨베이어 벨트간 상자 운송 장치의 작동순서를 간략적 표시법으로 나타내면 다음과 같다.

A+ B+ A− B−

(5) 그래프에 의한 표시법

장치의 작업순서를 이해하기 쉽게 표현하는 방법의 하나로 기능 선도가 많이 이용되며, 기능 선도는 작동 선도와 제어 선도로 구성되며, 자세한 내용은 다음 절에서 설명한다.

2-9 그래프에 의한 작동선도 표현법

2-9-1 작동선도

작동선도는 액추에이터의 작업 순서를 도표로 작성한 것으로 통상 시퀀스 차트라고 부르기도 하며, 변위단계선도와 변위시간선도가 있다. 이 작동선도는 그 장치의 작동순서를 명확히 나타낼 뿐만 아니라 제어회로 설계시도 유효하므로 정확히 표현하여야 한다.

(1) 변위 · 단계 선도

작업의 단계에 따라 실린더의 변위를 약속된 기호로 나타내며, 다음 규칙에 의하여 작성한다.

- 각 란의 간격은 실린더의 작동시간과 관계없이 일정한 간격으로 작도한다.
- 실린더의 동작은 단계 번호선에서 변화시켜 작도한다.
- 2개 이상의 실린더가 동시에 운동을 개시하고 종료 시점이 다른 경우에는 그 종료점은 각각 다른 단계 번호에 작도한다.
- 작동 중 실린더의 상태가 변화할 때, 즉 행정 중간에서 작동 속도의 변화가 있는 경우 등에는 중간 단계를 나타낸다.
- 작동 상태는 실린더의 전진을 1, 후진을 0으로 나타내거나 전진 · 후진 등의 표기를 한다.

이상의 규칙에 의하여 [그림 2-37]의 상자 운송장치를 변위-단계선도로 나타내면 [그림 2-38]과 같고, 자세한 설명은 다음과 같다.

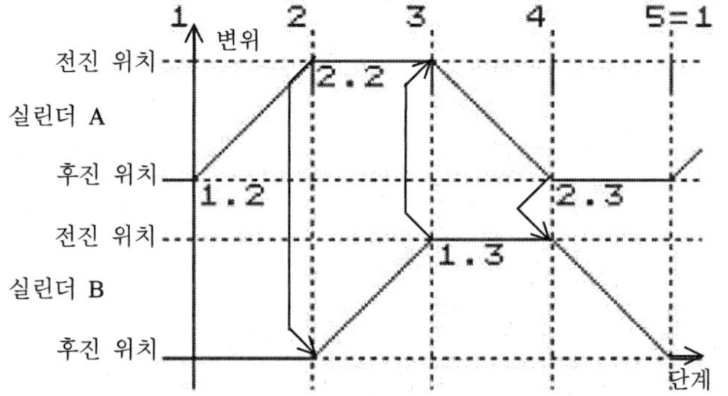

[그림 2-38] 상자 운송 장치의 변위 · 단계 선도

■ 동작 설명 ■

- 1단계

시동 스위치 1.2의 조작에 의하여 실린더 A가 전진하며, 이 때 실린더 B는 후진된 상태를 유지한다.

• 2단계

실린더 A의 전진 위치에 설치된 리밋 스위치 1.3의 신호에 의하여 실린더 B가 전진한다.

• 3단계

실린더 A는 리밋 스위치 2.2의 신호에 의하여 후진하고, 실린더 B는 전진 상태를 유지한다.

• 4단계

실린더 A는 후진 상태를 유지하고, 실린더 B가 리밋 스위치 2.3의 신호에 의하여 후진함으로써 1 사이클을 완료하게 된다.

(2) 변위 · 시간 선도

실린더의 변위를 시간에 대하여 나타내며 흔히 타임차트라 하고, 간섭 및 속도 변화 등을 자세히 파악할 수 있다. 그리고 변위 · 시간 선도의 작도법은 변위 · 단계 선도의 작도법과 거의 같지만 변위 단계를 동작시간에 대응시켜 나타내야 한다.

[그림 2-37]의 상자 운송장치를 변위 · 단계 선도로 나타내면 [그림 2-39]와 같다.

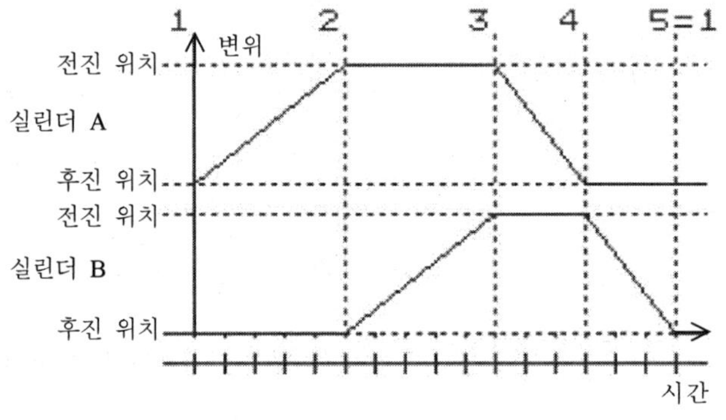

[그림 2-39] 상자 운송장치의 변위 · 시간 선도

2-9-2 제어선도

제어선도는 실린더의 운동 변화에 따른 제어 밸브 등의 스위칭 동작상태를 나타내는 선도로서 뒤에 설명하는 신호 중복의 여부를 판단하는데 유효한 선도이다. 그러므로 이 제어선도는 앞서 설명한 변위·단계 선도 밑에 연관시켜 작도하면 제어신호의 중복 여부를 판단하는데 용이하며, [그림 2-40]은 그 예를 나타낸다.

제어선도는 가로축을 운동 단계로 하고 세로축을 밸브의 on, off 상태를 펄스 파형으로 작도하고, 그 상태를 0과 1로 표시하거나 열림 상태, 닫힘 상태 등으로 표시하기도 한다.

[그림 2-40]의 제어선도는 밸브 a가 2단계 바로 전에 열리고(단계선 바로 전에 제어선이 표시되었으므로) 5단계 바로 후에 닫힌다는 것을 의미한다.

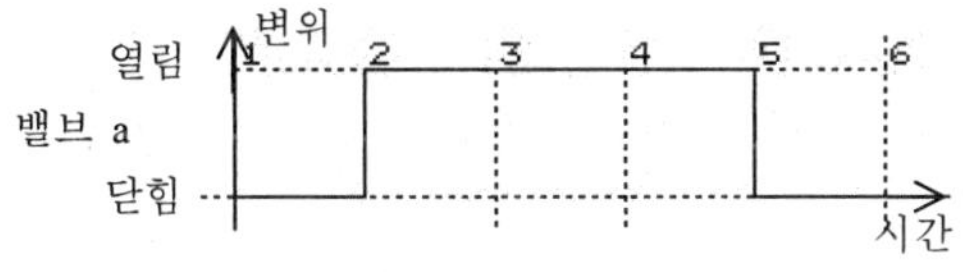

[그림 2-40] 제어선도

[그림 2-38]의 상자 운송장치에 대한 작동선도와 제어선도를 조합하여 나타내면 [그림 2-41]과 같다. 그리고 제어선도를 작성할 때 같은 구동 요소에 영향을 미치는 요소 시동 스위치 1.2와 리밋 스위치 1.3, 리밋 스위치 2.2와 리밋 스위치 2.3은 바로 이어서 작도하는 것이 좋다.

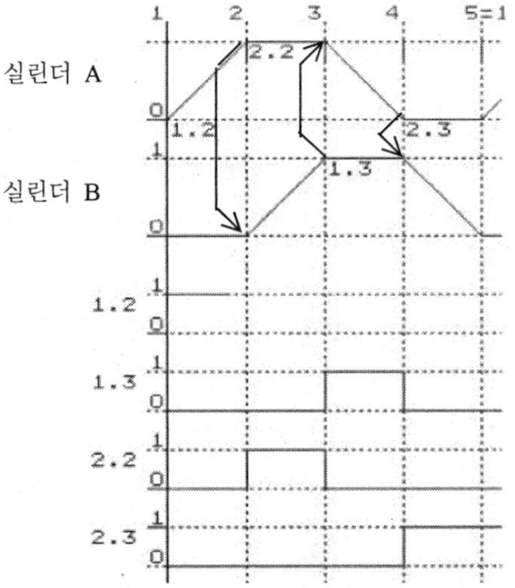

[그림 2-41] 작동-제어선도

■ 동작 설명 ■

• 시동 스위치 1.2

1단계 직전에 조작되어 실린더 A에 전진 신호를 보낸다.

• 리밋 스위치 1.3

초기상태에 닫혀 있는 상태를 유지하다가 3단계 직전에 실린더 B의 전진에 의하여 열려서 실린더 A에 후진 신호를 보낸다. 그리고 4단계 직후에 실린더 B의 후진에 의하여 닫힌다.

• 리밋 스위치 2.2

초기상태에 닫혀 있다가 2단계 직전에 실린더 A의 전진에 의하여 열려서 실린더 B에 전진 신호를 보낸다. 그리고 3단계 직후에 실린더 A의 후진에 의하여 닫혀서 1사이클이 완료될 때까지 닫힌 상태를 유지한다.

• 리밋 스위치 2.3

초기상태에 열려 있다가 1단계 직후에 실린더 A의 전진 시작에 의하여 닫힌다. 그리고 4단계 직전에 실린더 A의 후진 완료에 의하여 다시 열려서 실린더 B에 후진 신호를 보낸다.

2-10 신호중복 및 신호제거 방법

2-10-1 신호중복

동일한 실린더의 전진 신호와 후진 신호가 동시에 입력되는 현상을 신호중복이라 하며, 공압 시퀀스 회로를 구성할 때 신호중복 현상이 발생되는지 확인하여 불필요한 신호를 제거함으로써 원활한 제어가 되도록 하여야 한다.

[그림 2-42]와 같은 작동·제어 선도에서 신호중복 현상의 발생에 대하여 설명한다(음영 부분이 필요한 신호).

[그림 2-42]에서 실린더 A에 전진에 영향을 주는 시동 스위치 1.2와 후진에 영향을 주는 리밋 스위치 1.3이 동시에 열려 있으므로 신호중복 현상이 발생한다.

따라서 불필요한 신호는 제거하고 필요한 신호만 제어선도에 나타내고, 각 제어 요소에 대하여 다음과 같은 조치를 하여야 한다.

1) 시동 스위치 1.2

시동 스위치를 조작한 후 리밋 스위치 1.3이 작동되기 전(4단계가 시작되기 전)에 신호를 제거하여야 하므로 시동 스위치는 순간 조작하여야 한다.

2) 리밋 스위치 1.3

4단계 직전에 조작되어 실린더 A에 후진 신호를 보낸 후 시동 스위치 1.2의 신호가 발생되기 전에 제거되어야 한다.

3) 리밋 스위치 2.2

2단계 직전에 조작되어 실린더 B에 전진 신호를 보낸 후 리밋 스위치 1.3이 열리기 전에 신호가 제거되어야 한다.

4) 리밋 스위치 2.3

3단계 직전에 열려서 바로 닫히므로 신호 제거가 필요없다. 따라서 이 회로를 구성하기 위하여 리밋 스위치 1.3과 2.2에 신호제거를 하여야 한다.

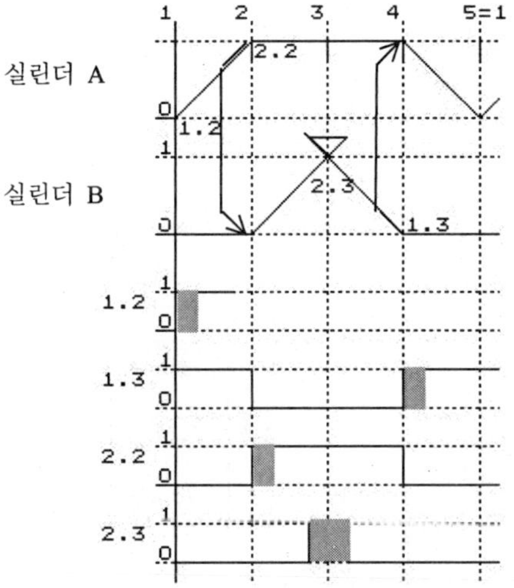

[그림 2-42] 작동-제어선도(신호중복)

2-10-2 신호제거 방법

시퀀스 제어에서 발생되는 제어신호의 간섭현상을 방향성 리밋 스위치나 공압 타이머를 이용하여 해결하는 방법은 배선이 간단하고 경제적인 해결책은 될지 모르나 작동의 신뢰성은 부족하게 된다.

(1) 오버 센터 조작 기구의 이용

조작 기구가 눌려지는 중간 위치에서만 조작되고, 완전히 눌려있지 않은 양단에서는 조작되지 않는 오버 센터 조작 기구를 이용하여 필요한 순간에만 신호를 발생할 수 있다. [그림 2-43]에 이와 같은 밸브 기호의 예를 나타내었다.

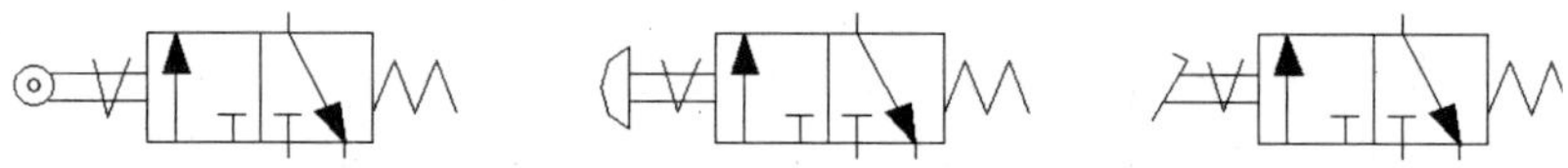

[그림 2-43] 오버 센터 조작 기구의 기호

(2) 편측(방향성) 롤러 레버 밸브의 이용

캠이나 도그가 왕복 조작되어도 어느 한 쪽 방향으로만 유효하게 조작되고, 반대 방향으로는 조작되지 않는 편측 롤러 레버 밸브를 이용하면 회로가 간단하고 경제적인 설계가 가능하다. [그림 2-44]에 이와 같은 밸브의 조작 상태를 나타내었다.

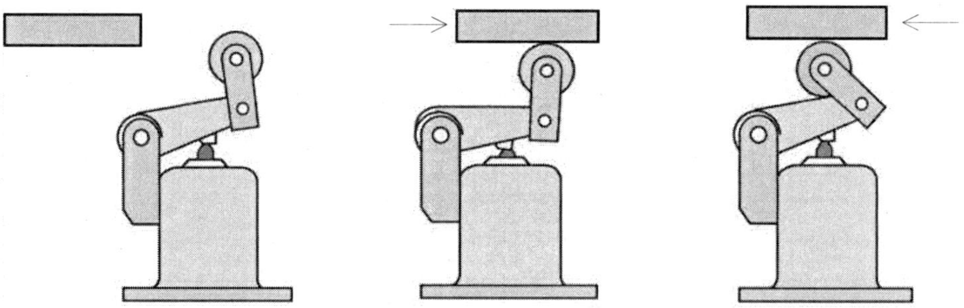

(a) 초기 상태 (b) 플런저 조작 상태 (c) 플런저 비조작 상태

[그림 2-44] 편측 롤러 레버 밸브

즉, 플런저를 롤러 레버에 의하여 간접 조작하여 좌측에서 우측으로 접촉물이 이동하면서 외력을 가하면 레버에 의하여 플런저가 조작되지만, 우측에서 좌측으로 접촉물이 이동하면서 외력을 가하면 롤러가 꺾여져 조작되지 않는다. 그러나 밸브를 행정 끝에 설치하지 못하므로 논리적인 스위

칭 회로나 시간지연 회로 등의 제어가 불가능하고, 신호발생시간이 짧으므로 실린더가 고속으로 운동하면 밸브가 조작되지 않을 수도 있다.

(3) 시간지연 밸브의 이용

입력신호가 길게 유지되어도 시간지연 밸브로 차단하여 펄스 신호를 발생하므로 리밋 스위치에서 나오는 신호가 길어 발생하는 신호중복 현상을 제거할 수 있다. 그러나 조작의 신뢰성은 높지만 제거하여야 할 신호가 많은 회로에서는 시간지연 밸브가 고가이므로 비경제적이다.

[그림 2-45]는 정상상태 열림형 시간지연 밸브를 이용한 펄스 시간제어 회로의 예이다.

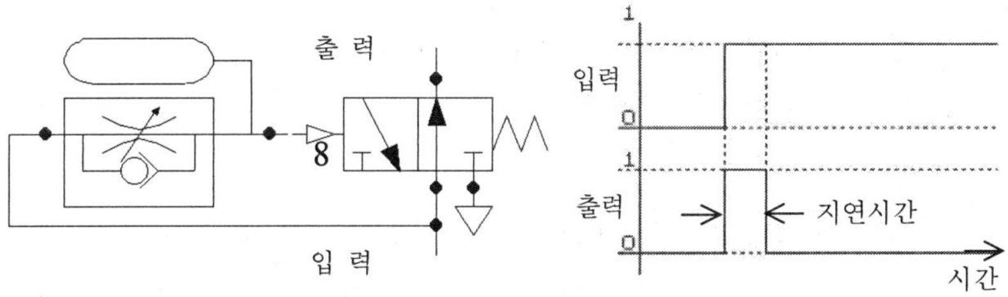

(a) 펄스 시간제어회로 (b) 타임차트

[그림 2-45] 펄스 시간제어회로와 타임차트

(4) 메모리 밸브의 이용

밸브 내부에 리셋 스프링이 없어서 일단 한 번 제어신호가 입력되면 제어 위치가 전환되고, 입력된 제어신호가 사라져도 계속 그 제어 위치를 유지하는 밸브를 메모리 밸브라고 한다.

물론 제어 위치를 변경시키려면 반대쪽에 제어신호가 입력되어야 한다. 양쪽에 압축 공기가 입력되어 제어 위치를 변경하는 밸브나 양쪽 솔레노이드 밸브 같은 것이 메모리 밸브이다.

실제로 가장 많이 이용되는 방법으로 조작의 신뢰성이 높고, 여러 개의 신호를 그룹을 만들어 제거할 수 있으므로 경제적이다. 이 방법에는 캐스케이드(cascade) 방식과 시프트 레지스터(shift register) 방식이 있다.

2-11 시퀀스 제어 회로도의 구성

공압 시퀀스 제어회로의 설계법은 여러 가지가 있고, 그 종류에 따라 설계 순서도 다르지만 다음 순서에 의하여 설계하는 것이 바람직하다.

2-11-1 설계 순서

① 제어장치의 배치도를 작도하고 구동 요소를 결정한다.
② 작동 · 제어 선도를 작도한다.
③ 신호중복 현상을 확인한다.
④ 신호제거 방법(회로 설계법)을 결정한다.
⑤ 회로도를 작성한다.

2-11-2 회로도 작성 순서

① 구동요소를 배치한다.
② 구동요소에 대한 최종 제어요소를 배치한다.
③ 최종 제어요소의 조작 방식에 따라 신호요소를 배치한다.
④ 에너지 공급원을 배치한다.
⑤ 각 요소에 해당하는 번호를 기입한다.
⑥ 신호제거 방법을 적용하여 작동선도 및 제어선도에 따라 회로도를 작도한다.
⑦ 필요한 곳에 부가 조건을 추가한다.

2-11-3 회로도 작성 예

[그림 2-37]과 같은 상자 운송장치에 대한 시퀀스 제어 회로도를 회로도 작성 순서에 따라 구성하면 다음과 같다.

① 배치도 결정

구동요소를 복동 실린더로 결정하여 [그림 2-37]과 같이 배치도를 결정한다.

② 작동-제어 선도 작도

[그림 2-41]과 같다.

③ 신호중복 현상 확인

[그림 2-41]에서는 신호 중복 현상이 없다.

④ 신호제거 방법

신호 제거 과정이 불필요하다.

⑤ 구동요소

복동 실린더

⑥ 최종 제어요소

4포트(또는 5포트) 2위치 방향 제어 밸브, 2위치 파일럿 조작 방식

⑦ 신호요소

- 요소 1.2

3포트 2위치 방향 제어 밸브(푸시버튼 조작, N.C)

- 요소 1.3

3포트 2위치 방향 제어 밸브(롤러 레버 조작, N.C)

- 요소 2.2

3포트 2위치 방향 제어 밸브(롤러 레버 조작, N.C)

- 요소 2.3

3포트 2위치 방향 제어 밸브(롤러 레버 조작, N.C)

[그림 2-46]은 이상과 같은 순서를 적용한 회로도이다.

⑧ 부가 조건 고려

작업의 시작은 항상 1 사이클이 완료한 후에 하도록 실린더 B가 후진을 완료한 위치에 리밋 스위치 1.4를 설치하고 회로도에서 리밋 스위치 1.4를 시동 스위치 1.2와 직렬로 접속한다. 이와 같은 장치를 연동 잠금 장치라 하며, 그 결과의 회로도는 [그림 2-47]과 같다.

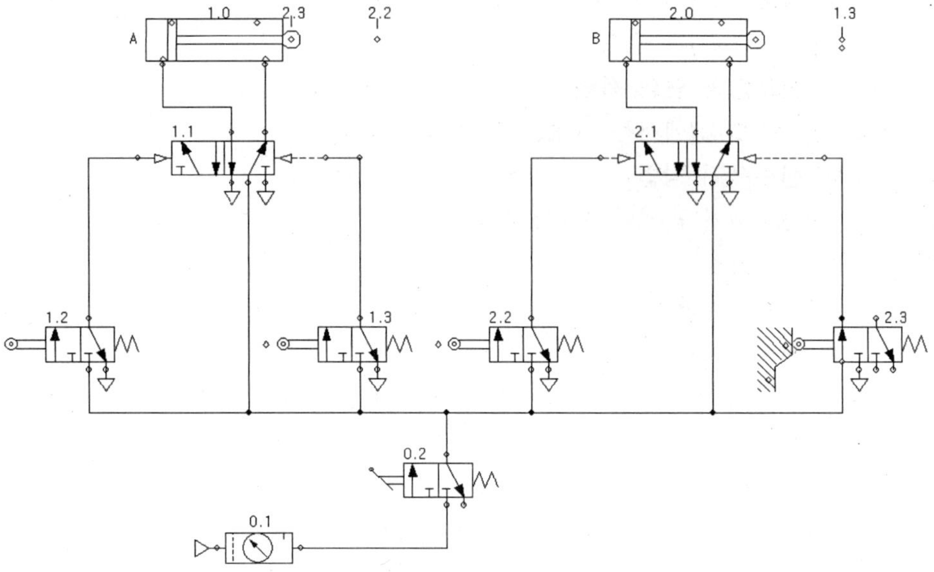

[그림 2-46] 회 로 도

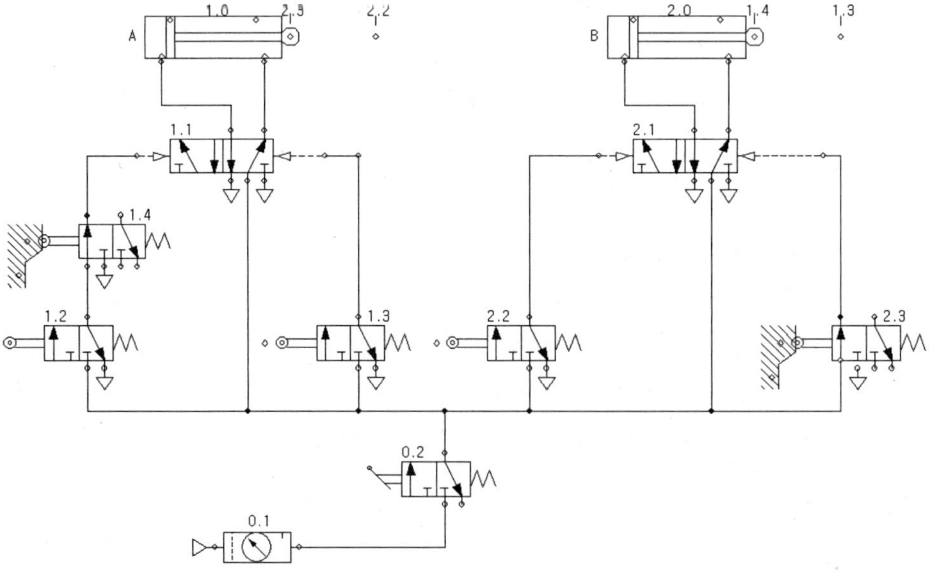

[그림 2-47] 부가 조건을 고려한 회로도

CHAPTER 03 전기제어

공압기술의 목적은 공압 실린더 등의 구동요소를 조작시키는 기술로서 이 기술에는 제어 방법에 따라 크게 두 가지로 나누어진다. 그 하나는 전기를 사용하지 않고 전부 공압을 사용하여 구동요소를 조작시키는 방법으로 제어요소로 마스터 밸브, 기계 조작 밸브, 릴레이 밸브 및 수동조작 밸브 등을 사용하는 소위 순수공압제어 방법이고, 또 한 가지 방법은 전자 밸브를 사용하여 구동요소를 조작시키는 방법으로 구동요소와 전자 밸브를 제외하고는 모두 전기 전자부품을 사용하는 전기공압제어 방법으로 전기공학의 한 분야이다.

그러나 기계 기술자들 대부분이 전기에 관련된 분야라면 우선 멀리하고 전기 기술자에 의존하는 경향이 많은데, 자동화 분야에서는 순수공압제어 방법에 비해 전기제어 방법이 훨씬 많이 적용되고 있으므로 반드시 이해하지 않으면 안 되는 분야이다.

전기제어 방법은 순수공압제어 방법에 비하여 응답이 빠르고, 소형이면서 확실한 동작이 이루어진다. 그리고 가는 전선으로 멀리 떨어진 위치에서도 원격 조작이 간단하다는 장점이 있다. 그러므로 전기의 스파크에 의한 인화나 폭발의 위험성이 있는 장소를 제외하고는 전자 밸브를 사용한 전기공압제어 방법을 많이 사용하고 있다.

전기공압회로는 전기 스위치와 솔레노이드 밸브 및 릴레이 등을 사용하여 제어회로를 구성하며, 일반적으로 배선과 배관을 함께 한다.

전체적인 회로도의 구성은 위 부분에 공압회로도를 표시하고, 아래 부분에 전기제어 회로도를 표시한다.

전기제어 회로도는 기본적으로 위 부분에 (+)와 아래 부분에 (−)를 나타내어 a · b 접점과 각종 스위치로 구성하며, 공압회로도는 제어 밸브와 실린더 사이에만 배관하여 간소화시킨다.

3-1 수동조작 스위치

스위치에는 많은 종류가 있으며 새로운 것이 계속 개발되고 있다. 이러한 스위치는 푸시버튼이나 핸들 등 수동 조작부분과 회로의 전류나 전압을 단속하는 접점 부분으로 구성된다. 즉 버튼을 누르거나 핸들을 올리고 내리는 것에 의하여 접점이 개폐되어 회로의 전류나 전압을 on-off 하는 동작이 이루어진다.

일반적으로 사용하는 스위치는 조작하면 on 상태가 되고, 조작하지 않으면 off 상태가 되지만 이와 반대로 조작하면 off 상태가 되고, 조작하지 않으면 on 상태가 되는 접점이 있다. 즉 조작 후에 접점의 on-off에 따라 a, b 및 c접점으로 분류한다.

a(arbeit) 접점은 조작하면 on 상태가 되고, 조작하지 않으면 off 상태가 되는 접점으로, NO(Normal Open) 접점 또는 Make 접점이라고도 한다. 그리고 b(break) 접점은 조작하면 off 상태가 되고, 조작하지 않으면 on 상태가 되는 접점으로, NC(Normal Close) 접점 또는 Break 접점이라고도 한다. 마지막으로 c(change over) 접점은 a,b 접점을 공유하는 접점으로 transfer 접점이라고도 한다.

수동 조작 스위치는 극(pole)과 단자(throw, terminal) 개수나 조작부를 조작하였을 때 조작부와 접점부의 동작 상태에 따라 다음과 같이 분류한다.

3-1-1 극과 단자 개수 형태에 따른 분류

극은 스위치에서 움직이는 구동 부분이고 단자는 1회의 스위치 동작에서 접촉되는 단자 개수를 말하며, [그림 3-1]과 같이 SPST (Single Pole Single Throw), SPDT (Single Pole Double Throw), DPST (Double Pole Single Throw) 및 DPDT (Double Pole Double Throw)로 분류한다. 그리고 ??ST은 a접점만 존재하고, ??DT는 a접점과 b접점을 공유한다

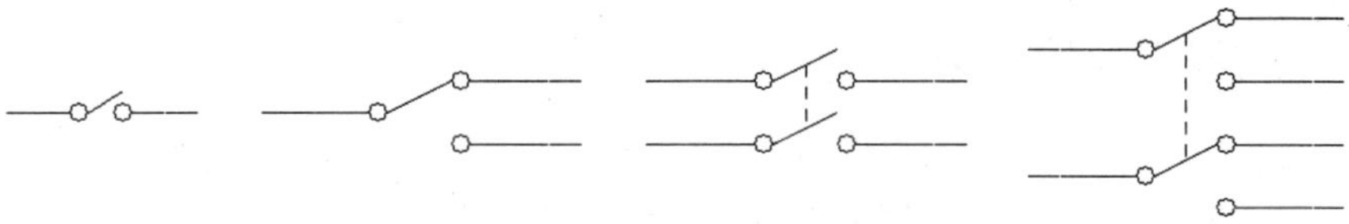

(a) SPST (b) SPDT (c) DPST (d) DPDT

[그림 3-1] 극과 단자 기호

3-1-2 접점 동작 상태에 따른 분류

(1) 자동복귀형 접점

조작부를 누르고 있는 동안만 접점이 닫히고(on), 손을 떼면 스프링 등의 힘으로 자동으로 조작부와 접점부가 원래의 열린 상태(off)로 복귀한다. 대표적인 것으로는 [그림 3-2](a)와 같은 푸시 버튼 스위치가 있다.

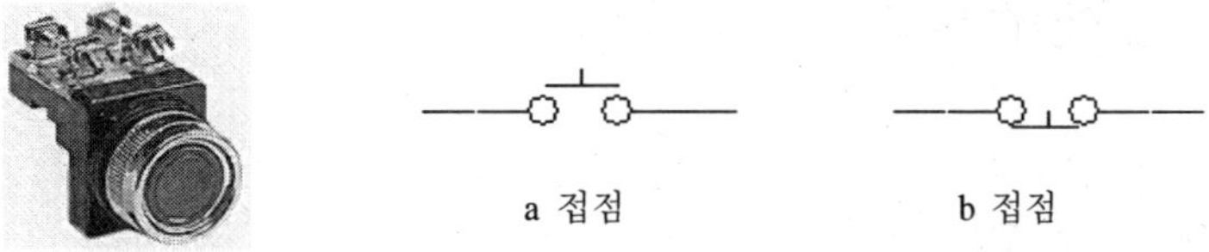

(a) 실물 (b) 접점 기호

[그림 3-2] 자동복귀형 접점(푸시버튼 스위치)

(2) 유지형 접점(수동접점)

조작 후에 조작부에서 손을 떼어도 조작부와 접점부가 그 상태를 유지한다. 대표적인 것으로는 [그림 3-3](a)와 같은 스냅(토글) 스위치가 있다.

(a) 실물 (b) 접점 기호

[그림 3-3] 유지형 접점(스냅 스위치)

(3) 잔류형 접점

조작 후에 조작부에서 손을 떼면 접점은 그 상태를 유지하지만 조작부는 원래의 상태로 복귀한다. 대표적인 것으로는 [그림 3-4](a)와 같은 푸시버튼 방식 스위치가 있다.

(a) 실물 (b) 접점 기호

[그림 3-4] 잔류형 접점(푸시버튼 스위치)

3-2 실체배선도와 순서도

3-2-1 실체배선도

실체배선도는 [그림 3-5]와 같이 기기의 접속관계를 중심으로 표시하는 것으로, 실제로 회로를 배선하는 경우 등에 편리한 회로도이다.

이 회로는 푸시버튼 스위치를 on 조작하면 좌측 표시등은 점등되고, 우측 표시등은 소등된다. 그리고 푸시버튼 스위치를 off 조작하면 좌측 표시등은 소등되고, 우측 표시등은 점등된다

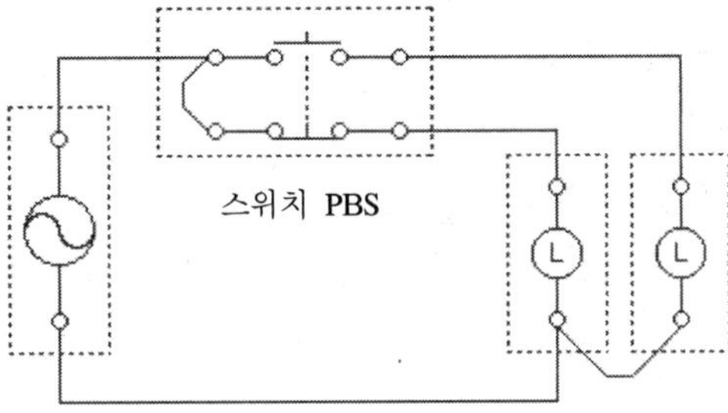

[그림 3-5] 실체 회로도

3-2-2 순 서 도

순서도는 기기의 그림기호를 사용하여 전개식으로 표시하는 것으로 회로의 동작내용이나 전류 흐름 등을 조사하는 경우에 편리한 회로도이며, 가로순서도((IEC 방식)와 세로순서도(래더도 방식)로 구분한다.

가로 순서도는 [그림 3-6](a)와 같이 상하로 전원선을 작도하고, 입력은 위쪽에 출력은 아래쪽에 작도한다. 그리고 세로 순서도는 [그림 3-6](b)와 같이 좌우로 전원선을 작도하고, 입력은 왼쪽에 출력은 오른쪽에 작도한다.

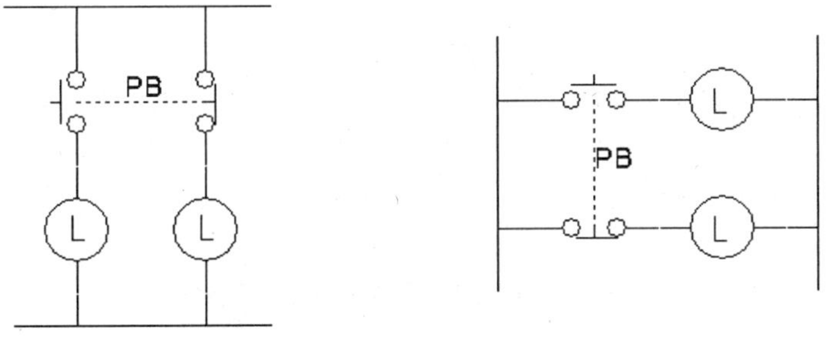

(a) 가로 순서도　　　　(b) 세로 순서도

[그림 3-6] 순 서 도

■ 순서도를 그리는 방법 ■

① 상하 또는 좌우로 전원선(제어모선)을 작도한다. 그리고 교류는 R · T, 직류는 P · N이라는 문자 기호를 함께 기록하여 구별한다.

② 기계의 조작이나 동작 순서에 따라 모터 등 부하 회로는 위쪽에, 릴

레이를 사용한 제어회로는 아래쪽에 작도한다. 그리고 회로가 복잡한 경우 부하 회로와 제어회로를 분리하여 작성한다.

③ 각 기기는 그림 기호를 사용하여 동작순서에 따라서 작도하며, 각 기기의 그림 기호는 조작하지 않은 상태로 문자 기호를 함께 표시한다.

⑤ 각 기기의 a접점은 앞 번호부터, b접점은 뒷 번호부터 사용한다.

3-3 제어회로의 구성

제어회로는 기능 별로 보면 [그림 3-7]과 같이 수동 지령부 · 검출부 · 조절부(논리회로) 및 조작부로 구성되어 있으며, 조작부에서 발생한 출력으로 제어 대상을 구동할 수 있다.

[그림 3-7]에서 검출부는 제어대상의 상태를 감지하고, 수동 지령부는 회로의 on-off를 지시한다. 그리고 조절부는 검출부와 수동 지령부에서 신호를 받아 제어대상에 어떤 조작을 가할 것인가를 판단하고, 조작부는 조절부의 지시에 따라 제어대상을 직접 조작하는 작용을 한다. 여기서는 수동 지령부를 제외한 검출부 · 조절부와 조작부를 구성하는 기기에 대하여 설명한다.

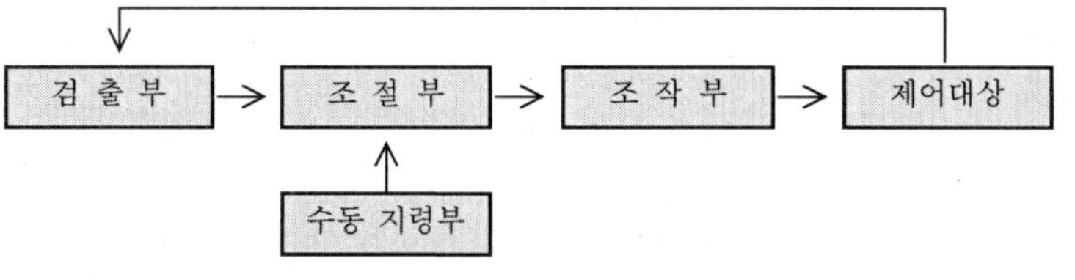

[그림 3-7] 제어회로 구성도

3-3-1 검 출 부

거리의 가로등을 점멸하기 위하여 매일 아침 저녁으로 돌아다니면서 가로등의 스위치를 인간이 조작하여 가로등을 점멸하는 수동제어는 불합리하다. 따라서 주위의 밝기 정도를 검출하여 스위치 접점이 자동적으로 개폐되는 스위치가 있으면 인간이 직접 조작하지 않아도 자동적으로 점멸하는 자동제어가 가능하다. 이와 같이 인간의 눈이나 귀 등의 감각에 해당하는 동작을 하여 물체의 유무나 위치 또는 온도 · 압력 등의 제어대상 상태 변화를 검출하여 자동적으로 접점을 개폐하기 위하여 검출기를 사용한다.

릴레이 순서 제어에서 사용하는 검출기는 접촉 방식과 비접촉 방식으로 물체의 유무를 검출하며, 접촉 방식은 리밋 스위치와 마이크로 스위치가 대표적이고, 비접촉 방식은 광전 스위치 및 근접 스위치 등이 대표적으로 널리 사용된다. 그 이외에 릴레이 순서제어에서는 온도 스위치 · 압력 스위치 및 액면 스위치 등도 사용된다.

(1) 리밋 스위치

리밋 스위치는 조작편을 가진 스위치로 검출하고자 하는 물체에 의하여 조작편이 눌려지면 접점을 개폐하는 접촉 방식 검출기이다.

리밋 스위치는 수동 조작 스위치와 마찬가지로 a접점과 b접점이 있으며, 그림 기호는 [그림 3-8](b)와 같다. 그리고 리밋 스위치(limit switch)의 약자인 LS를 함께 표시한다.

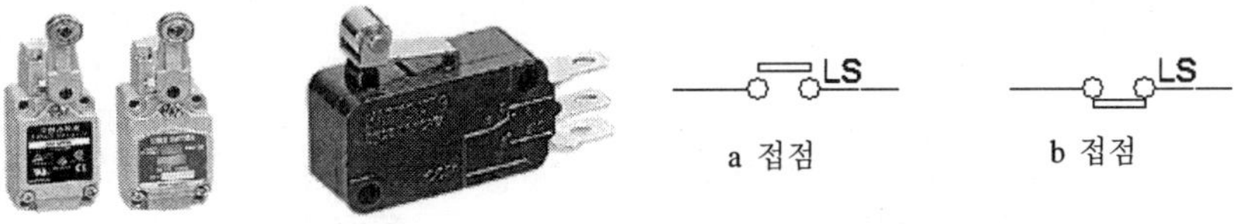

(a) 실물 (b) 접점 기호

[그림 3-8] 리밋 스위치와 마이크로 스위치

예제 1

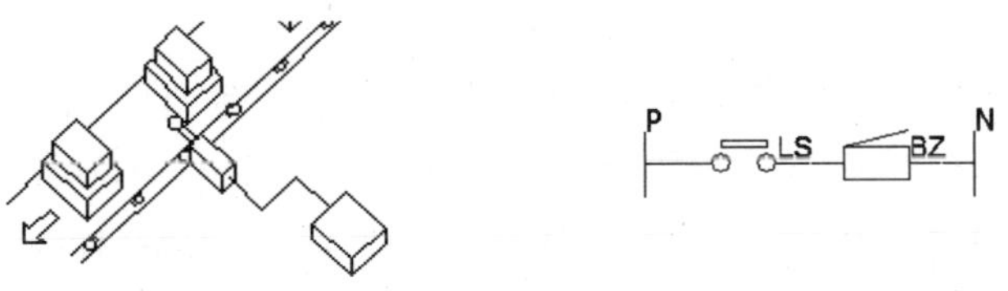

(a) 외형 (b) 활용 예

[그림 3-9] 리밋 스위치 활용

[그림 3-9]와 같이 이동하고 있는 물체의 통로에 리밋 스위치를 설치하면 물체가 이동하면서 리밋 스위치 조작편을 눌러 접점을 개폐하므로 물체의 유무나 위치를 검출할 수 있다.

(2) 마이크로 스위치

비교적 소형으로 성형품 케이스에 접점 기구를 내장하고 밀봉되지 않은 것으로 주로 계측장치나 기계의 검출기용으로 사용된다. 그러나 리밋 스위치는 견고한 다이캐스팅 케이스에 마이크로 스위치가 내장되어 밀봉되어 있으므로 봉입형 마이크로 스위치라고도 하며, 주로 내구성이 요구되는 장소나 외력으로부터 기계적 보호가 필요한 생산설비 등에 사용된다.

(3) 광전 스위치

광전 스위치는 발광부와 수광부 및 증폭기로 구성되며, 검출하고자 하는 물체에 의하여 광로의 광량 변화를 검출하여 접점을 개폐하는 비접촉 방식 검출기이다.

광전 스위치는 수동 조작 스위치와 마찬가지로 a접점과 b접점이 있으며, [그림 3-10](b)와 같은 그림 기호로 표시하고, 광전 스위치(photoelectric switch)의 약자인 PHS를 함께 표시한다.

(a) 실 물　　　　(b) 접점 기호

[그림 3-10] 광전 스위치

이와 같은 광전 스위치는 빛을 투과시키는 물체를 제외하고는 모든 물체의 검출이 가능하며, 검출 거리도 근접 스위치에 비하여 길어 자동제어, 계측 및 품질관리 등의 모든 산업 분야에 널리 사용된다. 그리고 광전 스위치는 검출 형태에 따라 투과형, 밀러 반사형 및 직접 반사형(확산형, 복사형)으로 분류한다.

투과형은 발광부와 수광부가 별도로 구성되며, 광로의 축이 일치하도록 일직선으로 설치하여 발광부에서 나온 빛을 검출 물체에 투과시켜 수광부에서 받아 'dark on' 방식으로 출력신호를 발생한다. 이와 같은 투과형 광전 스위치는 검출 거리가 가장 길고(~3[m]), 검출 정도도 높지만 반투명이나 소형 물체의 검출은 곤란하다. 그리고 2조 이상을 근접 설치하면 상호 간섭 발생하므로 투광기와 수광기 위치를 변경하여야 한다.

밀러 반사형은 발광부와 수광부가 하나의 케이스에 구성되며, 발광부에서 나온 빛을 반사경을 사용하여 검출 물체를 투과시켜 'light on' 방식으로 출력 신호를 발생한다. 이와 같은 밀러 반사형 광전 스위치는 검출거리가 1[m]내외이고, 광로의 축 조정은 쉽지만 반사율이 높은 물체는 검출이 곤란하au다. 그리고 검출체가 백색무광택지보다 반사율이 높을 경우 센서 설치를 띄우거나 센서의 광축에 대하여 30~45 경사지게 설치한다.

직접 반사형은 밀러 반사형처럼 발광부와 수광부가 하나의 케이스에 구성되며, 발광부에서 나온 빛을 직접 검출 물체에 보내어 물체에서 반사한 빛을 받아 'dark on' 또는 'light on' 방식으로 출력신호를 발생한다. 이와 같은 밀러 반사형 광전 스위치는 검출거리가 200[mm] 이내이며, 2조 이상을 근접 설치하면 검출체 표면 반사광에 의한 다른 센서 동작에 영향을 초래한다.

예제 2

[그림 3-11]과 같이 이동하고 있는 물체의 통로에 광전 스위치를 설치하면 물체가 이동하면서 광전 스위치의 광로를 차단 여부에 따라 접점을 개폐하므로 물체의 유무나 위치를 검출할 수 있다.

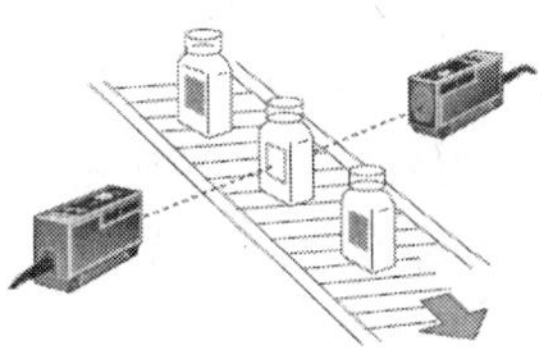

(a) 외형

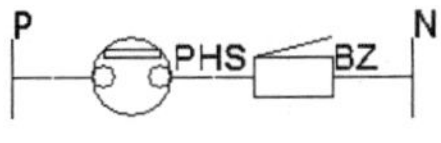

(b) 활용 예

[그림 3-11] 광전 스위치 활용

(4) 근접 스위치

근접 스위치는 발진회로나 브리지 회로 및 증폭기로 구성되며, 검출하고자 하는 금속체나 자성체 등의 물체의 접근에 의하여 전계나 자계의 변화를 검출하여 접점을 개폐하는 비접촉 방식 검출기이다.

근접 스위치는 수동 조작 스위치와 마찬가지로 a접점과 b접점이 있으며, [그림 3-12](b)와 같은 그림 기호로 표시하고, 근접 스위치(proximity switch)의 약자인 PXS를 함께 표시한다.

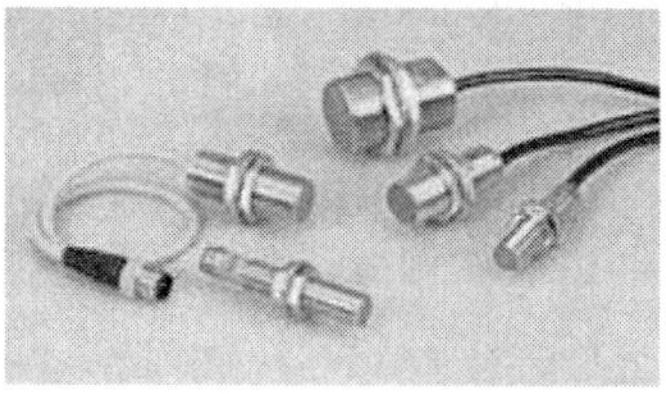

(a) 실 물

(b) 접점 기호

[그림 3-12] 근접 스위치

이와 같은 근접 스위치는 내부 부품들이 몰딩되어 제조되므로 열악한 환경에서도 사용이 가능하고, 진동이나 충격에도 특성이 우수하다. 그리고 내부 부품이 반도체로 구성되어 수명이 길고 보수가 불필요하며, 검출 형태에 따라 정전용량형(적분형)과 유도용량형(고주파 발진형, 미분형)으로 분류한다.

정전용량형은 검출부에 있는 유도 전극과 대지 사이에 물체가 존재하거나 접근할 때 유도 전극과 대지 사이의 정전용량 변화를 검출하여 출력신호를 발생한다. 따라서 검출 대상은 금속체를 포함하여 목재 · 종이 · 플라스틱 및 물 등 거의 모든 물체가 해당되고, 유도용량형보다 검출거리가 길지만 스위칭 주파수는 100[Hz]정도이다. 이와 같은 정전용량형 근접스위치는 발진형보다 고가이고 온도 및 습도 변화가 심한 환경에서는 사용이 곤란하다.

유도용량형은 검출부에 있는 발진용 코일 부근에 금속체가 존재하거나 접근할 때 전자유도 작용의 영향으로 발생하는 코일의 유도용량 변화를 검출하여 출력신호를 발생한다. 따라서 검출 대상은 금속체만 해당되고, 정전용량형보다 검출거리가 짧지만 스위칭 주파수는 5[KHz]정도까지 가능하다. 이와 같은 유도용량형 근접스위치는 응답속도가 신속하고, 고속 이동 물체도 감지 가능하며 신뢰성, 내환경성 및 내구성 우수하다.

예제 3

[그림 3-13]과 같이 이동하고 있는 물체의 통로에 근접 스위치를 설치하면 물체가 이동하면서 근접 스위치 주위의 전계나 자계를 변화시켜 발진회로나 브리지 회로의 출력이 변화하게 되고, 접점을 개폐하므로 물체의 유무나 위치를 검출할 수 있다.

(a) 외 형　　(b) 활용 예

[그림 3-13] 근접 스위치 활용

3-3-2 논리회로(조절부)

논리적인 판단 기능을 갖는 전기회로로서 인간의 두뇌에 해당하는 작용을 하여 검출기 신호를 판단하고 조작기에 적절한 신호를 보내주는 작용을 한다. 릴레이 순서제어에서 가장 기본적인 논리회로는 다음과 같이 AND 회로와 OR 회로로 분류한다.

(1) OR 회로

[그림 3-14]와 같이 a접점을 병렬로 접속하는 경우 PB1 또는 PB2가 on으로 되면 표시등이 점등되므로 이와 같은 회로를 OR 회로라고 한다. 즉 그림의 타임차트와 같이 접점 PB1은 시간 t1에서 on되고 t3에서 off되며, 접점 PB2는 시간 t2에서 on되고, t4에서 off된다면 표시등은 접점 PB1, PB2 중 어느 한쪽이 on되는 시간 t1~t4 동안 점등된다.

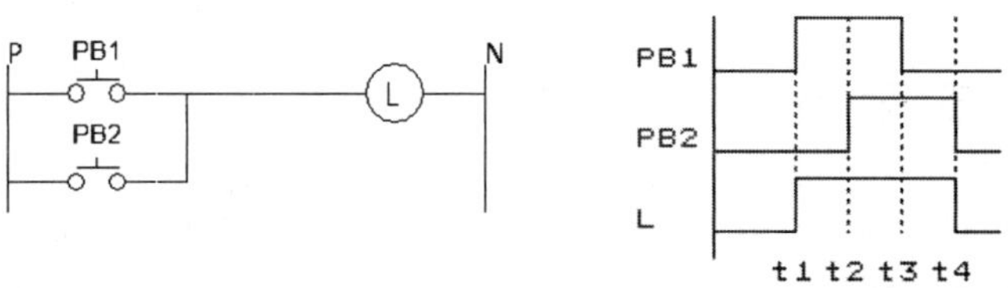

(a) 회 로　　(b) 타임차트

[그림 3-14] OR 회로

예제 4

안내양이 없는 버스에서 승객은 다음 정류장에서 내리고 싶을 때 자동차 내에 부착되어 있는 어떤 푸시버튼 스위치를 조작하여도 표시등을 점등하기도 하고, 벨을 울려 운전기사에게 알릴 수 있도록 되어 있다.

(2) AND 회로

[그림 3-15]와 같이 a접점을 직렬로 접속하는 경우 a_1과 a_2가 on으로 되면, 램프가 점등하므로 이와 같은 회로를 AND 회로라고 한다. 즉 그림의 타임차트와 같이 접점 PB1은 시간 t1에서 on되고 t3에서 off되며, 접점 PB2는 시간 t2에서 on되고 t4에서 off된다면 표시등은 접점 PB1, PB2가 모두 on으로 되는 시간 t2~t3 동안만 점등된다.

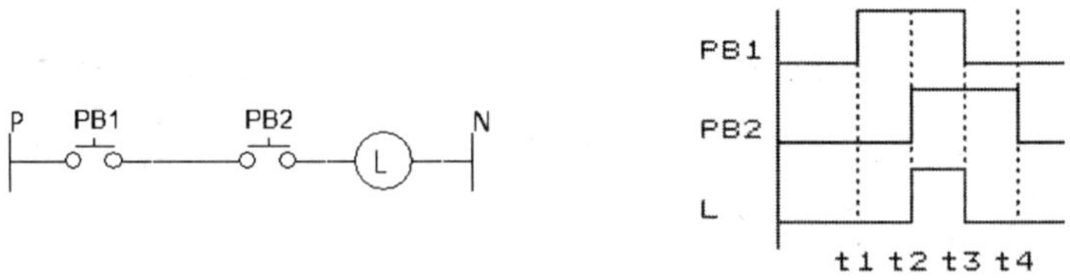

(a) 회 로 (b) 타임차트

[그림 3-15] AND 회로

예제 5

정지하고 있는 엘리베이터에서 내릴 층에 해당하는 푸시버튼 스위치와 문을 닫는 푸시버튼 스위치가 동시에 조작되어야 엘리베이터가 운전된다.

3-3-3 조 작 부

인간은 감각기관을 통하여 검출하면 다음에는 수족을 조작하여 필요한 동작을 하며, 마찬가지로 자동제어에서도 검출기로 검출한 다음 인간의 수족에 해당하는 동작을 하는 조작기를 사용하여야 한다. 릴레이 순서제어에서는 모터, 솔레노이드 및 전자밸브 등의 조작기가 널리 사용된다.

(1) 모 터

전기 에너지를 기계적인 에너지로 변환하는 가장 대표적인 동력원이며, 공장의 기계설비나 가전제품에 걸쳐 대단히 광범위하게 사용된다.

모터는 사용하는 전원에 따라 교류 모터와 직류 모터로 분류된다. 그리고 모터는 [그림 3-16](b)와 같은 그림 기호로 표시하고, 모터(motor)의 약자인 M을 함께 표시한다.

예제 6

[그림 3-16](b)와 같이 자동차의 라이트 빛을 광전 스위치를 사용하여 검출하고, 모터를 동작시켜 자동차 차고의 셔터를 자동으로 개폐할 수 있다. 그러나 실제 응용에서는 셔터의 상한과 하한을 검출하여 모터를 정지시키기 위한 검출기가 추가 사용되어야 한다.

(a) 실 물

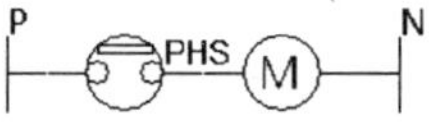

(b) 활용 예

[그림 3-16] 모 터

(2) 솔레노이드

솔레노이드는 고정철심, 코일, 플런저(가동철심) 등으로 구성되어 전기 에너지를 기계적 에너지로 변화하는 것이다.

코일에 전류를 흘려서 전자석을 만들고, 그 흡입력으로 가동편을 움직여 시 끌어당기거나 밀어내는 등의 직선운동을 하여 제품이나 부품의 분류하는 조작에 사용된다. 그리고 운동의 형태에 따라 풀형(pull type)과 푸시형(push type)으로 구분한다.

솔레노이드는 사용하는 전원에 따라 교류(AC) 솔레노이드와 직류(DC) 솔레노이드로 분류된다. 그리고 솔레노이드는 [그림 3-17](b)와 같은 그림 기호로 표시하고, 솔레노이드(solenoid)의 약자인 SOL을 함께 표시한다.

예제 7

[그림 3-17](b)와 같이 리밋 스위치와 풀형 솔레노이드를 조합하면 리밋 스위치로 검출하고, 솔레노이드를 조작하여 자동적으로 제품을 분류할 수 있다.

(a) 실 물

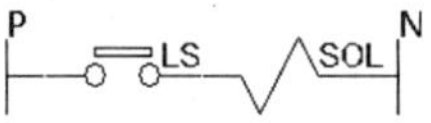

(b) 활용 예

[그림 3-17] 솔레노이드

(3) 전자 밸브

전자밸브는 전자석의 흡인력을 이용하여 밸브를 개폐시켜서 공기나 기름·물 등의 유체를 단속하거나 방향을 제어하기 위하여 실린더와 조합시켜서 널리 사용된다.

전자 밸브는 [그림 3-18](b)와 같은 그림 기호로 표시하고, 전자 밸브(solenoid valve)의 약자인 SV를 함께 표시하며, 유지 기능이 없는 편측(단방향) 전자밸브와 유지 기능이 있는 양측(양방향) 전자 밸브로 분류한다.

예제 8

(a) 실 물

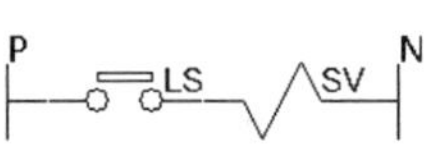

(b) 활용 예

[그림 3-18] 전자 밸브

[그림 3-18](b)와 같이 건물 현관에 놓인 매트에 설치한 리밋 스위치로 출입하는 사람을 검출하고, 전자 밸브로 실린더를 조작하여 자동적으로 출입문을 개폐할 수 있다.

3-4 릴레이 개요

PLC는 종래의 유접점 시퀀스 제어방식을 대신하기 위한 제어장치이며, 따라서 PLC의 동작원리를 이해하기 위하여 유접점 시퀀스 제어방식에서 사용한 릴레이를 이해하여야 한다.

릴레이는 전자력에 의하여 접점을 개폐하는 기능을 가진 장치의 총칭으로 신호처리용 기기로서 가장 많이 사용되고 있으며 다양한 종류의 릴레이가 제작 · 판매되고 있다.

3-4-1 원리와 구성

릴레이는 철심에 감은 여자코일에 전류가 흐르면 전자유도법칙에 의하여 전자력을 발생하는 코일부와 발생된 전자력에 의하여 접점을 개폐하는 접점부로 구성되는 전자 스위치로서 회로를 제어한다. 그리고 릴레이는 사용전원에 따라 직류용과 교류용, 그리고 사용 목적에 따라 범용, 소신호용, 대전력용, PCB용, 자동차용 및 유지형 릴레이로 구분한다.

릴레이의 특징은 [그림 3-19]와 같이 스위치가 on될 때마다 부하 AC 모터 회로를 제어하기 위한 입력으로 DC 릴레이를 사용하는 것이다.

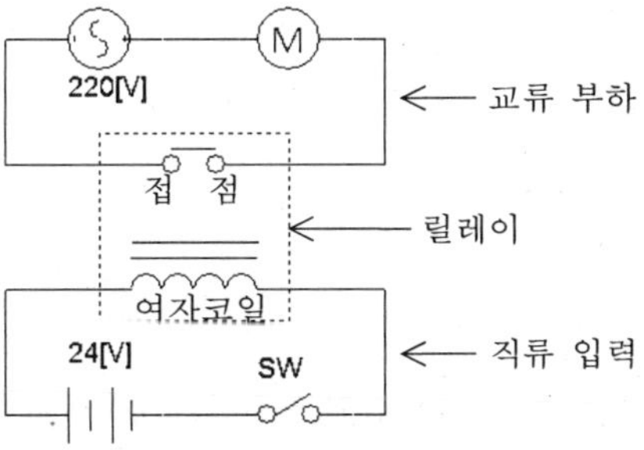

[그림 3-19] 릴레이 원리

대표적인 릴레이의 외형은 [그림 3-20]과 같고, 생산 공정의 기계나 장치 등을 제어하기 위하여 접점을 조합함으로써 복잡한 판단기능을 갖는 논리조작을 행하는 데 적용된다. 그리고 릴레이의 기본 접점 구조는 수동조작 스위치와 마찬가지로 a(NO)접점, b(NC) 접점 및 c(change-over) 접점으로 구분한다.

(a) 코일과 접점 (b) 접속 핀

[그림 3-20] 릴레이 외형

3-4-2 동작과정

[그림 3-20]의 a접점 릴레이에서 전류가 흘러 코일이 여자되고, 전자력에 의하여 가동접점을 흡인한다. 그리고 전류가 흐르지 않으면 코일이 소자되고 접점이 열리며, b접점 릴레이 경우는 a접점 릴레이와 반대로 동작한다. 릴레이의 기본구조와 그림기호는 [그림 3-21]과 같다.

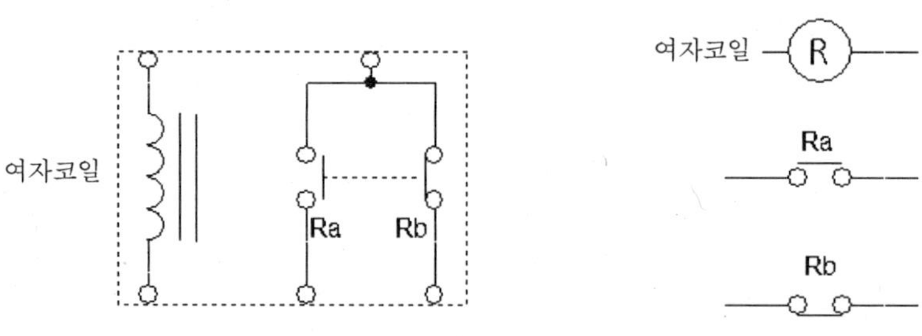

(a) 기본 구조 (b) 그림 기호

[그림 3-21] 릴레이의 기본 구조와 그림기호

3-4-3 기 능

릴레이는 회로를 접속 차단하는 등의 신호 전달 기능 이외에 다음과 같은 여러 가지 기능을 갖고 있으므로 여러 분야에 광범위하게 이용되고 있다.

(1) 증폭 기능

일반적으로 여자회로의 코일에서 소비되는 전력은 작으며, 접점회로는 여자회로보다 훨씬 큰 전압을 가할 수 있고 대전류가 흐르는 회로를 개폐한다. 즉 릴레이의 코일부와 접점부는 전기적으로 분리되어 있으므로 DC 소전압·소전류로 코일을 여자하여 대전압·대전류가 흐르는 AC 부하를 개폐한다.

(2) 변환 기능

릴레이의 코일부와 접점부는 전기적으로 분리되어 있으므로 코일부와 접점부는 [그림 3-22(a)]와 같이 서로 다른 성질의 신호를 취급할 수 있다.

(3) 분기 기능

릴레이는 하나의 여자회로와 여러 접점으로 구성되므로 하나의 신호로 여러 회로를 동시에 개폐할 수 있다.

(4) 논리 및 기억 기능

a 접점만으로 구성된 스위치를 등가적인 b접점을 갖는 스위치로 변환할 수 있고, 복수 개의 릴레이를 조합하면 복잡한 판단 및 기억 기능을 갖는 회로가 구성된다.

3-4-4 여자전압과 접점용량

릴레이를 동작시키기 위하여 여자코일에 전류를 흘려서 여자하여 주지 안되며, 릴레이의 코일을 여자하는 데 필요한 전압 전류를 여자전압-여자전류라 한다. 이 경우에 릴레이 여자코일은 전기회로의 부하에 해당하며, 일반적으로 여자코일의 소비전력은 미소하다. 그러나 릴레이 접점회로는 여자회로보다 훨씬 대전압을 인가할 뿐 아니라 대전류가 흐르는 전기회로(부하)를 개폐할 수 있으며, 접점회로가 개폐할 수 있는 부하의 전압 및 전류를 접점용량이라 한다. 이러한 접점용량은 유도부하에 비하여 저항부하가가 더 크고, 일반적으로 널리 사용되고 있는 릴레이 정격은 {표 3-1}과 같다.

{표 3-1} 릴레이 정격

구 분	여자전압	여자전류	접점용량(저항부하)
DC	DC 12[V]	DC 75[mA]	DC 6[A], 12[V]
DC	DC 24[V]	DC 25[mA]	AC 65[A], 125[V]
AC	AC 200[V]	AC 7.4[mA]	AC 5[A], 250[V]

릴레이의 회로도와 순서도는 [그림 3-22]와 같으며, 여기서 코일부와 접점부의 전원이 다르므로 해당 순서도가 별도 구분되어 작도되었다. 그러나 코일부와 접점부의 전원이 동일하면 해당 순서도는 하나로 작도된다.

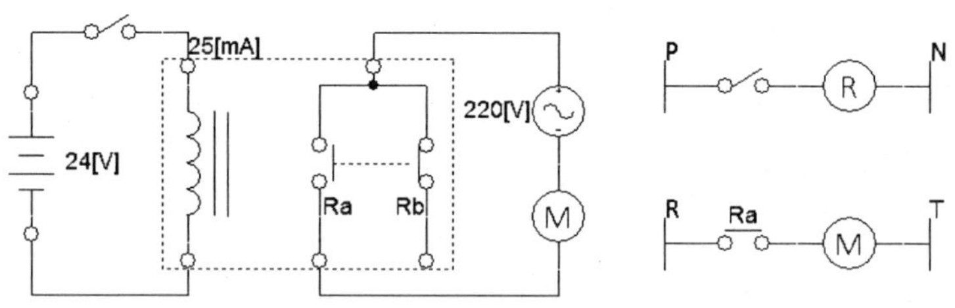

(a) 회 로 도 (b) 순 서 도

[그림 3-22] 릴레이 회로도와 순서도

3-4-5 접점 재료와 접점보호회로

릴레이 접점은 릴레이의 가장 중요한 구성 요소로서 접점 재료, 인가 전압 및 전류, 부하 종류, 개폐빈도, 주위 환경, 접촉형식 등에 따라 접점의 변형이나 마모, 그리고 접촉저항의 증대 등의 불량 장해가 발생한다. 따라서 도금이나 합금 처리된 특수한 접점을 사용하며, 특히 솔레노이드나 모터 등의 유도부하를 개폐할 때는 역기전력에 의한 접점 불량이 증대하므로 접점보호회로가 필요하다.

일반적으로 소신호용 접점은 금을 도금하여 사용하지만 대신호용 접점은 은-카드뮴, 인청동 등의 합금을 사용하며, 접점의 기계적 수명은 수 천만회 정도이지만 전기적 수명은 수십만 회 정도로 제한된다.

접점보호회로는 [그림 3-23]과 같이 직류 부하에서는 RC 직렬회로를 릴레이 접점과 병렬 접속하거나 다이오드, 제너다이오드, 바리스타를 부하와 병렬로 접속하여 사용한다. 그리고 교류 부하에서는 RC 직렬회로나 바리스터를 부하와 병렬로 접속하여 사용한다.

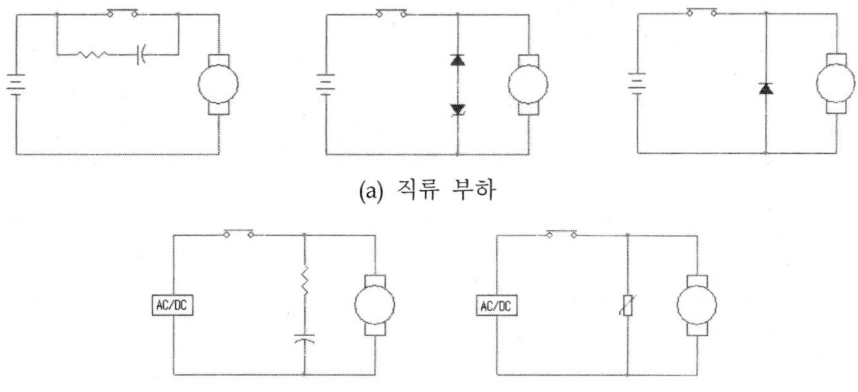

(a) 직류 부하

(b) 교류 부하

[그림 3-23] 접점보호회로

3-5 자기유지회로

3-5-1 개 요

제어회로에는 인간의 판단기능에 해당하는 논리회로와 인간의 기억기능에 해당하는 기억(자기유지 : latch)회로가 매우 중요한 역할을 한다.

일반적으로 수동조작 자동복귀 접점을 갖는 푸시버튼 스위치를 눌렀다가 떼어도 신호흐름(제어동작)을 계속하기 위하여 자기유지회로가 필요하며, 자기유지회로의 동작원리를 이해하기 위하여 릴레이 제어회로 경보기의 설계 개선과정을 예를 들어 설명한다.

(1) 경보기 회로 1

[그림 3-24](a)의 회로에서 물체가 수동조작 자동복귀 접점을 갖는 광전스위치 PHS의 광로를 차단하면 경보기 BZ가 울린다. 그러나 이 회로에서

는 타임차트와 같이 물체가 광전 스위치의 광로를 차단하는 순간만 광전 스위치의 접점이 on되고, 그 순간만 경보기가 울리므로 방범용으로 효과가 없다.

(a) 릴레이 회로 (b) 타임차트

[그림 3-24] 경보기 회로 1

(2) 경보기 회로 2

[그림 3-24](a)의 회로를 개선하기 위하여 물체가 광전 스위치의 광로를 통과하여 광전 스위치가 off되어도 관리자가 인식할 때까지 경보기를 계속 울리는 유지(기억)기능을 갖도록 릴레이 R을 사용하여 릴레이 a접점 Ra와 광전 스위치를 [그림 3-25](a)와 같이 병렬로 접속한다. 즉 광전 스위치가 일단 on되면 릴레이 코일이 여자되고 릴레이 a점이 on된다. 따라서 광전 스위치의 접점이 off되어도 릴레이 코일은 자신의 a접점을 통하여 여자상태를 유지하므로 경보기는 계속 울린다.

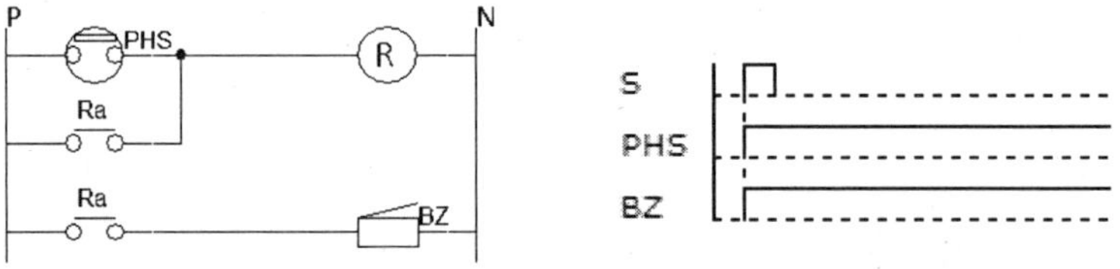

(a) 릴레이 회로 (b) 타임차트

[그림 3-25] 경보기 회로 2

(3) 경보기 회로 3

[그림 3-25](a)의 회로를 개선하기 위한 마지막 과정으로 관리자가 자기유지를 해제하는 기능을 갖도록 b접점의 푸시버튼 스위치 PB와 릴레이 코일 R을 [그림 3-26](a)와 같이 직렬로 접속한다. 즉 자기유지된 상태에서 푸시버튼 스위치를 조작하면 b접점이 열리고, 릴레이 코일이 소자되어 경보기의 울림이 정지한다.

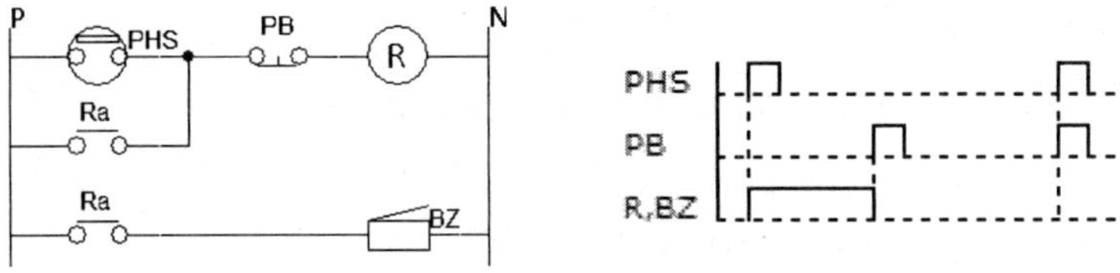

(a) 릴레이 회로 (b) 타임차트

[그림 3-26] 경보기 회로 2

3-5-2 자기유지회로 방식

[그림 3-26]과 같은 유접점 경보회로는 입력상태를 기억, 즉 계속 유지하는 회로로서 광범위하게 활용된다. PLC 회로의 경우 보조 레지스터의 1비트를 이용하여 자기유지기능이 가능하며, 다음 기동시 시퀀스가 일치되도록 자기유지를 반드시 해제한다.

자기유지회로는 [그림 3-27]과 같이 정지우선과 기동우선 방식으로 분류한다. 그리고 자기유지회로의 기동신호는 미분(에지) 펄스를 일반적으로 이용하며, 자기유지접점은 a접점이고 해제접점은 b접점이다.

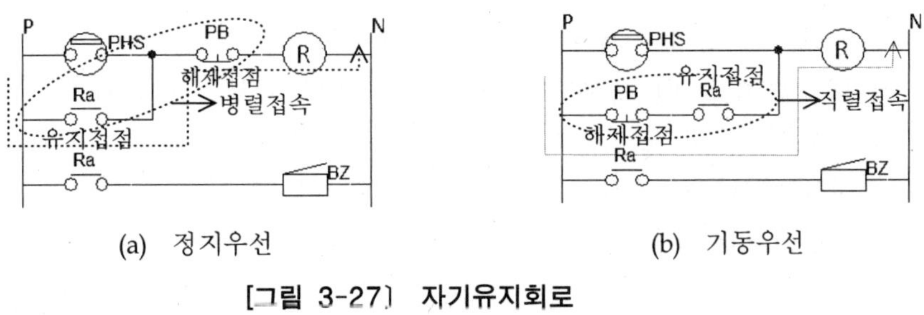

(a) 정지우선 (b) 기동우선

[그림 3-27] 자기유지회로

(1) 정지(reset)우선 자기유지회로

a접점의 광전 스위치 PHS와 b접점의 푸시버튼 스위치 PB를 동시에 조작하면 자기유지가 해제되고 경보기 BZ의 울림이 정지하는 회로이며, 자기유지접점과 해제접점이 병렬로 접속되어 있다.

(2) 기동(set)우선 자기유지회로

a접점의 광전 스위치 PHS와 b접점의 푸시버튼 스위치를 동시에 조작하면 자기유지가 해제되고 경보기 BZ의 울림이 유지되는 회로이며, 자기유지 접점과 해제접점이 직렬로 접속되어 있다.

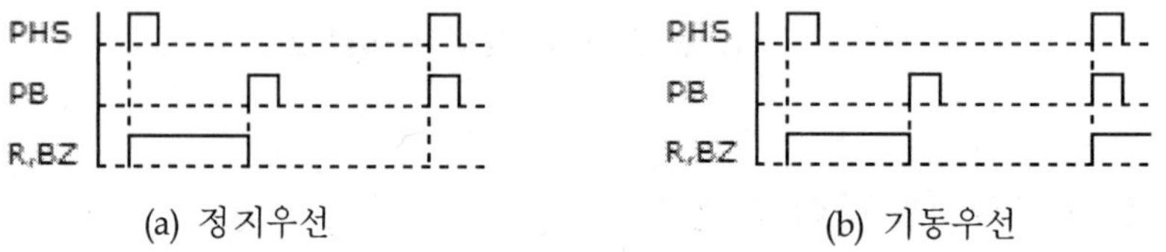

[그림 3-28] 자기유지회로 타임차트

3-6 우선(인터록 : inter lock)회로

2개 이상의 입력이 있을 때 먼저 입력한 신호가 우선하고, 그 입력에 대한 출력이 종료하기 전에는 다른 입력신호를 무시하는 회로로서 기기의 보호와 작업자의 안전을 위하여 광범위하게 활용된다. 예를 들어 자동문을 열고 닫기 위한 신호나 유도전동기의 정역운전은 동시에 존재할 수 없다.

회로의 동작에 우선도를 갖게 하는 방법은 우선도가 높은 쪽의 회로를 on 조작했을 때 우선도가 낮은 다른 쪽의 회로는 동작하지 않도록 우선도가 낮은 쪽을 조작하기 위한 릴레이의 b접점을 직렬로 삽입한다. 이러한 것을 "인터록을 건다"라고 하며, 그와 같은 회로를 인터록 회로라고 한다. 그리고 인터록을 걸기 위한 b접점을 인터록 접점이라 한다.

3-6-1 신입력(후입력) 우선회로

항상 최후에 주어진 입력, 즉 새로운 입력이 우선되는 회로이므로 후입력 우선회로라고도 한다.

예제 9

가공기계에서 부품의 대기 및 투입을 제어하는 [그림 3-29](a)를 예를 들어 설명한다.

① 부품이 투입된 것을 리미트 스위치 LS1으로 검출한다. 그리고 릴레이 R1을 여자하여 솔레노이드 sol이 조작되면 다음 부품이 대기하고, 동시에 적색등 RL이 점등상태로 유지된다.

② 부품의 가공이 완료되어 이송되면 리미트 스위치 LS2가 검출한다. 그리고 릴레이 R2를 여자하여 녹색등 GL이 점등상태로 유지되고, 동시에 릴레이 R1은 소자되어 솔레노이드 sol이 복귀하므로 다음 부품이 투입되는 과정을 반복한다.

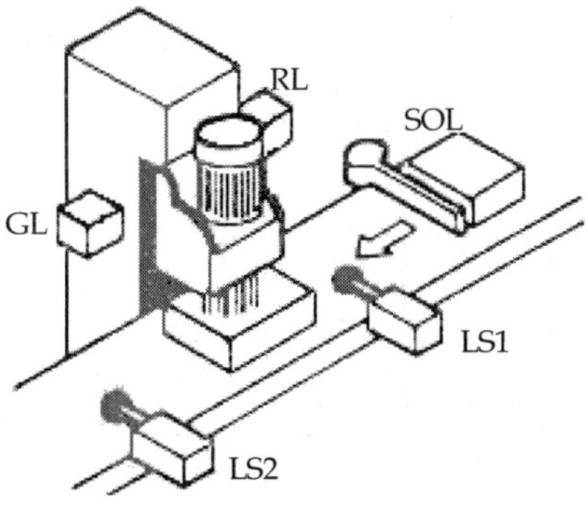

(a) 제어 모델

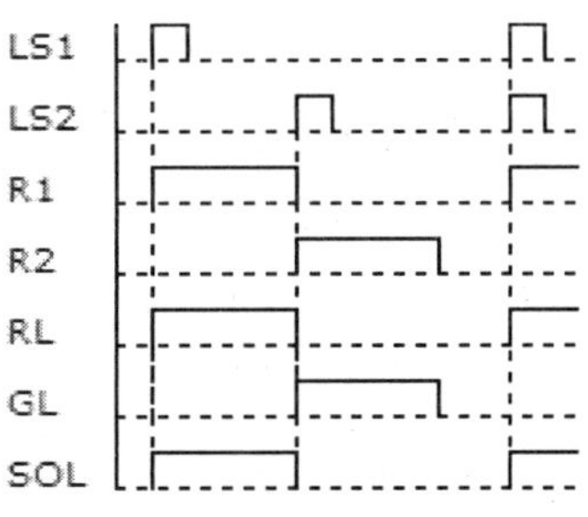

(b) 타임차트

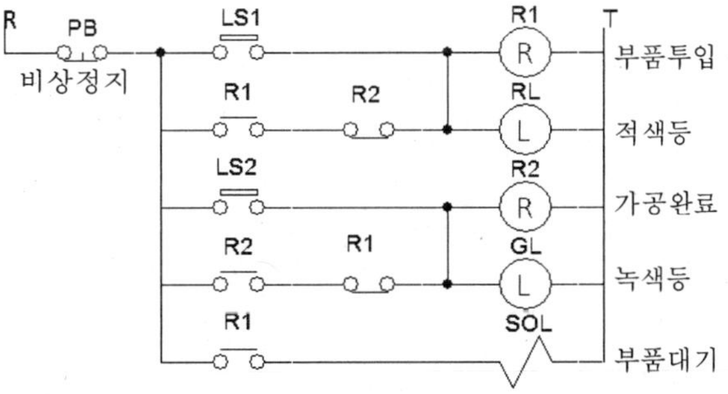

(c) 릴레이 회로

[그림 3-29] 신입력 우선회로

3-6-2 직렬우선회로(컨베이어 벨트 제어)

전원측에 가까운 신호부터 우선도가 주어지는 순서회로이다.

예제 10

3대의 컨베이어 벨트를 제어하는 [그림 3-30](a)를 예로 들어 설명한다. 그리고 [그림 3-30](c)에서 MC?는 전자접촉기를 나타내며, 자세한 사항은 부록을 참고한다.

컨베이어 벨트 3부터 먼저 운전하면 컨베이어 벨트 2로 이동한 제품들이 서로 충돌하므로, 타임차트와 같이 먼저 컨베이어 벨트 1부터 운전하고 계속하여 2, 3의 순서로 운전한다. 그리고 비상정지 스위치를 누르면 동시에 정지한다.

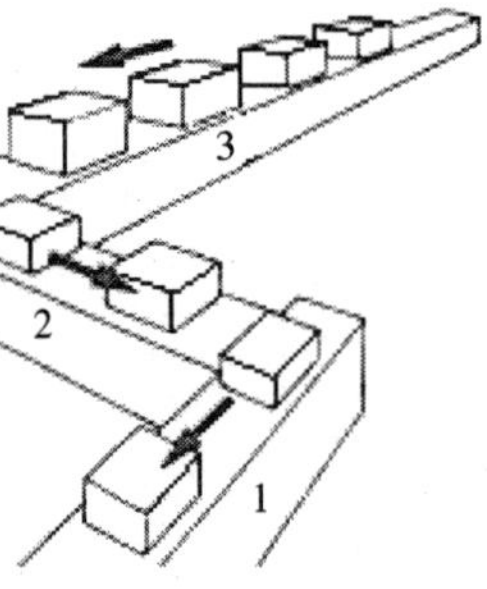

(a) 제어 모델

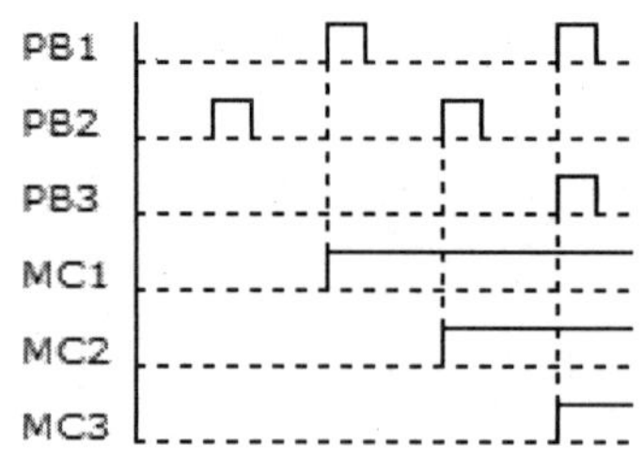

(b) 타임차트

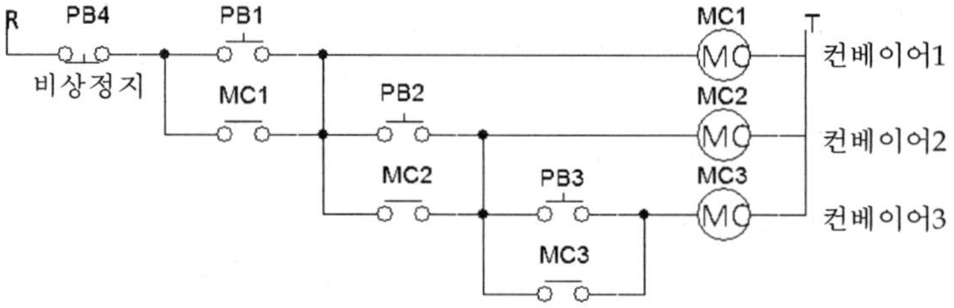

(c) 릴레이 회로

[그림 3-30] 직렬우선회로

3-6-3 병렬우선회로(차고 셔터나 커텐 제어)

교대로 인터록을 걸어주므로 어느 입력이든지 먼저 on되는 회로에 우선도가 주어지므로 선입력 우선회로라고도 한다.

예제 11

차고의 셔터를 제어하는 [그림 3-31](a)를 예를 들어 설명한다.

① 광전 스위치 PHS와 전원 스위치 PB1은 OR 접속하여 어느 쪽 스위치가 on되더라도 전자접촉기 MC1이 여자되어 셔터는 상승을 시작한다. 그리고 상한검출 리미트 스위치 LS2가 조작되면 전자접촉기 MC1(모터의 정회전)이 소자되어 상승을 정지한다.

② 전원 스위치 PB2를 on하면 셔터는 하강을 개시한다. 그리고 하한검출 리미트 스위치 LS1이 조작되면 전자접촉기 MC2(모터의 역회전)가 소자되어 하강을 정지한다.

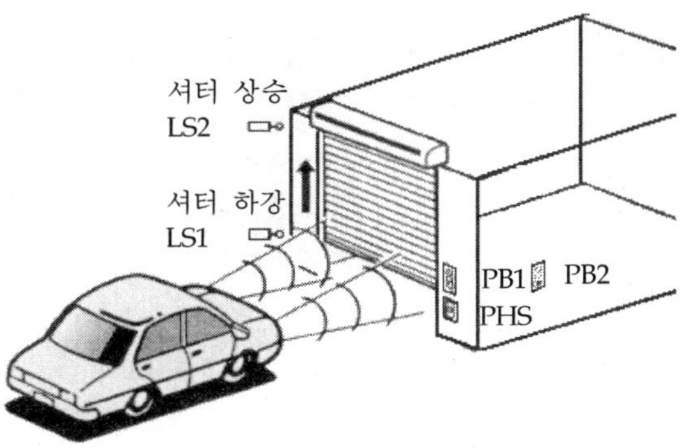

(a) 제어 모델

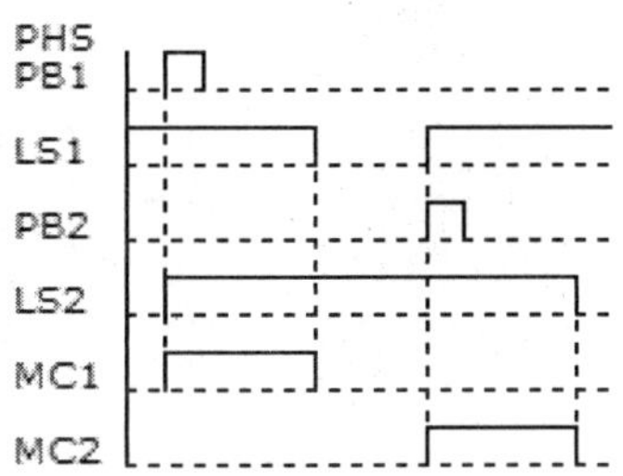

(b) 타임차트

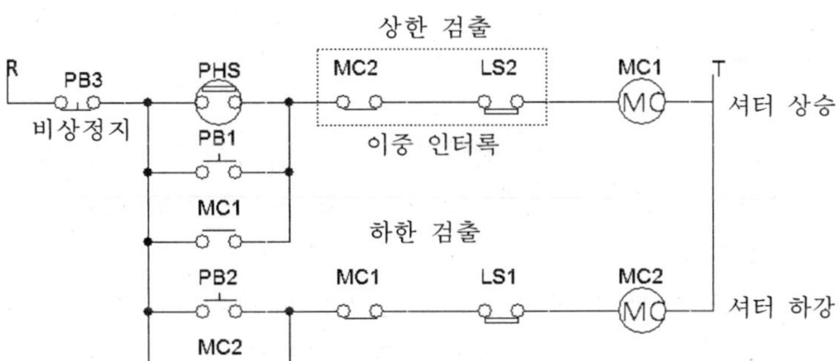

(c) 릴레이 회로

[그림 3-31] 병렬 우선회로

3-7 타 이 머

지금까지 설명한 자기유지회로에서 자기유지되는 시간은 일정하게 설정할 수 없다. 따라서 릴레이와 스위치만으로 구성된 릴레이 제어회로에 정해진 시간차를 이용하여 출력의 구동을 지연시키거나 시간간격을 조절하여 출력의 구동주기를 일정하게 반복시키는 타이밍 동기제어가 필요하다.

타이머는 시간을 검출하는 스위치와 릴레이를 조합한 기능을 갖고 있다고 할 수 있다. 따라서 기본적으로는 지금까지 설명한 릴레이 회로와 동일하게 취급할 수 있으며, 일반적으로 전기 시퀀스 제어에서는 전자식(電子式) 타이머가 많이 사용된다. [그림 3-32]는 CR 타이머의 외형을 나타낸다.

(a) 코일과 접점 (b) 접속 핀

[그림 3-32] CR 타이머 외형

3-7-1 분 류

전자식(電子式) 타이머는 CR회로의 충방전 특성을 이용하여 지연 동작하는 CR 타이머와 클럭 펄스를 카운터로 계수하여 지연 동작하는 디지털 타이머로 분류한다.

접점의 상태를 전자 방식이나 전자기계 방식으로 변환하는 타이머는 펄스 수를 계산하는 구조에 따라 디지털 방식과 아날로그 방식으로 분류된다. 그리고 동작 형식에 따라 ON-DELAY (한시동작 순시복귀)형과 OFF-DELAY (순시동작 한시복귀) 형으로 분류한다.

ON-DELAY 타이머는 센서 신호가 인가된 후 일정한 시간이 지나서 접점이 닫히고, 센서 신호가 차단되면 접점이 열리므로 출력장치 동작이 일정시간 지연된다. 따라서 한시동작(여자 지연)형 타이머라고도 한다. 그리고 OFF-DELAY 타이머는 센서 신호가 인가되면 즉시 접점이 닫히고, 센서 신호가 차단된 후 일정한 시간이 지나서 접점이 열리므로 출력장치가 정지할 때까지 일정시간 동안 지연된다. 따라서 한시복귀(소자 지연)형 타이머라고도 한다.

3-7-2 구조와 타임차트

타이머는 릴레이와 유사한 구조와 그림기호를 사용하며, [그림 3-33]과 [그림 3-34]는 각각 한시동작형과 한시복귀형 타이머의 타임차트, 기본 구조 및 그림기호를 나타낸다.

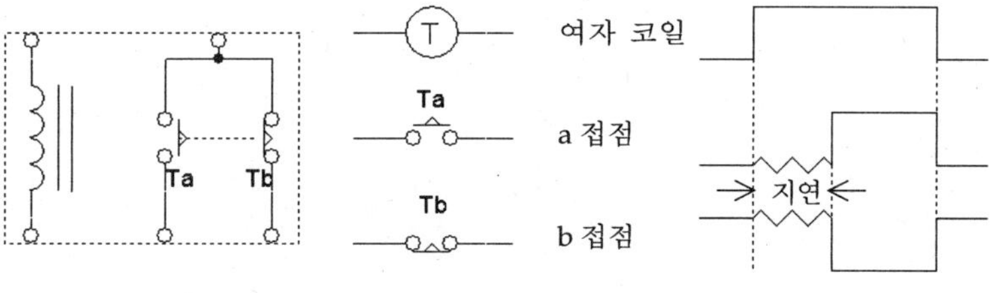

(a) 기본 구조 (b) 그림기호 및 타임차트

[그림 3-33] ON-DELAY 타이머

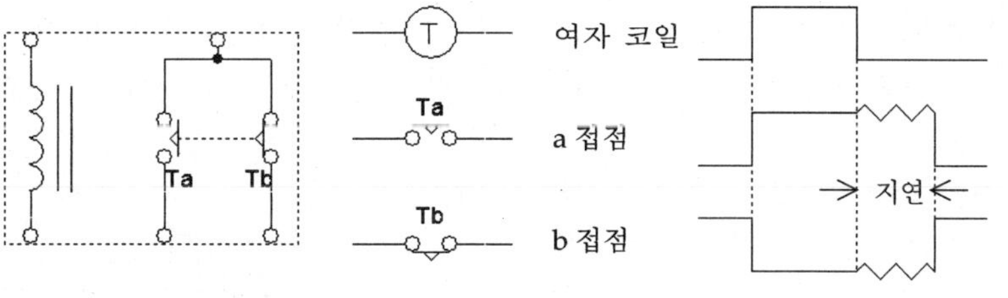

(a) 기본 구조 (b) 그림기호 및 타임차트

[그림 3-34] OFF-DELAY 타이머

예제 12

(1) 지연동작회로(a접점)

[그림 3-35](a)의 릴레이 회로는 푸시버튼 스위치 PB1이 on되면 표시등이 점등하지만, [그림 3-35](b)와 같이 타이머를 사용하면 [그림 3-35](c)와 같이 일정한 시간이 지난 후 타이머 접점이 on되고 표시등이 점등한다.

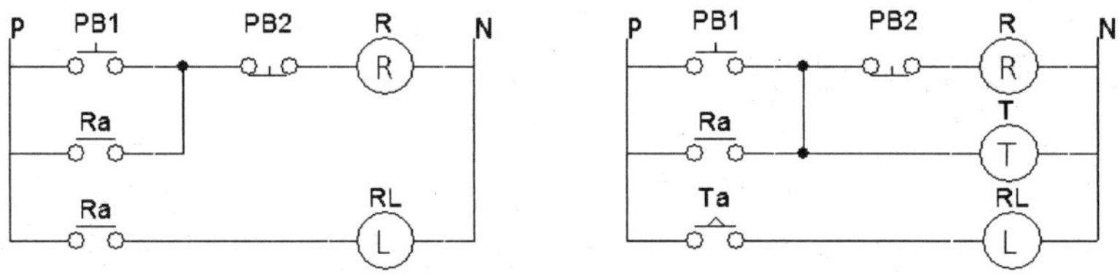

(a) 일반 릴레이 회로 (b) 타이머 릴레이 회로

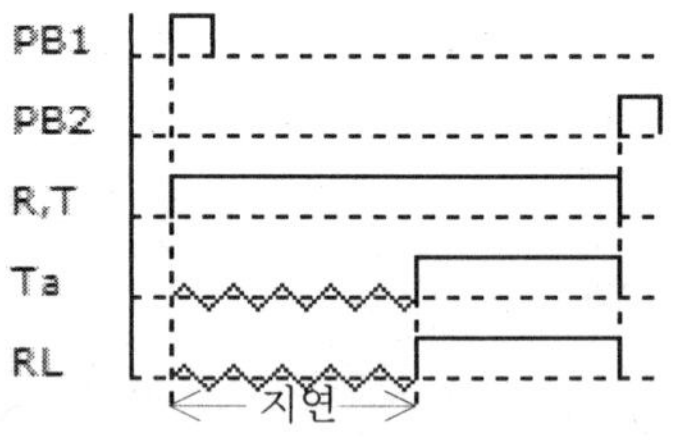

(c) 타임차트

[그림 3-35] 지연동작회로

(2) 일정시간(한시) 동작회로(b접점)

[그림 3-36](a)의 릴레이 회로는 동전이 투입되면 리밋 스위치 LS가 on되고, 동시에 전자접촉기 MC가 여자되어 오락기가 동작하며, 일정시간이 지나면 오락기가 정지한다.

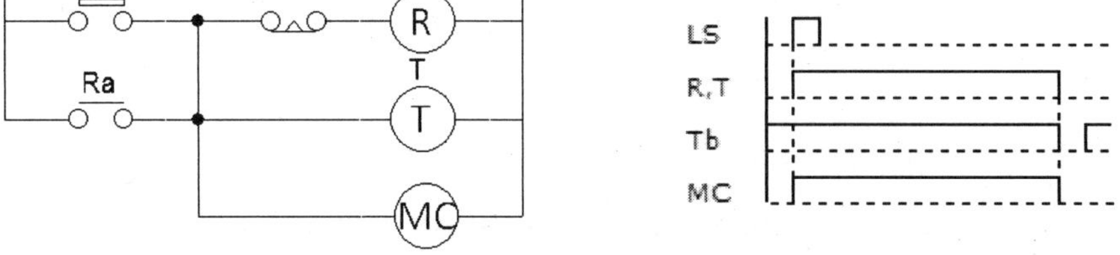

(a) 릴레이 회로 (b) 타임차트

[그림 3-36] 한시동작회로

(3) 반복동작회로(지연동작과 한시동작을 결합)

[그림 3-37](a)의 릴레이 회로는 환풍기의 자동반복운전이나 부품의 가공중에만 컨베이어 라인을 정지하는 자동간헐 운전회로이다.

- **동작원리** : PB on → R 여자, 자기유지 → 지연 후 타이머 T1a on → 표시등 점등 → 지연 후 타이머 T2b off, 자기유지 해제

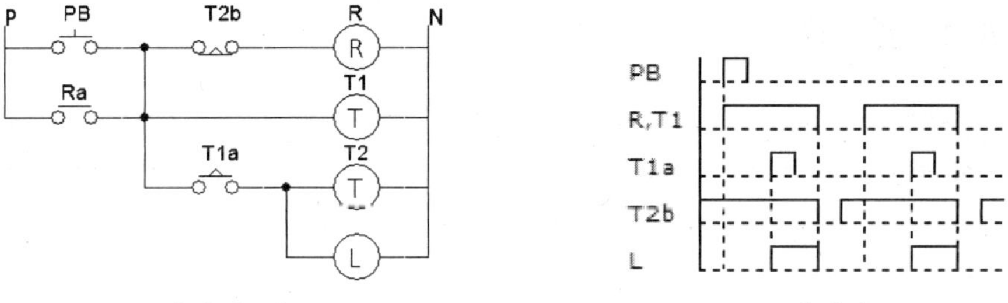

(a) 릴레이 회로 (b) 타임차트

[그림 3-37] 반복동작회로

(4) 지연복귀 동작회로

[그림 3-38](a) 릴레이 회로는 푸시버튼 스위치 PB1이 on되면 표시등이 점등하고, 푸시버튼 스위치 PB2가 off되면 일정 시간이 지연된 다음 표시등은 소등된다.

- **동작원리** : PB1 on → R여자, 자기유지 → 지연 후 타이머 T1a on → 표시등 점등 → PB2 off → 지연 후 타이머 T2b off, 자기유지 해제 → 표시등 소등

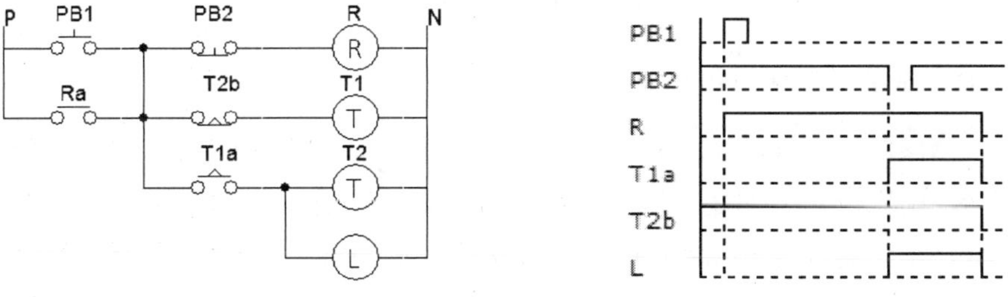

(a) 릴레이 회로 (b) 타임차트

[그림 3-38] 지연복귀 동작회로

3-8 카 운 터

카운터는 단순히 계수(생산개수, 적산, 동작 횟수)를 위한 간단한 장치이다. 제조업체에서는 컨베이어 벨트를 통하여 전달되는 생산품의 수량, 생산품의 길이 또는 회전기기의 회전수를 계수하는 데 이용한다.

3-8-1 분 류

카운터는 규칙적이거나 불규칙적으로 발생되는 펄스를 검출하는 스위치와 릴레이를 조합한 기능을 갖고 있다고 할 수 있다. 따라서 기본적으로는 지금까지 설명한 릴레이 회로와 동일하게 취급할 수 있다.

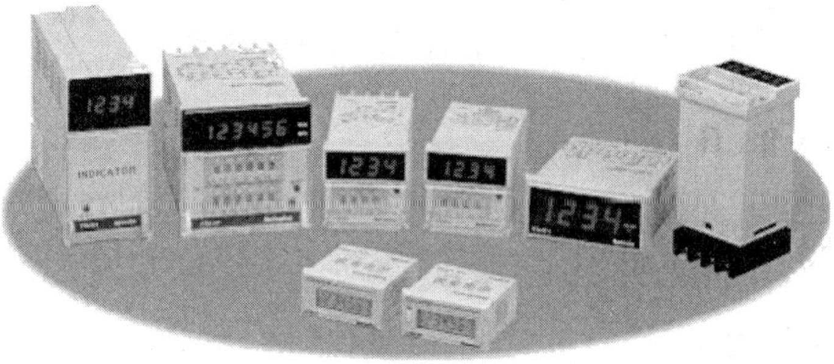

[그림 3-39] 카운터

(1) 계수구조에 의한 분류

회전식, 전자식(電磁式) 및 전자식(電子式)으로 분류한다. 회전식은 외부에서 물리적인 힘을 가하여 계수기를 직접 구동하는 방식이다. 그리고, 전자식(電磁式)은 내장된 전자석의 흡인력에 의하여 계수기를 구동하며 리밋 스위치나 광전 스위치의 릴레이 접점에 의한 신호를 펄스로 계수 적산하지만 수명이 짧고 무접점 제어방식에 적용이 불가능하다. 그러나 전자식(電子式)은 마이크로프로세서를 이용하여 계수하며, 접점의 개폐신호와 펄스를 계수하는 방식으로 수명이 길고, 고속 계수 등 기능이 다양하다.

(2) 기능에 의한 분류

적산, 프리셋(preset) 및 측정 카운터로 분류한다. 적산 카운터는 주로 전자식(電磁式)이며, 현재 계수값만 표시하고 다른 기기를 제어하기 위한 제어출력은 발생하지 않는다. 따라서 생산량 및 사용량을 적산하는 데 사용한다. 그리고 프리셋 카운터는 계수값을 표시하면서 설정값과 현재 계수값이 일치하면 제어출력을 발생하므로 계수제어에 사용한다. 마지막으로 측정 카운터는 계수값을 표시하면서 1개의 입력신호를 n배 증가시킨 출력신호를 발생하거나 n개의 입력신호를 1개의 출력신호로 분주한다.

(3) 계수방식에 의한 분류

가산식, 감산식 및 가감산식으로 분류한다. 가산식은 펄스가 입력될 때마다 0부터 증가하면서 설정값까지 계수하며, 감산식은 펄스가 입력될 때마다 설정값부터 감소하면서 0까지 계수한다. 그리고 가감산식은 가산과 감산을 계수입력 형태에 따라 계수하고, 계수입력 형태는 개별입력형, 지령입력형, 위상차 입력형 등으로 분류한다.

3-8-2 구조와 타임차트

전자식(電磁式) 유접점 카운터는 일반 릴레이나 타이머와 달리 [그림 3-40]과 같이 2개의 코일과 1쌍의 a, b 접점으로 구성되며, 정전이 되어도 현재값을 유지한다. 그리고 계수방식에 의한 타임차트는 [그림 3-41]과 같다.

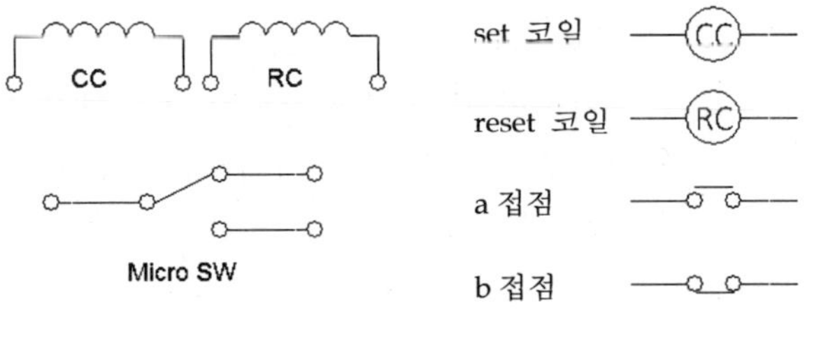

(a) 기본 구조도 (b) 그림기호

[그림 3-40] 카운터 기본 구조

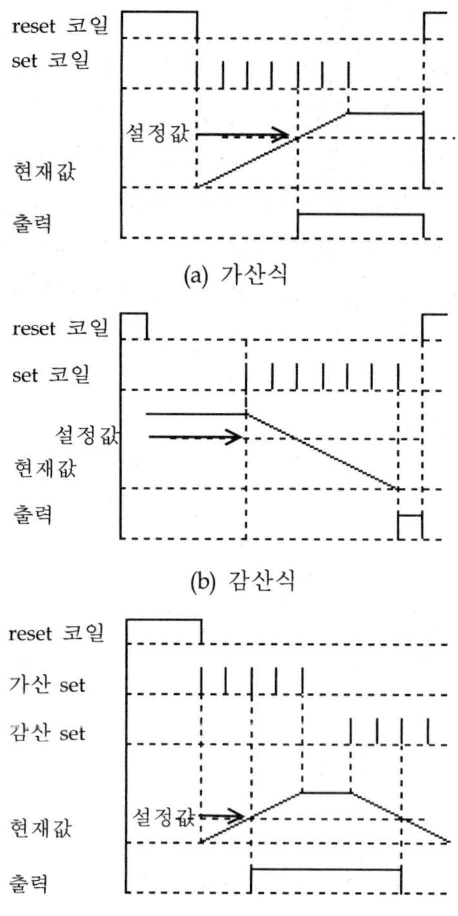

(a) 가산식

(b) 감산식

(c) 가감산식

[그림 3-41] 카운터 타임차트

전자식(電磁式) 유접점 카운터의 코일은 전류가 흐를 때마다 현재값이 증가하여 설정값과 일치하면 내장된 마이크로 스위치가 조작되는 set(count) 코일과 설정값에 도달하면 현재값을 초기화하는 reset 코일로 구성되며, 접점은 마이크로 스위치가 set 접점으로 사용되고, reset 코일은 별도의 접점이 불필요하다.

예제 13

(1) 가산식 카운터를 사용한 제품계수

- 제품을 검출할 때마다 현재값을 가산하여 설정값에 도달하면 셋 접점이 on된다. 그리고 타이머 코일에 전류가 흐르고 카운터는 본래의 상태로 복귀한다.
- 실린더가 조작되어 제품이 채워진 상자를 밀어내고 다음 제품의 공급을 정지한다.
- 일정시간이 경과하여 상자 이동이 완료되면 자기유지가 해제되고 실린더가 복귀되며, 다시 제품의 카운트를 개시한다.

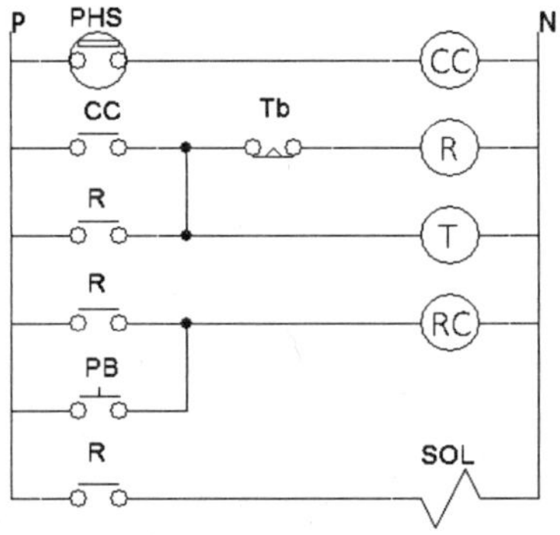

[그림 3-42] 가산식 카운터 활용 예

(2) 감산식 카운터를 사용한 불량발생 관리

- 불량품을 검출할 때마다(LS1) 설정값을 감산하고 양품이 검출되면(LS2) 카운터는 설정값으로 복귀한다.
- 불량품이 연속하여 발생되어 설정값이 0이 되면 자동기계에 이상이 발생하였다고 판단하여 경보음이 울리고 수동으로 운전을 정지한다.

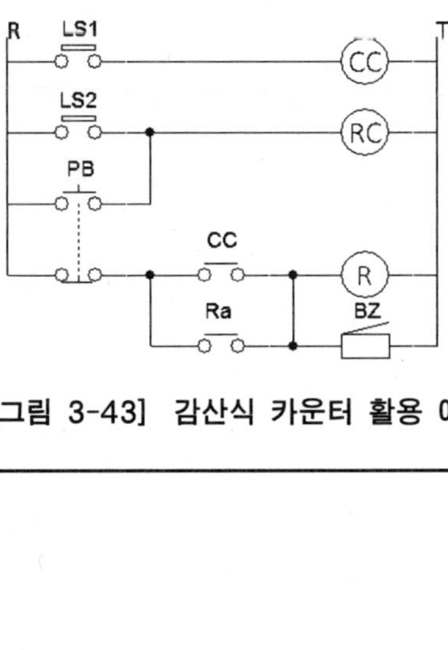

[그림 3-43] 감산식 카운터 활용 예

CHAPTER 04 PLC 제어

최근 대부분의 기업은 공장자동화를 위하여 많은 투자를 하고 있다. 그 이유는 자동화장치를 설치함으로써 생산성 향상 및 품질향상으로 원가를 절감할 수 있고, 세계시장의 경쟁에서 유리한 위치를 점유할 수 있기 때문이다.

자동화를 위한 1968년 이전까지의 제어 시스템은 회로도에 따라 여러 관련소자(릴레이, 센서, 타이머, 카운터, 전자개폐기 등)들을 연결한 유접점 생산시스템을 사용하여 왔다. 따라서 생산요구조건의 변화에 따라 제어 시스템을 변경하기 위하여 많은 비용이 요구되었다.

이런 문제점을 해결하기 위하여 70년대 초에 미국에서 프로그램형 논리 제어기 PLC((Programmble Logic Controller), 즉 무접점 생산시스템이 개발되었다. 초기에는 마이크로프로세서의 처리속도가 느리기 때문에 PLC에는 마이크로프로세서를 사용하지 않았으나 기술의 진보에 따라 현재는 PLC에 마이크로프로세서를 CPU로 채택하는 것이 일반적이며, 이러한 PLC는 공장자동화의 필수 요소로서 일명 공장자동화의 꽃이라 부른다.

4-1 역 사

종래의 전기 시퀀스(순서) 제어 기술로는 실제로 기계에 연결하여 그 움직임을 실행해 보기까지는 그 시스템을 확정시킬 수 없고, 따라서 현장에서의 변경이 많아지게 된다. 그리고 다품종 소량생산 방식 및 기타 이유로 자주 시스템 변경이 요구될 때마다 결선을 바꾸는 작업이 용이하지 않다는 등의 구조적 결점을 지니고 있다.

PLC는 1969년 미국 GM 회사의 유압 부문 기술자들이 자기 회사에 제어장치를 설치하기 위해 {표 4-1}과 같은 10가지 조건을 발표하였으며, 이러한 조건을 만족시키는 12bit 산업용 컴퓨터 PDP(Programmable Data Processor)-14 전자제어장치를 DEC(Digital Equipment Company) 회사에서 최초로 개발하였다. 그 후 여기에 대응하는 형식으로 AB(Allan-Bradley : 현재 Rockwell Automation 회사)나 MODICON (Modular Digital Controller : 현재 Schneider Automation 회사) 등 여러 회사에서 제어장치가 개발되었으나, 기능 자체가 단순하여 현재와 같은 Programmable Controller라 정의하기는 곤란하고, Sequencer, Sequence Controller 또는 Logic Controller라 정의하는 편이 더 정확하다.

{표 4-1} 초기 PLC의 요구사양(GM)

항 목	내 용
1	프로그램 작성 및 변경이 용이하고 시퀀스 변경이 용이할 것
2	보수점검이 용이하고 부품은 완전히 착탈 방식(plug-in type)일 것
3	릴레이 제어보다 신뢰성이 높을 것(기존 릴레이는 접점수명이 제한)
4	릴레이 제어보다 소형일 것
5	출력은 상위 컴퓨터(생산관제실)와 정보전송 기능을 가질 것
6	릴레이 제어나 무접점 제어보다 가격적으로 유리할 것
7	입력은 AC 115V를 받을 수 있을 것(기존 릴레이 제어 혼용)
8	출력은 AC 115V, 최저 2A를 공급할 수 있을 것(릴레이 제어 혼용)
9	전체 시스템 변경은 최소로 하고, 기본 시스템은 확장 가능할 것
10	최저 4Kbyte 단위로 확장 가능한 프로그램 메모리를 가질 것

4-2 PLC 정의 및 분류

1978년에 NEMA(National Electrical Manufactures Association)는 PLC를 "디지털 또는 아날로그 입·출력장치를 통하여 논리연산, 순서제어, 타이머, 카운터 및 산술연산 등의 특정 명령어로 프로그램을 작성하여 메모리에 전송하고 메모리의 내용에 따라 기계와 프로세서를 제어하는 디지털 동작의 공업용 전자장치"라고 정의하였다.

현재 PLC는 전세계의 50여 개 이상 업체에서 생산되고 있으며, 각 제품마다 사용법이 다르므로 모든 제품을 완전히 이해할 수는 없다.

최근의 PLC 제품은 저가격화, 소형화 및 고기능화를 추구하면서 일반적으로 연산 및 통신 등의 기능을 구비한 대형 기종의 모듈(module : 분리)형과 종래의 릴레이 시퀀스 기능을 구비한 소형 기종의 블록(block : 일체)형으로 분류한다. 그리고 PLC 명칭은 지역에 따라 영국에서는 PC (Programmable Controller), 미국에서는 PLC(Programmable Logic Controller) 그리고 스웨덴에서는 PBS((Programmable Binary System) 등 여러 가지 명칭으로 불리지만 PC는 개인용 컴퓨터(PC : Personal Computer)와 혼동되므로 현재는 PLC로 통용하고 있다.

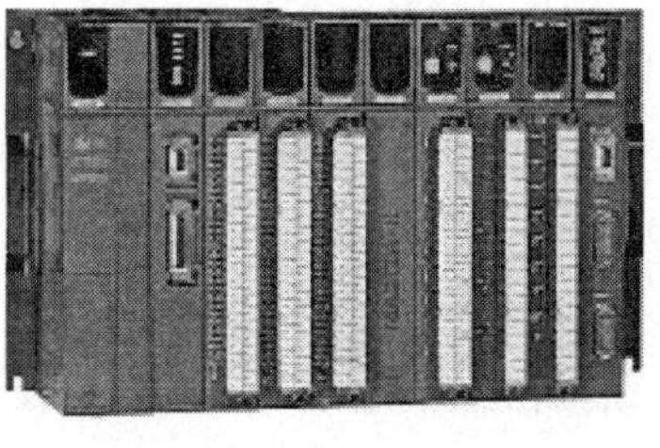

(a) 모듈(분리)형

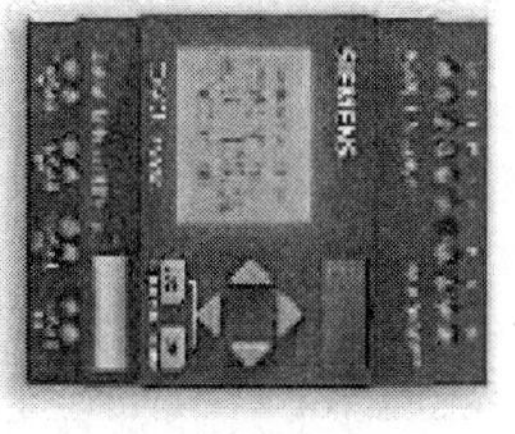

(b) 블록(일체)형

[그림 4-1] PLC 분류

4-3 PLC 발전과정 및 기술동향

4-3-1 PLC 발전과정

다음은 1968년 이후 현재까지 PLC의 주요 발전과정을 정리한 것이다.

- 1968 — Programmable Controller의 개념 정립
- 1969 — 논리 지시, 1K 메모리, 128개의 I/O 점수에 논리연산기능을 갖는 제어장치 개발
- 1971 — 4 비트 마이크로프로세서(4004) 개발
- 1972 — 8 비트 마이크로프로세서(8008) 개발
- 1974 — 16 비트 마이크로프로세서 개발. 타이머, 카운터, 산술연산 기능과 12K 메모리, 1024개의 I/O 점수를 갖고 여러 개의 마이크로프로세서를 사용한 다중처리 PLC 등장
- 1976 — 원격(remote) I/O 모듈 발표
- 1977 — 비트-슬라이스 마이크로프로세서를 CPU로 채택한 PLC 개발
- 1980 — 지능형(intelligent) I/O 모듈과 고기능 원격통신장치 개발, 소프트웨어의 다양화, 프로그래밍 장치로서 개인용 마이크로컴퓨터(PC) 사용
- 1983 — 저가의 소형 PLC 발매, LG 산전에서 Gould와 기술제휴
- 1985 — PLC, 컴퓨터, CNC, 로봇 등을 GM MAP에 기초하여 네트워크(networking), 분산형 계층제어 시스템(distributed hierarchical control system)으로 발전
- 1987 — 국내 개발(외국 모델 사용)
- 1991 — 퍼지(fuzzy) 이론을 도입한 모듈 및 전용 제어기 등장
- 1992 — 국내 고유 모델 개발
- 1995 — SFC(Sequencial Function Chart) 프로그램 방식 및 통합관리 프로그램 개발
- 1997 — 2세대 개방 통합형 표준화 PLC(프로그램 및 통신방식의 호환 : IEC 1131)
  — LG산전(현재 LS산전)에서 32 비트 PLC 개발(GLOFA series)
- 2005 — LS산전 고성능 PLC 개발(XGT series : 28[ns/step] 명령처리)

4-3-2 PLC 기술동향

지금까지 생산된 PLC는 자동차 생산라인의 합리화 및 유연화에 대응하는 용도뿐만 아니라 포장 및 가공기계 등 각종 제조기계를 비롯하여 여러 분야에서 사용되고 있다. 그리고 종전에는 사용되지 않았던 경기장의 좌석 이동이나 골프연습장의 볼 공급장치제어 분야 등 넓은 분야에서 활용되고 있다. 이러한 요인으로는 생력화 및 자동화가 진행되는 시장의 추세는 물론 여러 가지 요구에 대응하기 위하여 다음과 같은 특징을 갖는 다양한 제품이 생산되기 때문이다.

① 릴레이 제어 기능은 물론 수치연산, 데이터 처리, 프로그램 제어 등 고기능화되고 있다.

② 마이크로프로세서와 전용 ASIC(Application-Specific ICs)에 의하여 CPU 연산처리 속도가 ns(nano-sec)까지 고속화되고 있다.

③ 전송기술과 광파이버에 의한 시스템 계층화가 용이한 분산제어 시스템 기능이 강화되고 네트워크의 개방화 기술이 표준화되고 있다.

④ 소형화 및 신뢰성 향상을 위한 대규모 집적화된 소자, 실장 및 배선 절감기술이 도입되고 있다.

⑤ 프로그래밍 언어의 표준화 및 주변기기의 다양화에 의한 감시제어 프로그램(HMI : Human-Machine Interface) 기술이 향상되고 있다.

⑥ 공정제어를 위한 PC와 공장제어를 위한 PLC를 결합하여 개방화, 도메인의 다양화, 분산형 모듈 및 최신 소프트웨어 성능이 통합된 PAC(Programmable Automation Controller) 자동화 제어기기 시스템이 사용되고 있다.

4-4 PLC 제어 시스템 구성

PLC, PC 등은 다른 기기와의 통신을 목적으로 인터페이스가 필요하다. 인터페이스 방식에는 RS 232C(Recommanded Standard 232C), RS 422 및 RS 485 등과 같은 직렬 인터페이스 방식과, GPIB 및 센트로닉스 등과 같은 병렬 인터페이스 방식이 있다. 이들 인터페이스는 각각의 기능과 특성에 따라 가령 범용인터페이스버스(GPIB : general purpose interface bus)는 계측기 관계, 센트로닉스는 프린터와 인터페이스, 또 PC를 주체로 한 시스템에서는 RS 232C(미국 통신규격 Recommanded Standard 232C)를 주로 사용하고 있다. 특히, RS 232C는 PC 통신에서 단말기를 통신회선 등에 접속할 때 자주 사용되므로 현재는 FA 분야의 인터페이스 방식으로서 주류를 이루고 있다.

{표 4-2}는 각종 직렬 인터페이스 방식에서 데이터 전송속도와 전송거리간의 관계를 나타낸 것이다.

{표 4-2} EIA 직렬 인터페이스 방식의 비교

특 성		RS 232C	RS 422/ RS 485	RS 423
최대전송거리		30 m	1.5 km	1.5 km
데이터	"1" 마크	-1.5～-25 V	$V_A > V_B$	V_A-
	"2" 여백	+1.5～+25 V	$V_A < V_B$	V_A+
최소 수신전압		1.5 V(절대치)	100 mV(차동치)	100 mV(차동치)
단락전류		100 mA	100 mA	100 mA
누설전류		300μA	100μA	100μA
전송형태		불평형	평형	불평형
전 송 률		～15 m : 20Kbps	～12 m : 10 Mbps	～10 m : 300 Kbps
		～1km : 3 Kbps	～1.2 km : 1 Mbps	～1 km : 3 Kbps
필요 배선수		3선(R, T, G)	4선(R+, T+, R-, T-)	2선(R+T+, R-T-)

PLC 제어시스템은 제어 방식에 따라 원격(remote), 링크(link) 및 네트워크(network)로 분류한다. 원격 방식은 CPU가 있는 PLC에서 CPU가 없는 여러 대의 PLC를 제어하며, 링크 방식은 서로 다른 장치를 제어하는 PLC 상호간을 제어하고, 네트워크 방식은 하나의 통신망에서 PLC 및 PC 상호간을 제어한다(동양보다는 미국에서 발달). 그리고 PLC에 관련된 네트워크는 정보의 내용 및 그 용도에 따라 정보계, 컨트롤러 상호간, 분산계 그리고 센서 및 구동계로 분류한다.

정보계 네트워크는 CIM화의 진전과 함께 PLC도 상위 컴퓨터 시스템과 상호 통신하는 경우가 증가되고 있으며, OA계를 중심으로 일찍부터 사용되고 있는 Ethernet 방식이 업계의 표준이 되고 있다. 컨트롤러 상호간의 네트워크는 지역에 따라 보급되고 있는 기술이 다르며, 유럽지역에서는 Siemens 회사에서 개발된 Profibus 방식이 유럽 표준규격으로 되어 있다. 한편, 북미지역에서는 Allen-Bradley가 개발한 ControlNet 방식이 주목받고 있다. 분산 I/O 계 네트워크는 배선 절감과 시공 절감에 대한 네트워크의 개방화가 추진되고 있으며, 유럽지역에서는 Profibus 방식이 유럽 표준규격으로 되어 있다. 한편, 북미지역에서는 Allen-Bradley가 개발한 DeviceNet 방식이 업계의 표준이 되고 있다. 그리고 센서 및 구동계는 기존 DeviceNet 방식으로 처리하였던 영역을 좀 더 효율적으로 대응하기 위하여 ODVA (OPEN Devicenet Vender Association)에서 개발한 CompoNet 방식이 표준화되고 있으며, 1024점/1ms라는 고속통신과 배선 시공성을 개선하게 되었다.

PLC 상호간은 사용목적에 따라 단독, 집중, 분산 및 계층 제어 시스템으로 분류한다. 그러나 PLC 제어 시스템에서 분산 시스템 기술이 네트워크 구성 중 가장 큰 위치를 차지하고 있으며, 최근에는 유연 시스템 구축을 목적으로 서로 다른 PLC 상호간에 통신할 수 있는 네트워크 개방화 요구가 증대되고 있다.

4-4-1 단독 시스템(Peer to peer system)

1대의 PLC로 한 곳의 제어대상을 1 : 1로 제어하기 위하여 RS 232C 통신방식을 사용하며, 종래의 릴레이 제어방식을 대체한 것이다.

4-4-2 집중 시스템(Multi-drop system)

1대의 PLC로 여러 제어대상을 1 : 32로 제어하기 위하여 RS 422 통신방식을 사용하며, 한 곳의 제어대상이 정지하면 다른 제어대상도 정지하므로 생산성과 신뢰성이 저하한다.

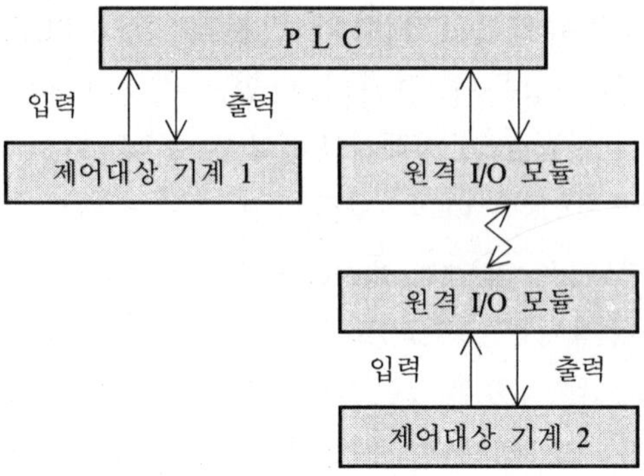

[그림 4-2] 집중 시스템 1

일부의 기계가 먼 곳에 있고 다중 전송장치가 여러 곳에 분산되어 있는 경우는 배선절감 및 편리성을 위하여 [그림 4-3]과 같이 원격 I/O 모듈을 조합하여 사용한다.

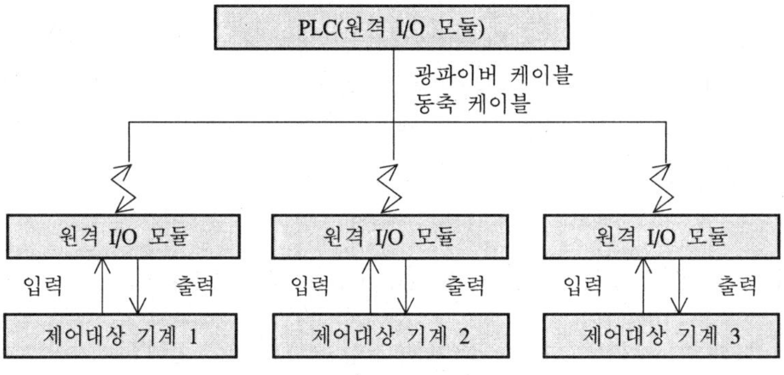

[그림 4-3] 집중 시스템 2

4-4-3 분산(복합) 시스템(Multi-master system)

여러 대의 PLC가 여러 개의 제어대상을 32 : 32로 제어하기 위하여 RS 485 방식을 사용한다. 그러나 비교적 정보량이 많은 시스템에서는 비경제적이므로 링크 모듈을 조합하여 사용한다. 그리고 상호 관련된 제어신호(인터록 신호, 궤환신호 및 수치정보 등)를 I/O 모듈을 사용하여 PLC 상호간에 송·수신한다. 따라서 한 곳의 제어대상이 정지해도 다른 제어대상은 단독제어가 가능하므로 집중 시스템보다 신뢰성이 증대된다.

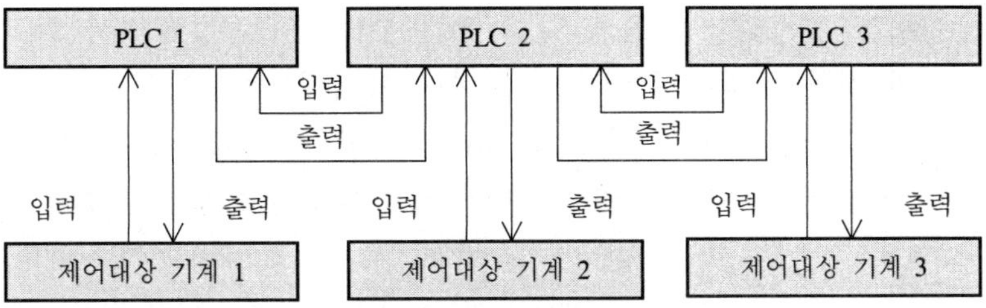

[그림 4-4] 분산 시스템

4-4-4 계층 시스템(Hierarchical system)

대형 컴퓨터와 PLC간을 Ethernet 방식으로 결합하여 생산정보의 종합적인 관리, 운용까지도 제어하는 총체적 제어 시스템이다.

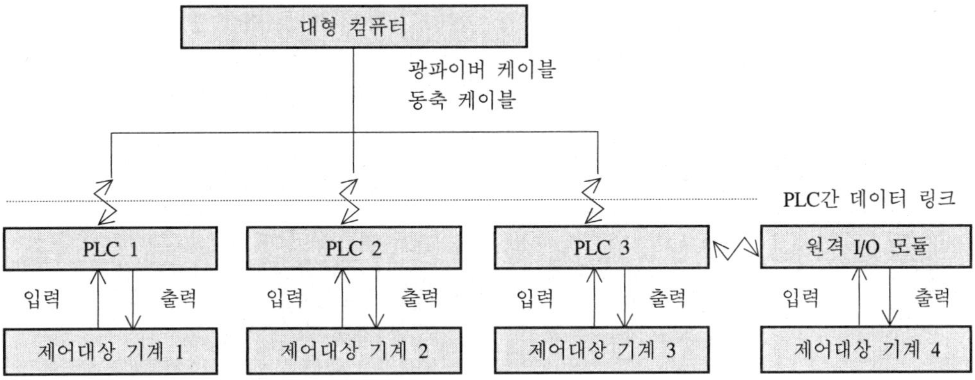

[그림 4-5] 계층 시스템

4-5 릴레이 제어 및 컴퓨터와 비교

4-5-1 릴레이 제어와 비교

PLC는 각종의 신호를 처리하는 제어장치이므로 기계나 장치를 동작하기 위하여 전력을 공급하는 전원부가 별도로 필요하다.

시퀀스 회로를 작성하는 경우 설계기술자는 우선 제어대상 전체의 운전

방법을 결정하고 다음에 각종 조건신호를 염두에 두면서 회로를 설계한다. 이와 같이 대략적인 회로도에 따라 목적에 맞게 만들어진 것을 논리(logic)라 한다. {표 4-3}은 릴레이(relay) 제어방식과 PLC 제어방식을 비교한 것으로 거의 모든 면에서 PLC 제어방식이 우수함을 알 수 있다.

{표 4-3} 릴레이 제어와 PLC 제어의 비교

	릴레이 제어	PLC 제어
제어 logic 방식	hard Logic, 병렬동시처리	soft Logic, 직렬순서처리
제어기능	유접점 릴레이(직·병렬접점) 타이머, preset counter (기능이 한정적이고 규모가 대형화)	무접점 릴레이(AND OR NOT) up-down counter, shift register 간단한 가감산 (고기능, 대규모의 제어를 소형화)
제어요소	유접점이며 사용 접점수 제한 (한정된 수명 및 저속제어)	무접점이며 사용 접점수 무제한 (고신뢰성, 긴 수명, 고속제어)
제어내용 변경	기구간의 배선변경 곤란 (제어반 재사용 불가)	프로그램 변경 (제어반 재사용 가능)
공사기간	사양결정과 설치공정이 개별진행 (설계, 제작기간, 검사 및 시운전 기간의 장기화)	사양결정과 설치공정이 동시진행 (설계, 제작기간, 검사 및 시운전 기간의 단기화)
시스템 특성	독립된 제어장치 (최종 규격서는 인간에 의존)	시스템 확장 용이, 컴퓨터 연결 (최종 규격서의 자료화 가능)
보전성	기구배열 방식 (유지보수 비경제적)	모듈 방식 (유지 보수 경제적)
기술	전통적 기술 (소형화 곤란, 고가)	최신 전자기술 (소형화 가능, 저가)

4-5-2 컴퓨터와 비교

컴퓨터 기술에 의하여 새롭게 탄생한 PLC는 범용 컴퓨터와 같은 원리로 동작하고, 같은 용어를 사용하지만 용도나 사용법이 현장용이므로 범용 컴퓨터에 비하면 {표 4-4}와 같이 상당히 다르다.

{표 4-4} 컴퓨터와 PLC의 비교

		컴 퓨 터	PLC
하드웨어	입력장치	키보드, 판독기, 스캐너	각종 SW, 센서
	출력장치	프린터, 모니터, 플로터, 디스크	모터, 릴레이, 표시등, 카운터, 타이머
	설치장소	사무실이나 공조실	공장
	구조	약전	강전, 약전 병용
	목적	데이터 처리	공정제어
소프트웨어	취급자	전문가	현장작업자
	언어	전문언어	시퀀스 회로를 위한 언어

4-6 PLC 구성, 동작 개요 및 기능

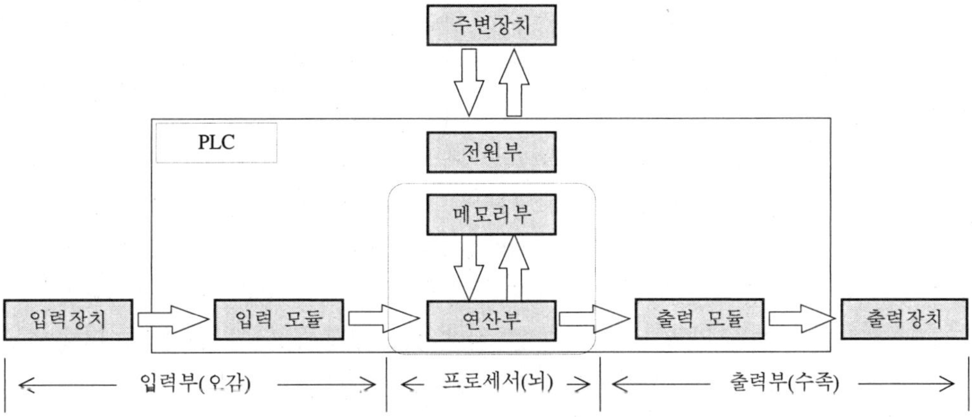

[그림 4-6] PLC의 구성

PLC는 기계나 생산 공정의 운전이나 제어를 위해 사용되므로 생산현장에 견딜 수 있도록 온도나 잡음 등에 강하고 취급이 쉬운 구조로 되어 있다. 그리고 제어대상의 내용에 알맞은 규모를 선정, 조합하여 사용할 수 있도록 [그림 4-6]과 같이 구성되어 있으며, 각 모듈에 대한 자세한 회로와 사양은 부록과 PLC 제조회사의 사용설명서를 참고한다.

4-6-1 기본 구성

(1) 프로세서

PLC의 핵심으로서 인간의 뇌에 해당되며, 다음과 같이 구성되어 있다.

1) 메모리부

{표 4-5} 메모리 구성

구 분		역 할	종 류
시스템 메모리	프로그램	실행 프로그램을 저장 (입·출력 스캔, 명령실행 및 통신규약 등)	EPROM
	데 이 터	실행 프로그램의 동작정보를 일시 저장 (실시간 데이터, 스택 영역 및 통신 버퍼 등)	RAM
사용자 메모리	프로그램	작성한 래더 프로그램을 저장	RAM, EPROM, EEPROM
	데 이 터	입·출력신호의 on/off 판독 내용을 저장 타이머와 카운터의 현재 계수값을 저장 각종 연산, 논리, 비교 데이터를 저장	RAM (백업 건전지 사용)

PLC 자체를 구동하거나 PLC를 제어하기 위한 명령어를 해독하는 프로그램 및 필요한 데이터를 저장하는 시스템 메모리, 사용자가 작성한 프로그램과 각종 입·출력 및 타이머나 카운터의 현재 계수값, 그리고 수치 데이터를 저장하는 사용자 메모리로 구성되며, 그 구성은 {표 4-5}와 같다.

메모리는 휘발성과 불휘발성 메모리로 구분되고, 워드 레지스터에 기억된 데이터는 전원차단시에도 유지되는 기억기능이 있다.

2) 연 산 부

PLC의 모든 동작을 제어하기 위한 입·출력부의 데이터를 연산한다. 예전에는 고속처리를 위하여 로직 명령을 위한 비트-슬라이스 프로세서와 마이크로프로세서를 함께 사용하였으나, 최근에는 고속화된 마이크로프로세서만 사용하거나 더욱 신속한 명령처리를 위하여 ASIC을 별도로 장착하는 경우도 있다.

(2) 입 · 출력 장치부(입 · 출력 인터페이스 모듈)

PLC에 접속된 외부 입 · 출력 기계나 장치의 데이터를 검색하여 연산부가 취급할 수 있는 데이터로 변환 저장하기 위한 디코더와 버퍼로 구성되어 있으며, 인터페이스 방법에 따라 입 · 출력장치의 번지지정 방법이 결정된다. 그리고 입 · 출력기기는 잡음제거회로 및 입 · 출력신호와 PLC 내부신호와의 절연회로가 포함된다.

1) 입력장치부

다양한 입력장치(센서, 리밋 스위치 등)의 신호를 PLC 내부에서 취급하는 신호로 변환하여 연산부의 제어신호에 의하여 연산부로 전송하는 기능을 가진다.

입력 모듈은 PLC 본체에 내장된 것이나 블록형 모듈이 있고, 중요한 규격은 입력방식, 입력점수, 절연방식, 정격 입력전압 및 전류, 동작전압, 외부접속 방식, 공통접속, 소비전류 등이다.

2) 출력장치부

다양한 출력장치(표시등, 전자 릴레이, 전자 밸브 등)를 동작하기 위하여 PLC로부터 신호를 유지하거나 증폭하는 기능을 가진다.

입력 모듈처럼 PLC 본체에 내장되거나 블록형 모듈이 있고, 중요한 규격은 출력방식, 출력점수, 절연방식, 정격 부하전압, 최대 부하전류, 외부접속 방식, 공통접속, 소비전류 등이다.

(3) 통신회로부

외부 프로그래밍 장치, LAN 및 컴퓨터 등을 접속하기 위한 회로이다. LAN 인터페이스는 PLC 공급자에 따라 다른 사양을 사용하며, 프로그래밍 장치와 컴퓨터 인터페이스 등은 일반적으로 EIA(Electronics Industries Association) 표준 방식인 RS-232C, RS-422, RS-485 등 통신방식을 적용한다.

(4) 전 원 부

PLC의 프로세서와 입 · 출력장치에 전원을 공급하기 위한 장치이다. 내장형, 슬롯형 및 외장형으로 구분하고, PLC에 적용되는 전원출력은 DC 5V, 9V, 12V, 24V 등을 사용한다.

(5) 주변장치부

PLC의 용이한 취급 및 기능의 향상을 위한 장치(programming loader, EPROM writer, 프린터 등)와 PLC를 접속하며, 소프트웨어를 이용하여 컴퓨터에 내장된 RS-232C 통신단자와 PLC간에 인터페이스를 할 수 있다. 그리고 PLC와 기계나 장치 상호간을 {표 4-6}과 같은 외부기기와 접속하여 정보를 이용한다.

{표 4-6} 입 · 출력부에 접속되는 대표적 기기

입 · 출력부	신호구분	장착위치	접속 외부기기
입 력 부	조작신호	제어반이나 조작반	푸시버튼/토글 스위치 디지털 스위치 회로차단기
	검출신호	기계나 장치	마이크로 스위치 광전, 근접 및 레벨 스위치 인코더, 열동 릴레이
출 력 부	표시경보신호	제어반이나 조작반	표시등 경보기 카운터
	구동신호	기계나 장치	타이머, 모터 전자 밸브, 전자 브레이크 전자개폐기

4-6-2 입 · 출력 모듈 방식

기본적인 PLC 입 · 출력 모듈 방식은 다음과 같이 분류되는 디지털 방식이며 필요에 따라 특수 모듈을 사용한다.

(1) 입력 모듈 방식

1) 직류입력 방식

DC 5, 12, 24, 48V 등의 전압이 사용된다. 외부 입력회로에 소형 릴레이나 파워 릴레이 등의 유접점 신호, 광전 및 근접 스위치 등의 무접점 신호 및 키보드나 디지털 스위치 등의 약전용 데이터 입력신호와 접속하는 경우에 적합하다. 직류입력 방식은 입력 부분에 어떤 문제가 발생했을 때 활선상태에서 점검 및 수리가 용이하기 때문에 교류입력 방식보다 많이 사용한다.

2) 교류입력 방식

AC 110, 220V 등의 전압이 사용된다. 외부 입력회로에 리밋 스위치나 전자접촉기 등의 강전용 접점신호를 사용하는 경우 접촉 신뢰성은 고전압일수록 유리하므로 AC 입력을 사용한다.

(2) 출력 모듈 방식

1) 유접점 릴레이 방식(AC/DC)

유접점 방식이므로 응답이 지연되고, 기계적 및 전기적 수명이 제한되므로 개폐빈도가 많은 부하에는 부적합하다. 그리고 접촉 불량 및 채터링 발생 등을 고려하여야 하며, AC 부하와 접속할 때는 접점보호용 소호회로(spark killer)가 필요하지만 출력 모듈 방식 중에서 가장 널리 현장 응용 분야에 적용된다.

2) 무접점 릴레이 방식 (DC)

무접점 방식이므로 릴레이 방식에 비하여 고속 응답 및 고빈도 동작에 적합하며, DC 부하용 트랜지스터 방식과 TRIAC(Triode AC) 스위치가 내장된 AC 부하용 SSR(Solid State Relay) 방식이 사용된다.

트랜지스터 방식은 NPN TR로 구동되는 싱크(sink) 방식과 PNP TR로 소스(source) 방식으로 분류하며, 돌입 전류에 유의하여야 한다. 그리고 소부하에는 직접 접속하여 사용하지만 대부하의 경우 릴레이를 사용하여 간접 접속하여 사용한다.

SSR 방식은 0[V] 부근에서 교류 전원이 ON-OFF동작을 함으로써 돌입 전류, 과도 전압 및 스위칭 노이즈를 억제하기 위하여 제로크로스 시스템(zcro-cross systcm)을 사용한다. 그리고 직류연속정격으로 1A 정도의 부하를 구동할 수 있으므로 전자 개폐기나 전자 밸브 등을 제어하는 데 적합하다.

(3) 특수 모듈

1) 아날로그 입·출력 모듈

아날로그 입력을 PLC에서 취급하는 디지털 정보로 변환하고(A/D), PLC에서 취급하는 디지털 정보를 아날로그 출력으로 변환하여(D/A) 온도, 압력, 전압 및 전류 등의 아날로그 정보를 제어하기 위한 모듈이다. 그밖에 온도검출을 위한 측온저항체(RTD)나 열전대 입력 모듈이 적용된다.

아날로그 입력은 DC ±10V, 0~5V, ±20mA, 0~20mA 범위에서 설정하고, 아날로그 출력은 DC ±10V, 0~10V, ±5V, 0~5V, 4mA~20mA 범위에서 설정한다.

2) PID 모듈

제어대상에서 발생한 편차를 PID 등으로 연산 처리하여 적절한 출력을 발생하여 석유화학 공정이나 전기로의 온도 등을 페루프 제어하는 출력 모듈이다.

3) 위치결정 모듈

서보 모터나 스텝 모터와 연결하여 위치결정 거리와 모터 속도 지령에 따라 정밀도가 높은 위치나 속도제어를 위한 펄스를 발생하여 FA, FMS 및 로봇 제어 등에 폭 넓게 적용하기 위한 출력 모듈이다.

4) 컴퓨터 CPU 링크 모듈

하나의 PLC(master국)에서 지정된 여러 대의 PLC(slave국) 상호간 또는 PLC와 컴퓨터를 유기적으로 접속하여 통신하기 위한 출력 모듈이다.

5) 원격 I/O 모듈

PLC CPU와 현장의 입·출력기기를 동축, 트위스트 페어 또는 광케이블로 간편하게 접속하여 통신하기 위한 모듈이다.

이와 같은 모듈을 사용하지 않으면 여러 프로세스 입·출력의 점수만큼 입·출력 신호선을 접속하여야 하므로 다량의 케이블을 사용하여야 하고 유도장해나 전압강하 등의 문제가 발생한다.

6) 고속 카운터(High Speed Counter : HSC) 모듈

스캔 타임보다 고속으로 변하는 인코더 등의 펄스 데이터를 50KPPS (10mS 이하) 정도의 속도로 가감산 계수를 하여 프로그램에 설정한 값에 도달하면 외부에 출력을 발생하여 모터의 일정한 회전수나 회전수에 의한 간이위치제어 등에 적용하기 위한 입력 모듈이며, 최근에는 PLC에 내장한 모델도 출시되고 있다.

4-6-3 PLC 동작 개요

릴레이 제어회로는 [그림 4-7](a)와 같이 전원이 on되면 모든 시퀀스가동시에 병렬처리되지만, PLC 제어회로는 [그림 4-7](b)와 같이 전원이 on되면 메모리에 저장된 제어 프로그램을 처음 스텝에서 마지막 스텝까지 상→하(프로그램 흐름), 좌→우(신호흐름) 방향으로 직렬처리하고, 다시 처음 스텝으로 돌아와 주기적으로 반복처리한다.

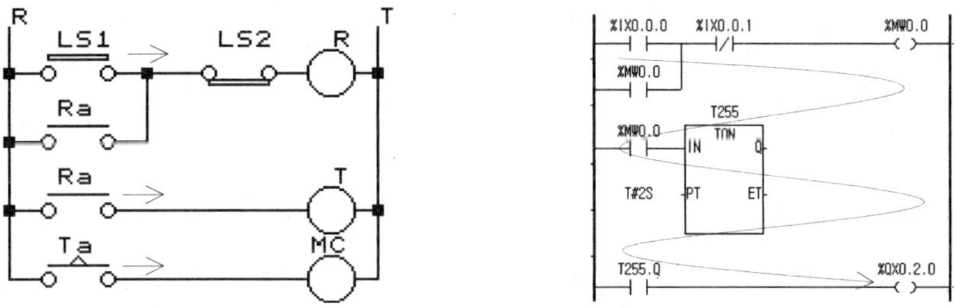

(a) 릴레이 제어(병렬처리)　　　(b) PLC 제어(직렬처리)

[그림 4-7] 릴레이 제어와 PLC 제어처리

(1) 스캔 기능과 스캔 타임

PLC의 CPU가 메모리에 저장된 프로그램을 실행하기 위하여 여러 메모리의 정보를 인식하고 있어야 한다.

PLC에 접속된 입력 및 출력 상태를 판독하고 메모리에 저장된 제어 프로그램을 실행하는 절차를 PLC의 스캔 기능이라 하며, PLC 동작의 중요한 요소이다. 즉 스캔 펄스 출력이 high 상태에서 모든 프로그램을 수행하고 다시 제자리에 돌아오면 스캔 필스 출력은 low 상태로 전환된다.

예를 들어 한 번의 스캔 과정에서 입력신호 상태가 두 번 변경되면 PLC는 그 변화상태를 절대로 판독하지 못하며, 대부분의 PLC는 고장수리 또는 프로그램의 교정을 위하여 스캔 타임을 조절할 수 있다.

메모리에 저장된 프로그램을 판독하여 제어 프로그램을 실행하고 입·출력신호를 갱신(refresh)하는 과정까지 CPU가 처리하는 시간을 1스캔 타임(one-scan time)이라 하며, 일반적으로 PLC 기종에 따라 다르지만 2000 스텝 정도의 프로그램을 1스캔하는 데 소요되는 시간은 7[ms] 정도이다.

■ **WDT(Watch Dog Timer)**

PLC의 CPU는 실행 중 프로그램처리 뿐만 아니라 통신, 입출력 신호, 강제 on/off 처리 등을 수행하며, 스캔 타임의 대부분은 프로그램 처리에 소요되므로 여러 입출력을 처리하는 경우 스캔 타임을 고려하여야 한다. 이러한 목적으로 제어 프로그램을 처리하는 PLC의 스캔 타임을 판독하고, 조절하는 요소를 WDT라 한다.

PLC 프로그램은 일반적으로 제조업체의 PLC에 설정된 1스캔 타임 미만(50mS 정도)이 되도록 작성하고, 필요에 따라 인터럽트 처리를 하거나 보조 CPU(ASIC)를 사용하여 스캔 타임을 조절한다. 즉 처리속도가 스캔 타임보다 훨씬 늦은 경우 1스캔 완료 펄스가 발생 전까지 처리하지 않도록 WDT를 이용하여 PLC를 제어한다.

(2) 스캔 순서

일반적인 PLC가 1스캔 타임 내에서 프로그램을 처리하는 순서는 [그림 4-8]과 같다.

1) 프로그램의 해석처리

저장된 프로그램을 순서대로 실행하여, 그 결과에 따라 변화된 내·외부 출력내용을 내부 메모리에 저장한다.

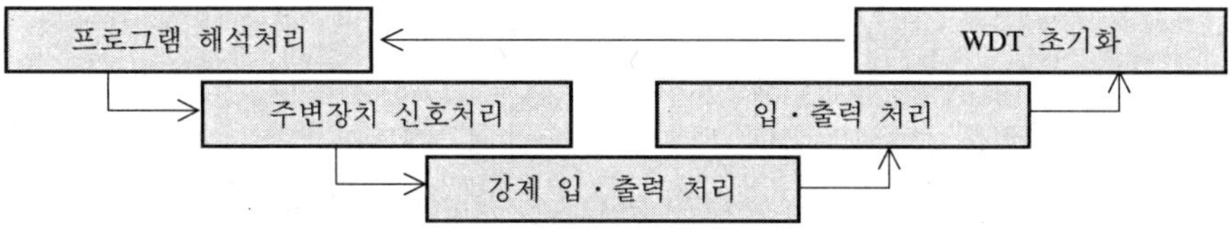

[그림 4-8] 스캔 순서

2) 주변장치 신호처리

통신 모듈 또는 주변장치 등 시스템의 환경설정 정보를 내부 메모리에 저장한다.

3) 강제 입·출력 처리

강제로 설정된 입·출력 비트가 존재하면 해당 비트를 on/off 처리한다.

4) 입·출력 처리

외부입력의 on/off 정보를 일괄적으로 메모리에 설정하며(입력 refresh), 프로그램 연산처리 중에 변화된 외부입력의 on/off 정보는 다음 스캔에서 메모리에 설정한다. 따라서 정확한 처리를 위하여 입력신호는 1스캔 타임 이상 지속되어야 한다. 그리고 메모리에 저장된 연산결과를 일괄적으로 PLC 출력 모듈에 전송하여(출력 refresh) 외부장치를 구동한다.

5) WDT 초기화

WDT 경과치를 0으로 초기화하여 다음 스캔까지의 WDT 계산기준이 된다.

4-6-4 PLC 메모리 사양

대부분의 PLC가 타이머, 카운터, 내부 접점(릴레이 접점), 시프트 레지스터 등의 기능을 수용하여 래더도(래더 논리회로도)나 명령어로 구현할 수 있도록 하고 있다. 이것은 실제로 입·출력장치의 데이터가 처리되는 것이 아니고 PLC 내부의 데이터 메모리의 내용을 순차적으로 처리하는 것이다. 즉 출력에 연결된 접점, 내부 접점, 카운터와 카운터 출력 접점, 타이머와 타이머 출력 접점, 특수 내부 접점 등은 순전히 소프트웨어적으로 수행하는 기능이며, 하드웨어적으로 수행하는 기능이 아니다. 따라서 PLC 기종마다 다르겠지만 데이터 메모리 용량의 한계로 인한 표준 기능들의 수량이 제한되어 있다.

{표 4-7}은 국내 유일의 PLC 제조사 LS산전에서 생산되는 GLOFA 시리즈 중 GM6의 주요 성능을 나타낸 것이다. GM6 PLC의 특징은 소형이면서 고기능/고성능을 내장하여 최적의 시스템을 구축하고, 전용 CPU 탑재에 의한 고속처리를 실현하며, 국제규격(IEC61131-3)의 언어(LD : Ladder Diagram), IL (Instruction List), SFC (Sequential Function Chart)) 및 통신각종 규격의 자동화 통신 방식을 지원한다. 그리고 CPU 규격에 따라 CPUA는 RS-232C, CPUB는 RS-422/485, 시계(RTC), PID 제어, 그리고 CPUC는 RS-232C, 시계(RTC), PID 제어, 고속카운터 기능을 내장하고 있다.

{표 4-7} GLOFA GM6 사양과 규격

항목		성능
제어방식		저장된 프로그램 반복 연산, 정주기 연산, 인터럽트연산
입·출력 제어방식		스캔동기 일괄처리방식
프로그램 언어		IL, LD, SFC
명령어수	연산자	LD: 13개, IL: 21개
	기본 펑션	194개
	기본 펑션블록	12개
	전용 펑션블록	특수기능 모듈별 전용펑션 블록
연산처리속도	연산자	0.5㎲ / 명령
	기본 펑션	펑션 종류에 따라 0.5㎲ ~ 28.95㎲ / 명령
	기본 펑션블록	펑션블록 종류에 따라 2.6㎲ ~ 4.8㎲ / 명령
프로그램 메모리용량 (Kbyte)		68Kbyte
입출력점수		192점 (16점 모듈 사용시)
		384점 (32점 모듈 사용시)
데이터 메모리	직접 변수	2~ 8Kbyte
	심볼릭 변수	최대 30Kbyte - 직접변수영역
타이머		점수 무제한(시간범위: 0.001초~4294967.294초(1,193시간)
카운터		점수 무제한(계수범위: -32768 ~ +32767)
운전모드		RUN, STOP, DEBUG, PAUSE
정전시 데이터 보존		변수정의시 보존 (Retain)으로 설정된 데이터
프로그램 블록수		100개
프로그램 종류	스캔프로그램	100 - 태스크에서 사용한 프로그램 블록수
	정주기태스크	8개
	외주접점태스크	8개
	내부접점태스크	8개
	초기화태스크	1개 (_INIT)
자기진단 기능		연산지연, 메모리, 입출력, 배터리, 전원 등 이상 진단
리스타트 모드		콜드, 웜 리스타트
기본베이스 종류		4종 (4/6/8/12 슬롯)

4-6-5 PLC 기능과 활용

PLC는 접점의 직·병렬접속을 이용하여 각종 제어, 시간지연, 자료의 계수 및 저장 등의 기능을 수행하기 위하여 래더도나 명령어로 구현할 수 있도록 되어 있다.

아래 기능에서 타이머, 단발 펄스, 카운터, 내부 접점 및 무정전 내부 접점 등은 하드웨어적으로 설치된 것이 아니고, PLC의 기능을 응용하여 소프트웨어적으로 실현한 것임을 유의한다.

(1) 타 이 머

일반적으로 제어 프로그램을 설계할 때 시간제어를 필요로 하며, 타이머는 타이머 주소가 바로 타이머 출력접점의 주소가 되며, 시간 설정치를 정해 주기만 하면 편리하게 사용할 수 있다. PLC 기종마다 타이머 수량과 설정시간의 제한이 다르므로 PLC 사용설명서를 참고하여야 한다.

(2) 단발 펄스

임의의 펄스 폭을 갖는 운전자의 조작신호라든지 리밋 스위치로부터 동작신호를 일정한 폭(1스캔 타임)의 트리거(trigger) 신호로 만드는 기능이며, 상승 에지 검출 펄스와 하강 에지 검출 펄스를 만들 수 있다. 주로 짧은 펄스 폭을 필요로 하는 카운터나 타이머의 리셋 입력 등에 이용한다(pulse width=time slot).

(3) 카 운 터

어떤 동작의 발생횟수나 부품 등의 수량을 계수하는 것은 제어를 위한 기본적 기능이고 그 계수범위가 넓어지면 접점이나 플립플롭 등을 이용한 계수에는 한계가 있다. 따라서 별도의 고속 카운터가 도입되어야 하고 정전시에도 계수결과를 유지한다.

(4) 내부 접점

제어 접점, 보조 접점, 보조출력, 내부출력, 마커(mark) 등으로 불리며, 프로그래밍시 데이터 일시기억용, 또는 릴레이의 코일이나 접점을 대체하여 활용되고 있으나 외부로 직접 출력을 발생할 수 없다.

(5) 무정전 내부 접점

운전 중에 갑자기 정전이 되면 모든 출력접점이나 보조 릴레이의 데이터는 초기화되므로 다시 전원이 복구되었을 때 원하는 시퀀스 논리기능을 수행하지 못한다. 따라서, 데이터를 유지하기 위한 Battery Backup 기능이 필요하고 대부분의 PLC 기종에서 이를 가능하게 하는 무정전 내부 접점을 제공하고 있다.

(6) 특수 내부 접점

PLC 시스템의 운전상태(RUN/STOP), 고장종류와 장치번호, 시스템과 사용자 클록 접점 등에 대한 각종 정보를 저장하고 있는 릴레이로서 필요한 정보를 시퀀스 제어계통에 적용하기 위하여 프로그램에서 해당 접점을 지정하여 입력명령으로만 사용한다.

(7) 워드 데이터 레지스터(word data register=accumulator)

보조 릴레이 및 플립플롭 등은 1 비트의 데이터만을 취급할 수 있게 되어 있으나 많은 경우에 8 비트 혹은 16 비트의 데이터를 함께 처리해야 할 필요가 발생한다. 이것이 레지스터의 개념이고, 아날로그 데이터의 디지털 처리에 있어서는 필수적이다.

이동(shift) 레지스터는 시퀀스 제어에서 많이 쓰이며, 일련의 마커를 직렬로 순차이동이 가능하도록 설계한 것으로서 리셋 입력과 이동 클록 펄스 입력, 그리고 데이터 입력단자를 갖고 있다.

(8) SR 플립플롭

플립플롭은 원래 1 비트의 데이터를 기억하는 반도체 디지털 소자의 명칭이며 시퀀스 제어에서는 자기유지회로로 구현되어 사용되던 기능이다. PLC에서는 이를 단 하나의 명령으로 처리할 수 있도록 Set Reset 플립플롭의 기능을 제공하고 있다.

(9) 마스터 제어

마스터 제어(master control)는 시퀀스 프로그램 블록을 마스터 조건에 따라 수동이나 자동 운전을 절환하는 일종의 프로그램 분기 기능이다. 마스터 제어는 마스터 제어 시작과 마스터 제어 종료로 그 블록을 명시하여야 한다.

(10) 프로그램의 분기(jump)

어떤 프로그래밍 언어에서든 흐름을 바꿀 수 있는 명령이 있으며, PLC에서도 기본적인 프로그램의 분기를 가능하게 하는 Jump 명령이 있다.

(11) 서브루틴

다른 데이터로 같은 프로그램을 반복수행할 때 필요한 기능이다.

(12) 산술 및 논리연산 명령어

레지스터의 데이터를 연산처리하는 명령어들로 데이터 이동, 크기의 비교, 덧셈과 뺄셈, 진법의 변환 등이 기본이고, 고기능으로 배정도 연산, 곱셈과 나눗셈, 과학계산용 연산 등의 명령어들이 추가되기도 한다.

자동화시대의 도래에 따른 설비의 자동화 무인화가 한층 더 요구되며, {표 4-8}과 같이 PLC 기능을 활용한 제어내용이 다양화되고 있다.

{표 4-8} PLC 기능의 활용

제어내용	제어기술	비 고
시퀀스 제어	AND OR NOT TIMER COUNTER	유접점 릴레이 회로 기능
품별제어	시프트 레지스터, 품종부호화	물품 유무, 종류 및 이송
계수제어	카운터, 2진수, BCD 변환, 연산	생산수량
계량제어	A/D 변환	온도, 압력, 유량, 속도
위치제어	고속 카운터, 로터리 인코더 (위치검출용 펄스 발생기)	모터의 속도제어에 의한 정밀위치 결정
원격제어	원격출력, CPU 링크	현장이나 상·하수도 설비
링크제어	주 컴퓨터와 링크	감시
관리제어	고급언어(BASIC, C언어)	생산현장의 일 · 월보 작성

4-7 PLC 노이즈 대책

4-7-1 노이즈 발생 원인

(1) 내부 노이즈

기기 내부의 전류가 흐르는 기판이나 동선 근처에는 자계가 형성되고 시간에 따라 그 크기가 변화하여 다른 부분으로 유도되어 전압을 발생하기 때문에 모든 전기·전자기기는 사용 중 그 용도에 관계없는 노이즈를 발생한다.

실제로 릴레이, 전자개폐기, 인버터 및 모터 등의 기기에서 발생하는 유도전압은 주위의 전자기기에 나쁜 영향을 줄 수 있는 노이즈를 발생한다.

■ 대 책

제품을 설계하는 과정에서 부품배치, 기판 디자인에 유의하고 보호회로 등을 부착한다.

(2) 외부 노이즈

PLC가 설치되어 사용되는 현장에서 동일한 동력전원선에 서로 다른 조건의 여러 부하가 연결되어 있을 경우 각 부하의 사용조건 및 배선상태 또는 각 부하간의 임피던스 불균형 등 여러 조건에 의하여 원하지 않는 노이즈가 발생하여 다른 접속기기에 영향을 준다.

이러한 노이즈는 발생 지속시간이 매우 짧으나 그 진폭은 매우 큰 임펄스 신호 형태이므로 주변의 접속기기에 매우 큰 영향을 줄 수 있다.

■ 대 책

전용접지나 필터 부착 또는 배선방법을 개선한다.

(3) 자연 노이즈

낙뢰·정전기 등 자연적으로 발생하는 현상으로 근본적으로 제거가 불가능하다.

■ 대 책

전원선 등을 지중 매설하거나 특별 3종 접지방식을 사용하거나 낙뢰 보호회로를 부가한다.

4-7-2 노이즈에 대한 대책

(1) 복사 노이즈

전달되는 경로가 전선 등의 직접적인 경로에 의하지 않고 전자파 형태로 발생하는 노이즈이다. 그 노이즈의 단위는 '가우스' 등의 자계의 세기로 표시한다.

■ 대 책

- 금속체로 PLC 본체 또는 모듈 내부의 회로 구동부를 차폐하고 차폐판을 접지한다.
- PLC 전원선의 배선은 트위스트 페어선을 사용한다.
- 복사 노이즈는 자계뿐만 아니라 전계도 포함하고 있으므로 PLC의 접지단자를 접지하여 사용한다.

(2) 전도 노이즈

전달되는 경로가 전원선, 접지선 등의 직접적인 경로를 통하여 순간적인 고압형태(임펄스 형태)나 고주파를 발생하는 노이즈이다. 그 노이즈의 단위는 전압·전류·전력 등으로 표시한다.

전도 노이즈는 전달되는 형태에 따라 두 전원선 사이로 들어오는 정상 모드 노이즈와 접지선과 전원선 사이로 들어오는 공통 모드 노이즈로 분류한다.

■ 대 책

① [그림 4-9]와 같이 접지하는 방법이며, 가장 좋은 방법은 3종 접지방법을 사용하는 것이다. 그리고 패널 내 또는 주위의 다른 기기와 공용접지를 절대 피하며, 만약 단독접지가 불가능한 경우 PLC의 접지단자를 베이스의 금속 샤시 단자에 최단거리로 연결한다.

■ 접 지

전자기기의 금속 케이스 또는 기기 내부 전원부의 기준전위용 단자를 지하에 접속하는 것을 접지라 한다.

목적은 첫째 감전 또는 누전으로부터 작업자를 보호하고, 둘째 전자기기에 유입되는 각종 노이즈(유도장해, 전자파, 또는 정전기 등)로부터 기기를 보호하기 위함이다. 그리고 접지의 종류와 접지 저항값은 다음 {표 4-9}와 같다.

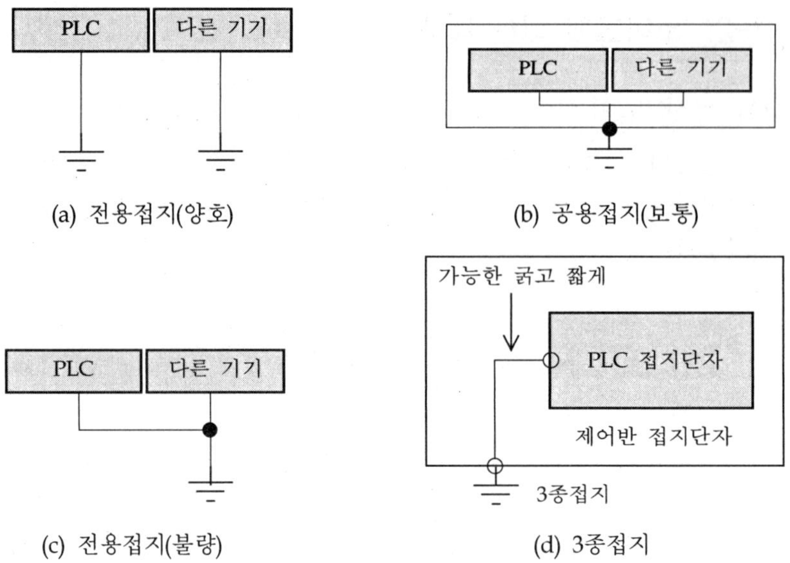

[그림 4-9] 접지의 예

〈표 4-9〉 접지공사의 종류와 접지 저항값

접지공사 종류	접지 저항값
제 1 종 접지	10Ω 이하(고압/특별 고압)
제 2 종 접지	변압기의 고압측 또는 특별 고압측 선로의 1선 지락 전류값을 150으로 나눈 값과 동등한 Ω 이하, 보통 75Ω
제 3 종 접지	100Ω 이하(고압)
특별 제 3 종 접지	10Ω 이하(600V 이하)

② 절연변압기를 PLC의 전원단 앞에 부착하여 전원선으로 유입되는 외부 노이즈를 차단한다. 배선시는 가급적 트위스트 페어선을 사용하고, 절연변압기의 용량은 부하정격의 20% 이상(500 W급) 여유 있게 선택한다. 특히, 심한 노이즈가 예상될 경우 부하 및 PLC의 AC 입력 모듈용 전원에도 절연변압기를 설치한다.

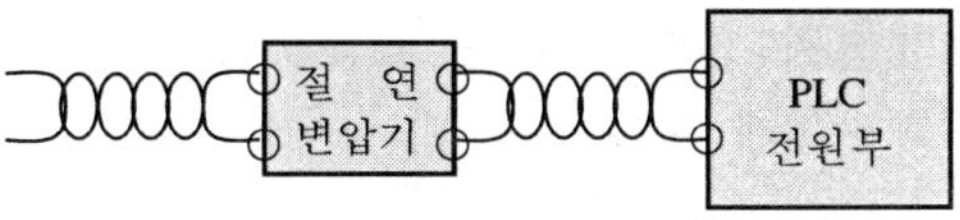

[그림 4-10] 절연변압기의 접속 예

③ 고주파 영역의 노이즈를 감쇠시키기 위하여 저역 필터(250V, 3A)를 PLC 전원단 앞에 부착한다.

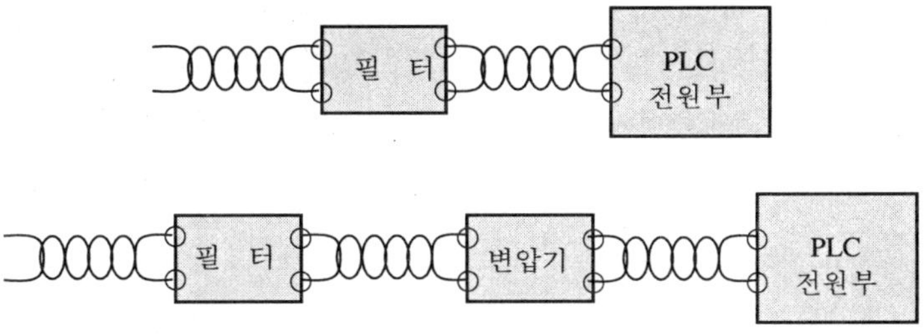

[그림 4-11] 저역 필터의 접속 예

(3) 자연 노이즈

① 상용전원 앞단에 유도낙뢰 흡수용 서지킬러(surge killer)를 부착한다.

② 공기 중에서 전원선은 유도낙뢰에 의한 대전으로 쉽게 노이즈가 발생하므로 전원선을 지하에 매설한다.

(4) 입·출력 신호선

① 입·출력 모듈의 배선 길이가 50m 이상이 되면 가급적 실드선을 사용하고, 실드선의 접지는 PLC 접지단자와 묶어서 3종 접지 처리한다. 그리고 부득이하게 닥트를 사용할 경우 실드 케이블을 사용한다.

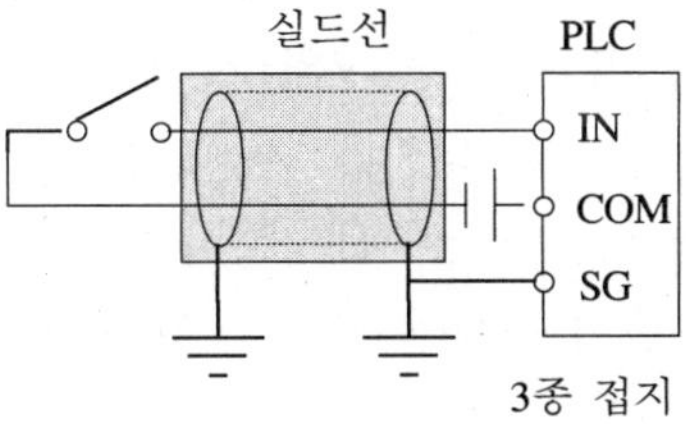

[그림 4-12] 실드 및 3종 접지

② 입력 모듈과 출력 모듈은 가급적 분리하여 배선하고, 특히 동력전원선과 확실하게 분리하여 배선한다.

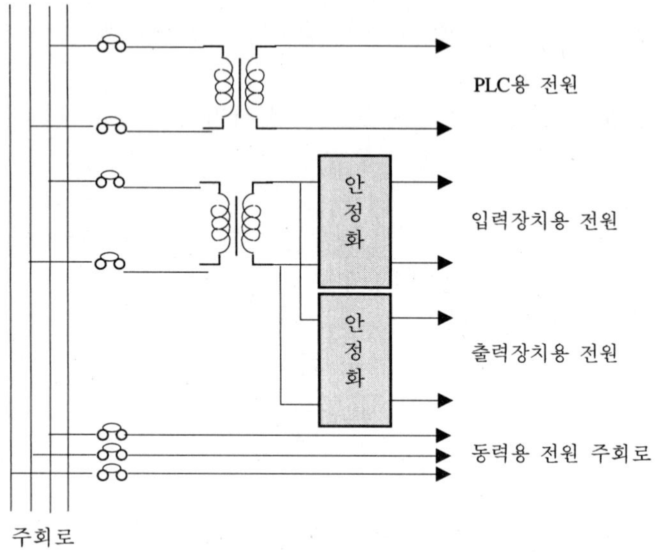

[그림 4-13] 전원선 분리접속 예

(5) 유도부하 노이즈

① DC 입력 모듈에 유도부하가 연결된 경우 노이즈 환류용 다이오드를 가능한 부하 근처에 병렬로 접속하고, AC 입력 모듈과 유도부하가 연결된 경우 노이즈 제거용 서지 킬러를 부하와 병렬로 접속한다.

② AC 입력 모듈과 외부 입력기기와의 배선이 긴 경우 배선 상호간에 유도전압 및 표류 정전용량의 영향으로 노이즈가 발생하므로, 서지 킬러를 입력 모듈과 병렬로 접속한다. 또는 유도전압 및 표류 정전용량이 적은 DC 입력 모듈을 사용한다.

③ 릴레이 출력 모듈에 유도부하가 연결된 경우 유도부하가 on/off될 때마다 부하에 따라 수천 V의 서지 전압이 발생되어 릴레이 접점수명이 단축되거나 소손되므로 서지 킬러, 환류용 다이오드 또는 바리스터 등을 부하와 병렬로 접속한다.

④ 트랜지스터 출력 모듈에 유도부하가 연결된 경우 노이즈 환류용 다이오드를 가능한 한 부하 근처에 병렬로 접속한다. 그리고 SSR 출력 모듈에 유도부하가 연결된 경우 서지 킬러를 부하와 병렬로 접속한다.

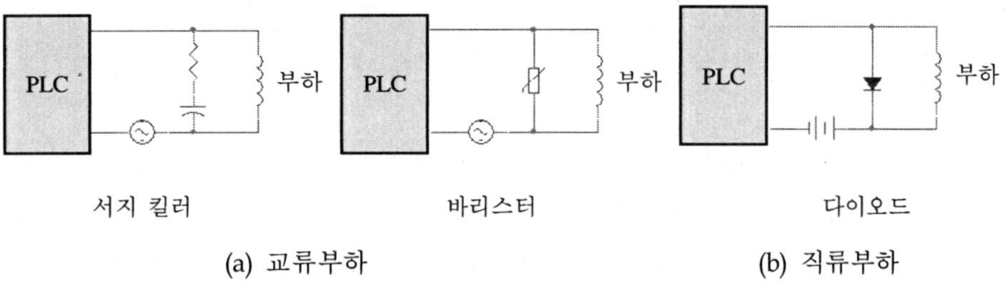

[그림 4-14] 유도성 부하의 노이즈 대책

(6) 기 타

일반적으로 AC 입력 모듈은 약전회로 등과 공용하면 노이즈나 돌입전류로 오동작을 발생히므로 노이즈 대책에 세심한 주의가 필요하며, 입・출력 기기나 인터페이스 모듈을 사용하는 경우 다음과 같은 사항을 유의한다.

1) 입 력 부

- 외부 입력신호가 푸시 버튼 스위치나 릴레이 등의 접점신호의 경우 입력전류를 10mA 이하로 억제하여 모듈의 발열을 억제하므로 저전압 모듈을 사용하는 경우 접촉신뢰성을 검토한다.
- 외부 입력신호가 2선식 광전 및 근접 센서, 이온 램프 또는 LED가 부착된 릴레이 등의 신호의 경우 센서 자체에 항상 누설전류가 흐르므로 입력 모듈 단자에 병렬로 저항을 접속하여 입력 임피던스를 낮춘다.
- AC 입력 모듈은 콘덴서 입력형 방식이므로 콘덴서가 방전된 상태에서 입력이 on되면 돌입전류가 발생하여 접점이 융착되고 사고가 발생한다.
- AC 입력 모듈의 경우 AC 전원이 off된 후 PLC가 프로그램을 처리할 때까지 입력 모듈의 신호를 유지할 수 있도록 순간 허용시간 25 [mS]보다 긴 OFF-DELAY를 갖는 모듈을 사용한다.

2) 출 력 부

- 릴레이에 유도부하를 접속하는 경우 접점을 보호하고 노이즈 발생을 억제하기 위하여 유도부하에 병렬로 서지 킬러를 접속하여 사용한다.
- SSR 방식의 경우 투입빈도가 극단적으로 증가하면 돌입전류로 인하여 SSR의 접합부 온도가 허용온도를 초과하므로 유의한다. 그리고 고출력 TR 방식의 경우 출력단자의 부하전류 합계가 정격전류를 초과하지 않도록 유의하고, 백열전구를 점등하는 경우 정격의 10배 이상의 돌입전

류가 흐르므로 전류제한 저항을 접속하여 사용한다.

- 교류출력 모듈의 경우 이상 과전압을 흡수하기 위한 서지 킬러를 통하여 off 상태에서도 미소전류가 흘러 릴레이가 오동작하거나 네온등이 점등하는 것을 방지하기 위하여 서지 킬러를 부착하지 않은 모듈을 사용하거나 부하에 병렬로 저항을 접속하여 사용한다.
- 무접점 출력 모듈의 경우 허용 주위온도를 고려하여 부품의 손상을 방지한다.
- 선간의 유도에 의한 노이즈를 차폐하기 위하여 동력신호와 PLC 신호, 입력신호와 출력신호, 아날로그 신호와 디지털신호, 고레벨 신호와 저레벨 신호, 고속 펄스 신호와 저속 펄스 신호 및 직류신호와 교류신호들을 격리한다. 특히 동력선에서 발생한 유도 노이즈가 PLC의 전자회로에 영향을 미치지 않도록 다음 [그림 4-15]와 같이 격리한다.

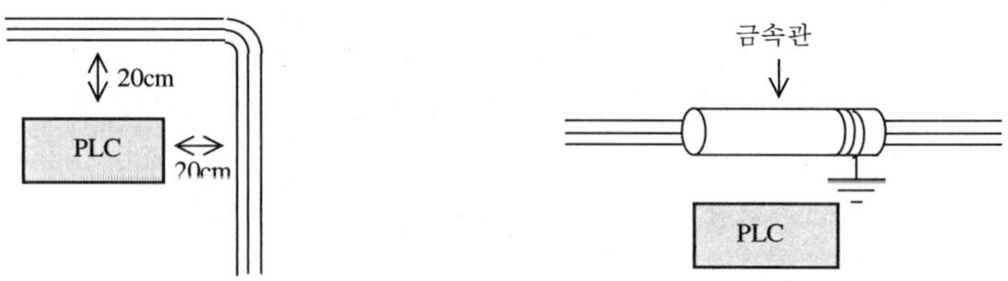

[그림 4-15] 동력선의 유도 노이즈 대책

4-8 PLC 프로그래밍의 기초

4-8-1 개 요

PLC를 사용할 경우의 제어 알고리즘과 종래의 전자 릴레이나 타이머 등을 사용한 경우의 제어 시퀀스와는 근본적으로 차이가 없다. 그리고 릴레이 제어회로에서 사용하는 접점이나 코일 등의 하드웨어 요소를 소프트웨어로 처리한다. 따라서 사용기종의 번지를 기억하고 명령어와 입·출력장치 사양만 파악하면 충분한 전기지식이 없어도 논리적인 작업순서를 이해하여 PLC 프로그램을 작성할 수 있다.

작업순서를 이해하고 PLC 프로그램을 작성하기 위하여 다음의 3가지 사항을 이해하여야 한다.

① 제어대상의 특성을 이해하여야 한다. 즉 제어목적, 운전방법, 동작, 각종 전기적인 조건을 알고 있어야 한다.
② 제어장치, 즉 릴레이와 PLC 특성 및 사용방법을 알고 있어야 한다. 입·출력 카드의 정격전압, 정격전류, 접점 수 등과 같은 물리적, 전기적 특성과 논리연산기능, 타이머, 카운터 등의 기능적 특성을 제품 설명서의 제원을 통하여 이해하여야 한다. 따라서 PLC가 갖고 있는 많은 기능 중에서 제어장치의 어떤 부분의 기능을 실행시키는가 하는 것이 PLC를 사용하는 방법으로 가장 중요한 점이다.
③ 시퀀스를 작성하기 위한 약속을 알고 있어야 한다. 즉 도면기호, 어드레스(주소), 상태 등에 대한 규칙을 알고 있어야 한다. 그리고 프로그램은 다음과 같은 장치를 사용하여 작성한다.

■ **PLC 프로그램 작성기**

(1) 휴대용 프로그램 입력기(handy loader)

작업현장에서 프로그램 작성 및 부분 교정에 적합한 전통적인 방법이다. 그러나 제조회사마다 다르게 표기된 명령어를 암기하여야 하고 프로그램이 길어지면 프로그램 관리 및 교정이 불편하다.

(2) 고정용 PC

PC가 대중화되면서 최근에 사용되는 방법으로 최초 프로그램 작성 및 모니터에 적합하고 제조회사마다 거의 동일한 그림기호를 사용하여 편리하게 프로그램을 작성한다. 그러나 제조회사마다 다른 소프트웨어 사용법을 이해하여야 하고, PC와 모니터 등이 점유하는 작업공간이 필요하다.

4-8-2 프로그래밍 언어의 종류

PLC로 기계나 장치를 제어하는 경우 우선 그 제어의 내용을 PLC가 판단할 수 있는 언어로 프로그램을 작성하여야 한다. PLC의 프로그램은 규격이나 규준이 제정되어 있지 않으므로 제조업체나 기종에 따라 각각의 특징이 있어 통일된 설명이 곤란하며, [그림 4-16]의 유접점 릴레이 회로에 대한 각종 프로그램 언어를 [그림 4-17]과 [그림 4-18]에 나타낸다.

(1) 회로도 방식

회로도 방식에는 래더도(ladder diagram) 방식, 논리명령어(mnemonic)방식 및 논리식 방식 등 3가지로 프로그램을 한다. 일반적으로 래더도 방식은 제조회사에 관계없이 기호가 거의 일치하고, 기존 릴레이 시퀀스도와 작도된 내용이 비슷하여 PC와 소프트웨어 사용법만 이해하면 프로그램 작성이 용이하다. 그리고 릴레이 접점의 on-off 동작상태를 모니터할 수도 있다.

명령어 방식은 PLC 동작을 이해하는 데 편리하지만 제조회사마다 다르게 표기되는 명령어를 기억하여야 하고, 휴대용 프로그램 입력기를 주로 사용하므로 전체 내용을 파악하기가 불편하다.

PLC 명령어는 명령부와 PLC 번지(오퍼랜드부)로 구성되고, 1 개의 명령어가 1 스텝으로 구성되는 기본 명령어(스텝 명령어)와 1 개의 명령어가 복수 스텝으로 구성되는 응용 명령어(복수 스텝 명령어)로 구분된다. 그리고 대부분의 응용 명령어는 오퍼랜드가 1개 이상으로 구성된다.

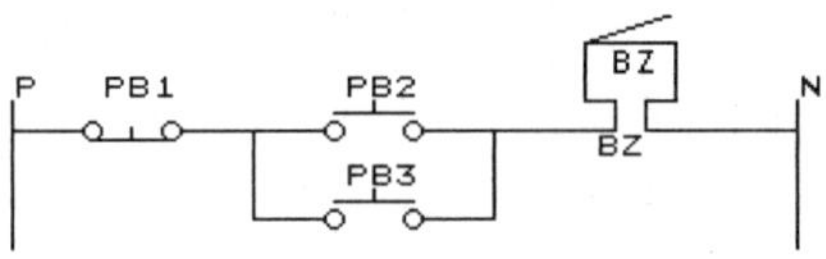

[그림 4-16] 유접점 릴레이 회로

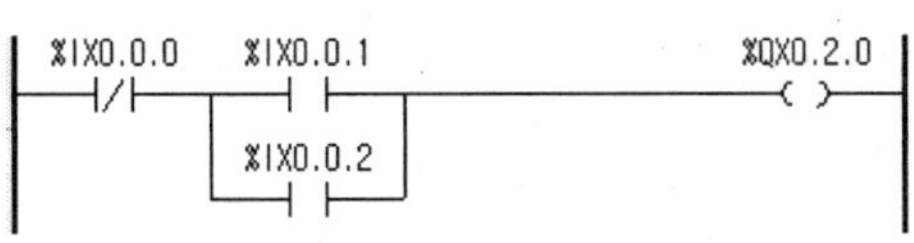

(a) 래더 선도

```
LDN    %IX0.0.0
LD     %IX0.0.1
OR     %IX0.02
ST     %q0.2.
```

$$\overline{\%IX0.0.0} \cdot (\%IX0.0.1 + \%IX0.0.2) = \%QX0.2.0$$

b) 명령어 방식　　　　　(c) 논리식 방식

[그림 4-17] 회로도 방식에 의한 프로그램 예

(2) 동작선도 방식

스텝	출 력	다음 진행조건
1		on %IX0.0.0
2	RESET %QX0.2.0	off %IX0.0.0 & on %IX0.0.1
3	SET %QX0.2.0	JMP STEP 1

(a) 동작단계 방식

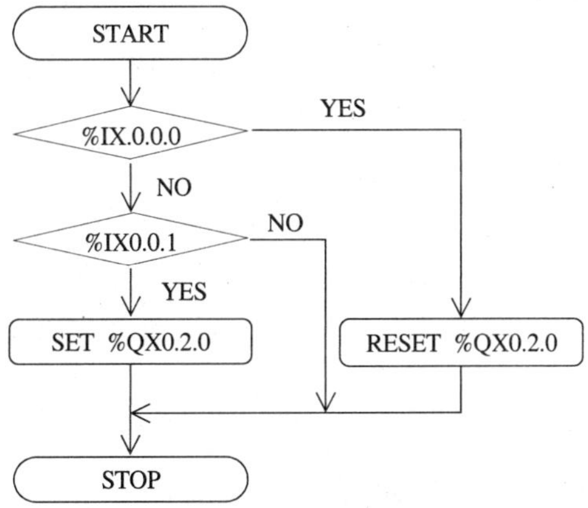

(b) 순서도 방식

[그림 4-18] 동작선도 방식에 의한 프로그램 예

동작선도 방식에는 제어장치의 동작을 도표로 기술하는 동작단계(step) 방식과 시퀀스도를 작성하지 않고 제어장치의 동작을 그림으로 직접 프로그램을 하는 순서도(flow chart) 방식의 2종류가 있다. 최근의 개방형 PLC에서는 IEC 1131-3 규격에 따른 순서도 방식을 PLC 표준 언어로 채택하기 위하여 표준화 작업이 진행 중이다.

■ PLC의 표준 언어

1993년에 유럽을 중심으로 PLC 프로그램 언어의 표준화 활동이 추진되고 그 결과로 국제 표준의 IEC1131-3 규격이 제정되었으며, PLC 개방화 및 분산화를 실현하게 되었다. 그리고 1998년에 효과적인 프로그램 언어의 활용을 위한 추가기능이 제안되어 IEC61131-3 규격을 지원하는 ISaGRAF라는

PLC 소프트웨어가 프랑스의 CJ international이라는 회사에서 개발되어 실용화되고 있다. 현재는 ICS Triplex 라는 캐나다 회사에서 관리를 하고 있으며, 2014년 현재 버전 6.1까지 개발되었다.

IEC1131-3 규격에서 표준 언어는 다음과 같이 프로그래밍 언어와 공통요소 2가지로 분류할 수 있다.

(1) 프로그래밍 언어

1) 명령어(IL : Instruction List)

독일을 비롯하여 유럽 지역에서 많이 사용하며, 어셈블러와 비슷한 저레벨의 프로그래밍 언어이다. 공통요소의 함수나 함수 블록, 프로그램의 동작과 함께 역시 공통요소의 상태천이도(SFC : Sequencial Function Chart) 내에서 천이작용을 기술하는 데 이용할 수 있다.

2) 래더도(LD : Ladder Diagram)

한국이나 일본 그리고 캐나다 등에서 사용되고, 입력과 출력을 조합하여 프로그램을 한다. 공통요소의 함수나 함수 블록, 프로그램의 동작과 함께 역시 공통요소의 SFC 내에서 천이작용을 기술하는 데 이용할 수 있다.

3) 구조체(ST : Structured Text)

유럽지역에서 많이 사용하며, 실시간 응용용으로 개발된 Ada 및 Pascal이나 C를 바탕으로 한 매우 강력한 프로그래밍 언어이다([그림 4-19](a)).

4) 기능 블록도(FBD : Function Block Diagram)

프로세서 제어의 신호흐름을 수반한 응용 회로도와 비슷한 형태의 프로그래밍 언어이다. 공통요소의 함수나 함수 블록, 프로그램의 동작을 기술하거나 SFC 중에서 스텝이나 실행 블록, 그리고 SFC 내에서 천이작용을 기술하는 데 이용할 수 있다([그림 4-19](b)).

(2) 공통요소 SFC

Petri Net나 IEC 848을 바탕으로 연속적인 동작을 그래픽으로 기술한다. 프로그램을 복수의 스텝과 스텝을 링크하는 실행 블록 그리고 스텝과 스텝 사이의 천이조건을 결정하는 천이영역으로 되어 있다. SFC 자체를 비롯하여 IEC1131-3에서 정의된 어떤 프로그래밍 언어와도 호환이 된다([그림 4-19](c)).

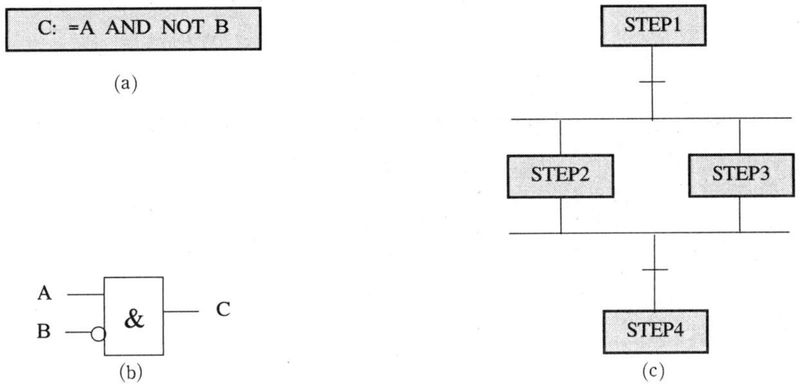

[그림 4-19] IEC1131-3 프로그램 언어

4-8-3 PLC 프로그래밍 작성법

PLC를 사용하여 제어하기 위한 조건부와 실행부에 대하여 다음과 같은 순서로 프로그램을 작성한다.

① 제어설계(제어내용, 제어 시스템, 운전 및 제어방식)를 결정한다.

② PLC 기종 및 입・출력장치(연산능력 및 기억용량, 입・출력장치 종류)를 선정한다.

③ 입・출력기기 및 내부 접점, 타이머, 카운터 등의 번지와 채널을 할당하기 위하여 다음과 같이 PLC와 접속할 입・출력장치의 번지 할당표를 작성, 활용한다.

{표 4-10} 입・출력장치 번지 할당표

입・출력	릴레이 제어요소	PLC 번지(직접 변수)	비 고
외부입력	LS	%IX0.0.0	리밋 스위치
내부입력	Ra	%MW0.0.	릴레이 접점
내부출력	R	%MW0.0.	릴레이 코일
외부출력	MC	%QX0.2.0	전자개폐기

④ PLC는 릴레이 제어회로방식의 순서도를 인식하지 못하므로 PLC가 인식 할 수 있는 코드로 변환하기 위한 래더도를 작성하고 그리고 코딩 차트를 작성한다.

⑤ 프로그램 작성기로 프로그램(제어회로 설계)을 작성, 저장, 모니터 및 수정한다. 그리고 프로그램을 그래픽 방식으로 작성하는 경우는 래더도를 이용하고, 명령어 방식으로 작성하는 경우는 {표 4-11}과 같은 형식의 코딩 차트를 이용한다. 여기서 프로그램 실행단계를 나타내는 스텝 번호는 '0000'부터 시작한다.

{표 4-11} 코딩 차트

스텝(step) 번호	명령어(command)	PLC 번지(opperand)
0000	LD	%IX0.0.0

- **GLOFA-GM 시리즈 변수의 표현 방식**

프로그램 안에서 사용되는 데이터는 값을 가지고 있는데, 프로그램이 실행되는 동안에 값이 바뀌지 않는 상수와 그 값이 변하는 변수가 습니다. 프로그램 블록, 펑션, 펑션블록 등의 프로그램 구성 요소에서 변수를 사용하기 위해서 우선 변수의 표현 방식을 설명합니다.

(1) 직접 변수

직접 변수는 사용자가 변수 이름과 형 등의 선언이 없이 이미 PLC 제조사에 의해 정해진 메모리 영역의 식별자와 주소를 사용한다. 직접 변수에는 %I, %Q 의 입출력 변수와 %M 의 내부 메모리 변수가 있으며, 입출력 변수와 내부 메모리 변수 크기는 PLC 종류에 따라 차이가 있다.

직접 변수는 별도의 변수 선언 없이 식별자의 위치를 표현하는 방식이므로 프로그램의 가독성이 떨어지며 사용자의 잘못으로 어드레스가 중복될 우려가 있다.

직접 변수는 {표 4-12}와 같이 반드시 퍼센트 문자(%)로 시작하고, 다음에 위치 접두어와 크기 접두어를 붙이며, 그리고 마침표로 분리되는 하나 이상의 부호 없는 정수의 순으로 나타낸다.

{표 4-12} 직접 변수 종류와 사용 예제

종 류	사용 예제
입력 변수	%IX0.0.0, %IB0.0.1, %IW0.0.1, %ID0.0.0
출력 변수	%QX0.1.0, %QB0.1.1, %QW0.1.1, %QD0.1.0
내부 메모리	%MX100, %MB50, %MW100, %MD100, %MB50.3, %MW100.10, %MD100.31

(2) 네임드(Named) 변수

네임드 변수는 변수 종류를 설정하고 데이터 형태를 지정한 후 마지막으로 메모리를 지정(할당)하고 사용한다. 네임드 변수의 이름은 {표 4-13}과 같이 한글/한자는 8 자, 영문은 16 자 까지 선언 가능하며, 한글, 영문, 숫자 및 밑줄 문자(_)를 조합하여 사용할 수 있다. 그리고 영문자의 경우 대·소문자를 구별하지 않고 모두 대문자로 인식하며 빈 칸을 포함하지 않아야 한다.

{표 4-13} 네임드 변수 이름과 사용 예제

종 류	사용 예제
한글, 숫자 및 밑줄 문자	모터 10, 디지털_스위치 1 , 누름_검출, 수동_배출_스위치 밸브 1, 설비_자동_운전중, 사이클_정지_완료
한글, 영문, 숫자 및 밑줄 문자	AGV_주행_완료, 모터 2_ON, BCD 값, VAL2, 자동_SOL_배출

1) 네임드 변수의 속성

변수의 용도에 따라 {표 4-14}와 같이 속성을 설정한다.

{표 4-14} 네임드 변수의 속성

종 류	사용 예제
VAR	읽고 쓸 수 있는 일반적인 변수
VAR_RETAIN	정전 후 복전 시 값이 유지되는 변수
VAR_CONSTANT	읽기만 할 수 있는 변수
VAR_EXTERNAL	외부 변수(VAR_GLOBAL)로 사용되는 변수

2) 네임드(Named) 변수의 데이터 형태

데이터의 고유 성질을 나타내며, 데이터 형태는 크게 수치(ANY_NUM)와 비트 상태(ANY_BIT), STRING, ANY_DATE, TIME로 구분할 수 있다. 수치의 대표적인 경우는 정수(INT; Integer)인데 셀 수 있고 산술 연산을 할 수 있으며, 정수의 예는 카운터의 현재값, A/D(아날로그 입력) 변환값 등이 있다.

비트 상태는 BOOL(Boolean; 1 비트), BYTE(8 개의 비트 열), WOTD(16 개의 비트 열)등이 있으며, 비트 열의 On/Off 상태를 나타내고. 논리 연산을 할 수 있다. 비트 상태의 예는 입력 스위치의 On/Off 상태, 출력 램프의 소등/점등 상태 등이 있다. 비트 상태는 산술연산이 불가능하지만 형태 변환 펑션을 사용하여 수치로 변환하면 산술 연산이 가능하다.

BCD는 10 진수를 4 비트의 2 진 코드로 나타낸 것이므로 비트 열(ANY_BIT)이다. 그리고 데이터 비트 크기는 데이터 형태에 따라 수치는 8(SINT)~64(LINT), 시간은 32, 날짜는 16~64, 그리고 문자열은 240이다

4-8-4 입 · 출력장치(모듈)의 주소 지정

PLC의 입 · 출력 상태 및 연산 결과의 저장 공간은 메모리 영역이 된다. 따라서 외부 입 · 출력 결선, PLC 프로그램의 작성 및 유지보수에 있어서 PLC의 메모리와 외부 단자대의 관계 및 내부 메모리의 할당 방법을 정확히 이해해야 한다. 그렇지 않으면 구성된 PLC 시스템에 치명적인 오류가 발생할 수도 있다. 특히, PLC 종류에 따라 다양한 데이터 타입이 있으며 데이터 타입 별로 할당되는 메모리 영역의 크기 및 형태가 달라질 수 있으므로 메모리 영역 할당을 정확히 이해하고 프로그램을 작성해야 한다.

연산능력, 입 · 출력 접속점수 및 기억용량을 고려하여 PLC와 입 · 출력장치가 선정되면 입 · 출력장치를 접속하기 위한 입 · 출력장치의 주소를 지정은 각 슬롯에 장착된 입 · 출력장치의 접속점수에 따라 1개의 모듈 당 16점으로 구분하여 연속 지정하며, 만약 32점의 경우 16점씩 2개의 모듈로 처리한다.

입력장치의 주소 지정방법은 일반적으로 동일 기계이면 최초에 조작 스위치, 리밋 스위치 등으로 동일 종류마다 연속적으로 지정하고, 입력점수에 여유가 있는 경우에는 1개의 공통선마다 동일 용도의 입력기기를 집합하여 지정하고 나머지는 예비로 남겨 놓는다. 그리고 외부에서 직렬 또는 병렬로 접속 가능한 회로는 외부에서 처리하여 사용하는 입 · 출력 점수를 축소

하고, 디지털 스위치 등의 BCD 입력은 자릿수마다 4점이 필요하므로 2자리 이상의 경우는 연속적으로 지정한다.

출력장치의 주소 지정방법은 동일 기계에 속하는 동일 종류마다 연속적으로 지정하고, 동일 용도의 기기를 집합하여 지정하거나 동작 순서에 따라 지정하기도 한다.

- **GLOFA-GM 시리즈 PLC 메모리 주소 지정**

(1) 입 · 출력 메모리

GLOFA-GM 시리즈 PLC의 메모리 할당은 '%'로 시작하여 다음의 5 가지 인자에 의해 결정되며, N1~N3는 숫자이다.

%	I	X	N1	N2	N3
	①	②	③	④	⑤

① 장치(모듈) 표시 : 변수의 종류로서 입력은 %I, 출력은 %Q, 내부 메모리는 %M으로 나타낸다.

② 레지스터 단위 : 변수가 차지하는 메모리 공간의 크기로서 비트는 X, 바이트(8비트)는 B, 워드(2바이트)는 W, 더블워드(2워드)는 D, 그리고 롱 워드(4워드)는 L로 나타낸다.

③ 베이스 번호 : CPU가 장착되어 있는 베이스(기본 베이스)를 0번 베이스라 하며, 증설 시스템을 구성했을 때 기본 베이스에 접속된 순서에 따라 베이스 번호가 증가된다.

④ 슬롯 번호 : 슬롯 번호는 기본 베이스의 경우 CPU 우측이 0번이 되며 우측으로 진행하며 번호가 1씩 증가하고, 증설 베이스의 경우 전원부 우측이 0번이 되며, 우측으로 진행하며 번호가 1 씩 증가하게 된다.

⑤ 비트(접점) 번호 : 슬롯에 장착되어 있는 접점들을 0번 비트부터 크기 접두어 단위로 나누었을 때 몇 번째 크기 접두어 단위가 되는지를 나타낸다.

{표 4-15}는 기본 베이스, 0번 슬롯, 32점 입력 모듈에 대하여 데이터 주소를 지정한 예제이다.

{표 4-15} 입력 모듈 주소 지정 예제

	%IW0.0.0															
	%IB0.0.1								%IB0.0.0							
%ID0.0.0	b15	b14	b13	b12	b11	b10	b09	b08	b07	b06	b05	b04	b03	b02	b01	b00
	b31	b30	b29	b28	b27	b26	b25	b24	b23	b22	b21	b20	b19	b18	b17	b16
	%IB0.0.3								%IB0.0.2							
	%IW0.0.1															

(2) 내부 메모리

입·출력 메모리의 주소 지정과 기본적인 방법은 동일하지만 베이스 번호와 슬롯 번호를 지정하지 않으며, {표 4-16}은 6번째 워드 메모리(%MW5)에 대한 주소를 지정한 예제이다.

{표 4-16} 내부 메모리 주소 지정 예제

	%MB11								%MB10							
%MW5	%MX95							%MX88	%MX87					%MX80		
	b15	b14	b13	b12	b11	b10	b09	b08	b07	b06	b05	b04	b03	b02	b01	b00

(3) 네임드(Named) 변수의 메모리.

네임드 변수의 메모리 지정에는 자동 할당과 사용자 정의가 있다.

자동 할당이란 컴파일러가 내부 메모리 영역에 변수 위치를 자동으로 지정한다. 예를 들어 "밸브" 란 변수를 자동 메모리 할당으로 지정할 경우 변수의 내부 위치는 프로그램이 작성된 후 컴파일 과정에서 정해지므로 사용자는 변수위치에 신경을 쓸 필요가 없다.

선언된 변수는 외부 입출력과 관계없이 내부 연산 도중 신호의 중계, 신호 상태(내부 정보)의 일시 저장, 타이머나 카운터의 접점 이름(펑션 블록의 인스턴스) 지정 등에 사용된다.

사용자 정의란 사용자가 직접 변수(%I, %Q, %M)를 사용하여 강제로 위치를 지정하며, 선언된 변수는 입출력용(%I, %Q) 변수와 내부 메모리 영역(%M)에 사용한다. 그리고 사용자 정의 메모리 할당의 표현 형식은 직접변수 지정 방식과 같다.

4-8-5 릴레이 제어방식에서 PLC 제어방식으로 전환

릴레이 제어방식을 PLC 제어방식의 래더 프로그램으로 작성한 예(건널목 신호등, 불림세탁 제어)를 다음에 설명한다. 여기서 외부 입·출력은 배선이 필요하며, PLC는 LG산전의 GLOFA GM 계열이다.

(1) 제어내용 및 순서의 결정

① 기동 리밋 스위치(LS1)를 조작하면 모터를 운전하기 위한 전자개폐기가 10초 동안 동작이 유지된다.

② 정지 리밋 스위치(LS2)를 조작하면 전자개폐기 동작이 정지한다.

(2) 입·출력장치의 선성

기동·정지를 위한 두 개의 리밋 스위치, 동작을 유지하기 위한 릴레이, 동작시간을 설정하기 위한 타이머 및 모터를 on/off하기 위한 전자개폐기가 필요하다.

(3) 입·출력장치의 번지 할당

{표 4-17}의 입·출력장치 할당표를 예로 들어 설명한다.

1) 외부입력

PLC 외부의 각종 스위치나 센서의 신호는 PLC의 입력장치부 단자로 인입되며, 접속된 단자번호를 고려하여 프로그램을 작성·입력한다.

[예] 릴레이 제어회로의 리밋 스위치 LS1과 LS2는 각각 PLC 외부입력 %IX0.0.0 및 %IX0.1.0과 대응된다.

2) 외부출력

PLC 외부의 전자개폐기, 전자밸브 및 표시등 등을 구동하기 위한 신호는 PLC의 출력장치부 단자에서 인출되며, 접속된 단자번호를 고려하여 프로그램을 작성·입력한다.

[예] 릴레이 제어회로의 전자개폐기 MC는 PLC 외부출력 %QX0.2.0과 대응된다.

3) 내부 입·출력

릴레이 제어회로의 접점과 대응되며, 정전 후 복전시 상태유지 가능한 K

접점과 불가능한 M접점으로 구분된다. 여기서 릴레이 제어회로의 코일과 a, b접점은 PLC 프로그램에서 동일한 번지로 지정한다.

[예] 릴레이 제어회로의 코일 R과 a 접점 Ra는 PLC 내부 접점 %MW0.0 과 대응된다.

4) 타 이 머

입력조건이 성립되면 계수(증가방식)하여 설정치에 도달하면 접점출력이 on되고, 타이머의 설정 시간은 접두어 T#으로 시작하여 날짜는 D, 시간은 H, 분은 M, 초는 S, 1/1000초는 MS단위를 사용한다. 그리고 설정 가능 시간은 0.001초~4,294,967.295초, 최대 설정 가능 시간은 49일 17시간 2분 47초 295밀리초(T# 49D 17H 2M 47S 295MS)이다.

[예] 릴레이 제어회로의 타이머 코일 T와 접점 Ta는 각각 PLC 타이머 T255 명령어와 접점 T255.Q와 대응된다.

{표 4-17} 입 · 출력장치의 할당표

입 · 출력	릴레이 제어요소 (네임드 변수)	PLC 번지 (직접 변수)	비 고
외부입력	LS1 LS2	%IX0.0.0 %IX0.1.0	기동 스위치 정지 스위치
내부입력	Ra Ta	%MW0.0 T255.Q	릴레이 접점 타이머 접점
내부출력	R T	%MW0.0 T255	릴레이 코일 타이머 코일
외부출력	MC	%QX0.2.0	전자개폐기

(4) 릴레이 회로 작성

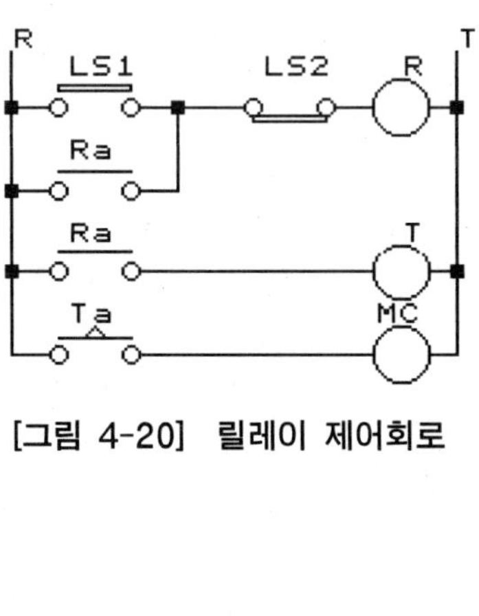

[그림 4-20] 릴레이 제어회로

(5) 래더도 작성

프로그램 입력기로 PLC 래더도를 작성한다.

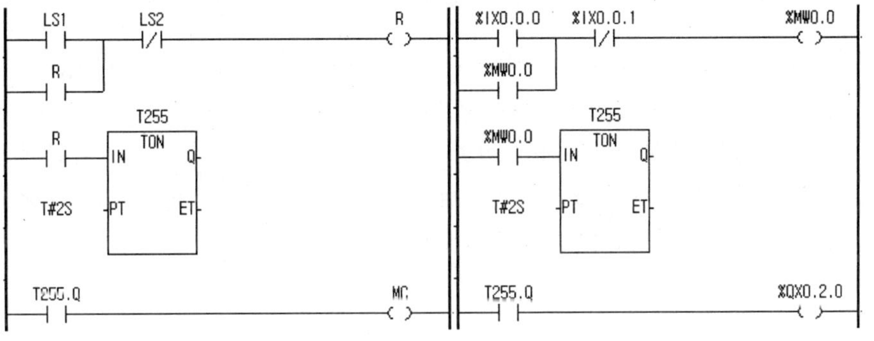

(a) 네임드변수 (b) 직접 변수

[그림 4-21] 래 더 도

(6) 프로그램 작성

프로그램 작성기로 프로그램을 작성하여 저장한다 따라서 외부 입·출력 장치와 PLC의 접속 그리고 프로그램 관계를 나타내면 [그림 4-22]와 같다.

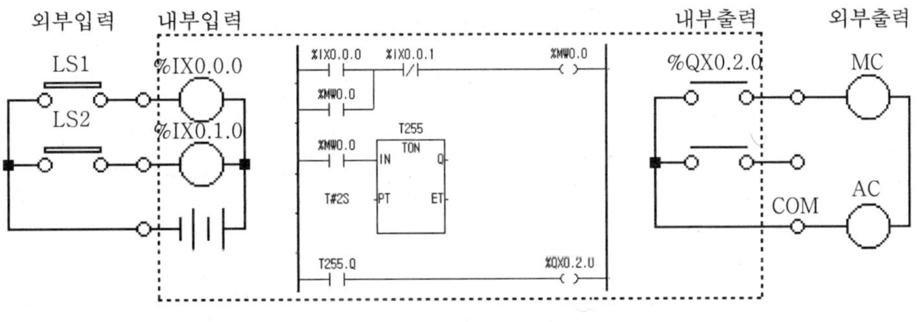

[그림 4-22] PLC 제어방식

4-8-6 프로그래밍 주의사항

PLC에 의한 제어도 릴레이에 의한 제어방식과 원리는 동일하며, 제어사양에 근거하여 릴레이 기호와 논리기호로서 제어내용을 표현한 제어회로도를 작성한 다음 이것을 프로그램 한다.

프로그램의 버그는 프로그램을 저장하기 전에 소프트웨어적으로 검색되고, PLC가 인식하는 코드로 변환되어 저장된다. 그리고 유접점이나 무접점 릴레이 제어회로도는 근본적으로 차이가 없지만 PLC 고유의 제어특성이 있으므로 PLC 프로그램을 작성할 때 다음과 같은 사항을 주의한다.

① 조건부 입력과 실행부 출력이 동시에 존재하여야 하고, 좌측 모선에 직접 출력을 배치할 수 없다. 따라서 필요한 경우 [그림 4-23](b)와 같이 내부출력의 b접점을 먼저 사용하고, 릴레이 제어회로에서 사용한 b접점 입력 요소는 [그림 4-23]과 같이 외부에서 a접점 요소로 접속하고 프로그램에서 b접점으로 처리한다.

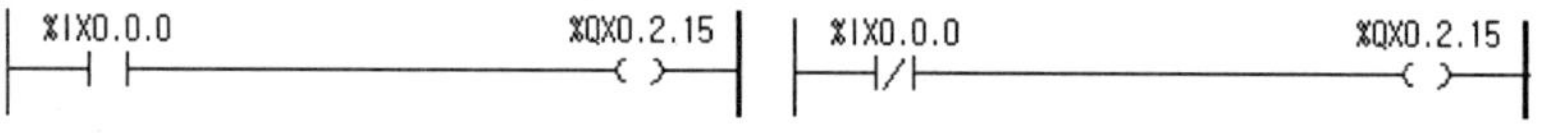

(a) a접점 시작 (b) b접점 시작

[그림 4-23] 입력과 출력 명령 활용 예

② PLC 프로그램에서 조건부에 해당하는 입력주소를 2회 이상 지정할 수 있지만 실행부에 해당하는 출력주소를 [그림 4-24](a)와 같이 2회 이상 지정하면 프로그램 진단과정에서 이중출력(코일)이 발생하므로 필요한 경우 내부 메모리를 활용하여 [그림4-24](b)와 같이 처리한다.

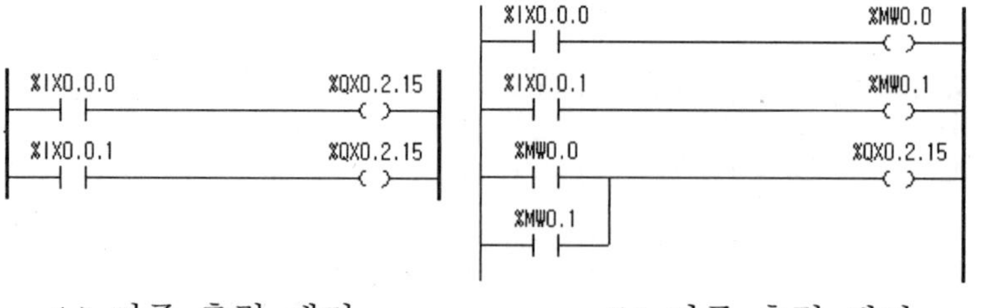

(a) 이중 출력 에러 (b) 이중 출력 제거

[그림 4-24] 출력 지정

③ 릴레이 제어회로에서 열동 릴레이의 접점은 출력 코일의 우측에 접속하지만 PLC 제어에서는 출력 우측에 접점을 배치할 수 없으므로 필요한 경우 좌측에 배치한다.

④ PLC 내부에서 사용되는 릴레이 어드레스에 의한 접점은 접촉 불량이

나 전압강하 등을 고려할 필요가 없으므로 동일한 접점을 무한정 사용할 수 있다.

⑤ 릴레이 제어회로에서 고려한 접점의 증설 또는 접점용량을 PLC의 입·출력신호, 내부 메모리에서는 고려하지 않으므로 프로그램에서 동일한 접점을 몇 번이라도 사용할 수 있다.

⑥ 릴레이 제어에서는 접점을 절약하기 위한 기법이 PLC 제어에서는 적용되지 않으므로 [그림 4-25](a)는 [그림 4-25](b)와 같이 처리한다.

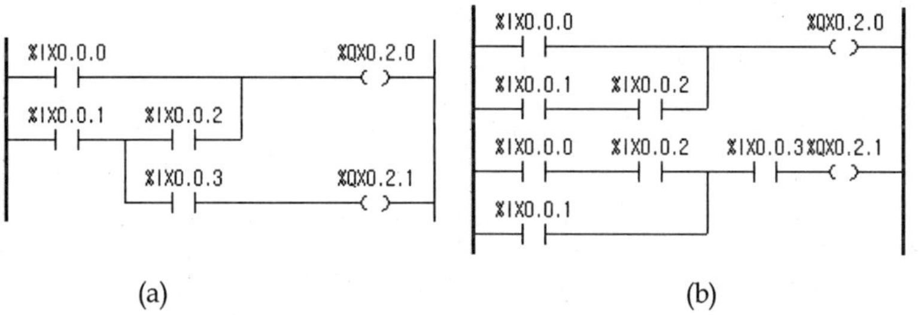

[그림 4-25] 접점의 활용

⑦ 릴레이 제어회로에서는 사용하는 릴레이 개수를 절약하기 위하여 코일이 여자될 때까지 접점배열이 복잡하지만 PLC 제어에서는 충분한 데이터 메모리 영역을 갖고 있으므로 가능한 한 간단한 시퀀스를 작성하여야 다음에 고장 및 유지 관리가 편리하다.

⑧ PLC 제어의 기본 동작은 프로그램 메모리를 첫 번째 스텝부터 마지막 스텝까지 순차적으로 1 스텝씩 검증하면서 실행하는 제어방식이다. 따라서 데이터의 교체, 명령 및 실행 등은 1스캔 타임(20mS) 내에서 1회만 실행하므로 입력신호 폭은 1스캔 타임 이상이어야 한다.

⑨ 릴레이의 동작시간 개념은 PLC에서는 적용되지 않으므로 프로그램의 순서를 교정하여 동작시간을 이용한 기법을 적용한다.

■ 릴레이 제어와 PLC 제어 동작시간 차이

(1) 릴레이 제어

릴레이 제어에서는 순서도와 관계없이 병렬로 처리하므로 [그림 4-26]에서 푸시버튼 스위치(PB)가 투입되면 릴레이 R1이 동작하고, 다음에 R2, 그리고 마지막에 출력 램프 GL이 점등된다.

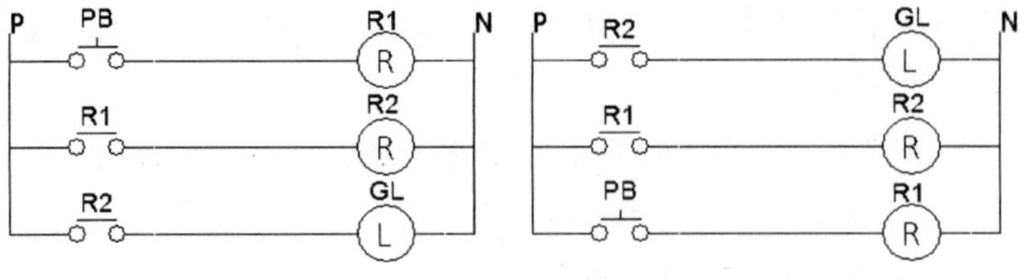

(a) (b)

[그림 4-26] 릴레이 회로

(2) PLC 제어

PLC 제어에서는 프로그램 작성순서에 따라 직렬로 처리된다. 즉 [그림 4-27(a)]에서 좌측의 경우는 1스캔 이내에 출력 램프가 점등한다. 그리고 우측의 경우는 푸시버튼 스위치가 투입되면 제 1 스캔에서 '%MW0.1= %QX0.2.0'이 동작하고 스캔이 끝난 후, '%MW0.0=%MW0.1'이 동작한다.

이와 같이 최초의 1스캔만으로 전체 동작이 이루어질 수 없으며, 1스캔마다 1회로씩 동작하므로 좌측 경우보다 2스캔 타임만큼 늦어진다. 따라서 스캔 방향과 반대로 프로그램을 작성하면(reverse flow programming) 스캔 펄스 발생회로와 같은 여러 가지 고기능을 실현할 수 있다.

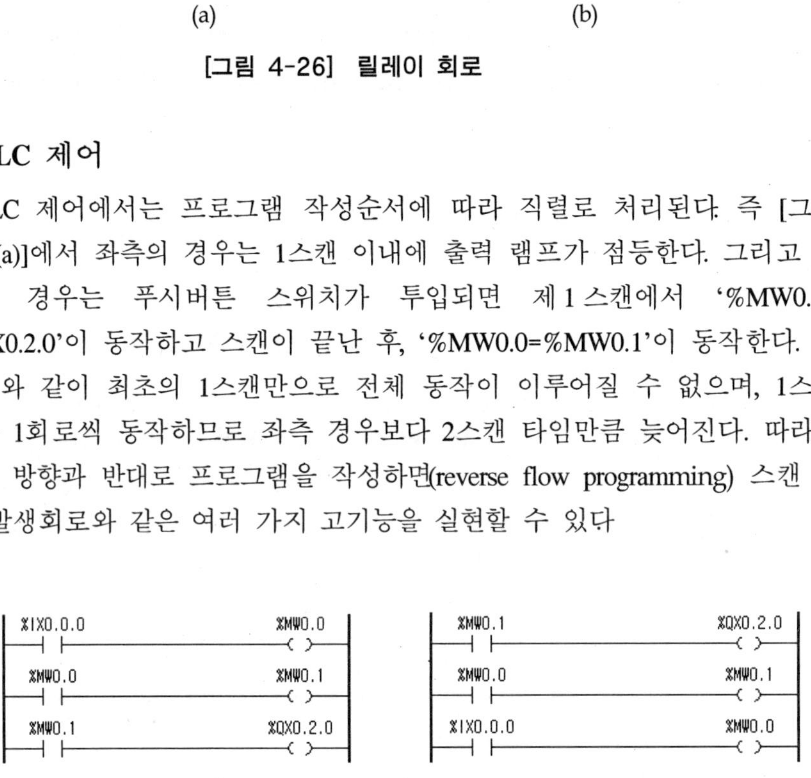

(a) 래 더 도

(b) 타임차트

[그림 4-27] PLC 프로그램에 의한 동작 차이

⑩ 릴레이 제어에서는 역방향 전류를 방지하기 위한 다이오드를 사용하고 있으나 PLC 제어에서는 프로그램 순서가 전류의 흐름순서와 동일

한 원리를 적용하여 해결하므로 [그림 4-28](a)는 [그림 4-28](b)와 같이 처리한다.

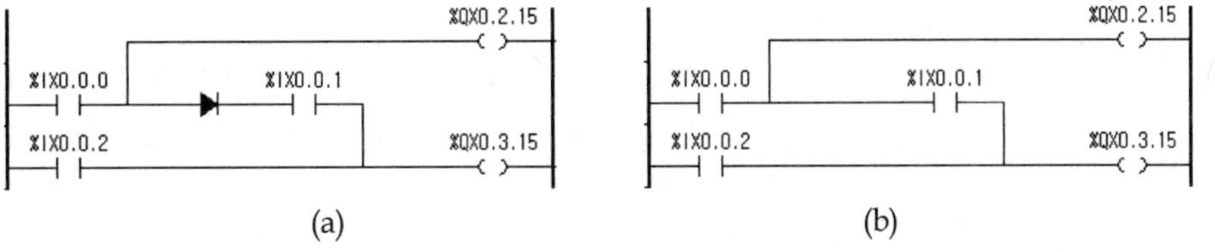

[그림 4-28] 역류회로의 처리

⑪ 릴레이 제어에서는 사용하는 릴레이 수를 줄이는 것이 경제적이지만, PLC 제어에서는 가능한 한 접속되는 직렬 입·출력기기 등을 합쳐서 동일한 접점을 사용하는 것이 경제적이다(접점=돈).

⑫ PLC 제어에서는 릴레이 제어방식에서 없는 특수기능을 능숙하게 이용하는 것이 PLC를 충분히 활용하는 기반이 된다.

⑬ 카운터, 시프트 레지스터와 같이 2개 이상의 입력 명령어를 입력하는 경우 순서에 유의한다.

⑭ PLC 제조회사마다 주의 사항이 상이할 수 있으므로 제공되는 사용설명서를 확인한다.

4-9 제어 프로그램의 역할 범위

4-9-1 물리적 범위

(1) 직접 외부기기를 제어하는 경우

PLC의 출력으로서 솔레노이드 밸브(SOL)나 모터와 같은 외부기기를 직접 on/off하는 방식이다.

- PLC의 출력용량이 외부기기의 용량 이상으로 되지 않으면 사용할 수 없다.
- 출력회로가 한쪽 선로를 공통선으로 사용하는 경우가 많기 때문에 외부기기의 전원 종류(DC/AC)나 전압이 다른 경우 사용할 수 없다.

- 모터 회로 등의 부하 양쪽에서 열동형 릴레이 등으로 회로를 차단하는 것은 곤란하다.

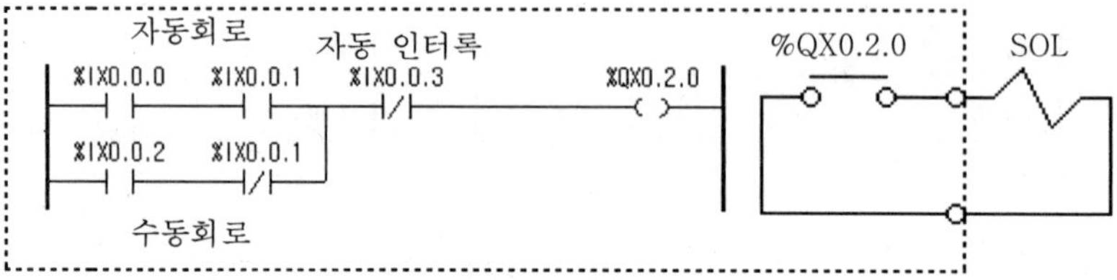

[그림 4-29] 직접 외부기기 제어

(2) 외부 릴레이를 설치하는 경우

PLC의 출력으로 외부 릴레이를 직접 동작하여 외부기기를 제어하는 방식이다.

- 장점 : 직접 외부기기를 제어하는 방식의 단점을 해소한다.
- 단점 : 적당한 외부 릴레이를 선택하고 전원을 설치할 공간을 확보하여야 한다.

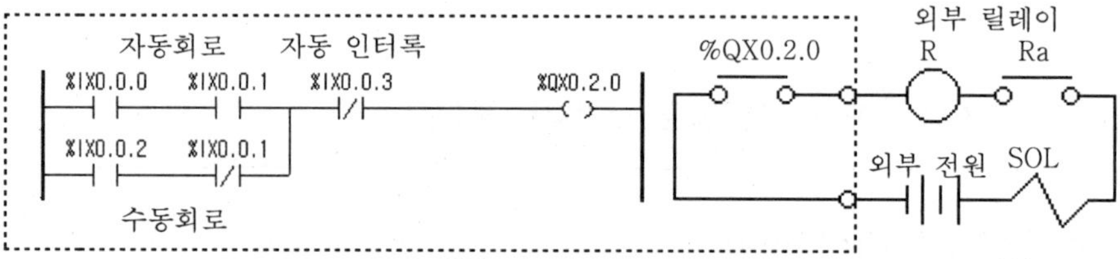

[그림 4-30] 외부에 설치한 릴레이

4-9-2 기능적인 범위

(1) PLC로서 모든 기능을 행하는 경우

PLC 내부에서 자동운전 회로, 인터록 회로를 결선하고, 그 최종결과를 외부로 출력시키는 방식이다.

- 장점 : 외부회로는 간단
- 단점 : PLC가 고장이 난 경우 비상정지회로와 보호회로 등의 인터록 회로가 동작하지 않으므로 인명과 기계에 손상을 초래할 수 있다.

(2) 절대 인터록 회로만 외부에서 결선하는 경우

비상정지회로, 보호회로 및 모터의 정・역회전용 전자접촉기의 상호 인터록 접점 등의 절대 인터록 회로는 PLC 외부에서 결선하고, 자동 및 수동 운전회로, 인터록 회로는 PLC 내부에서 결선한다.

- 장점 : 절대 인터록 회로가 동작하여도 PLC의 자기유지회로는 동작한다.
- 단점 : 인터록 회로를 PLC 내・외부 동시에 구성하므로 입・출력 접점 개수가 증가하고, 그리고 PLC가 고장 난 경우 제어대상을 개별적으로 동작시키는 수동운전이 불가능하다.

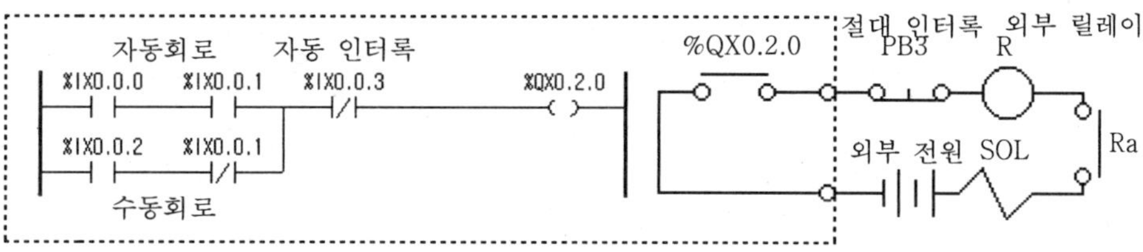

[그림 4-31] 외부에 설치한 절대 인터록

(3) 자동회로만 PLC로 구성하는 경우

자동운전회로 및 이에 필요한 인터록 회로만 PLC로 구성하고, 수동운전 회로와 절대 인터록 회로는 외부 릴레이 등으로 구성하는 방식이다.

- 장점 : PLC에 고장이 발생하는 경우 자동운전은 불가능하지만 비상정지를 위한 절대 인터록 회로와 수동에 의한 운전이 계속 가능하다.
- 단점 : 외부회로가 많게 되어 릴레이 등의 부품이 필요하게 되며 PLC를 사용하는 장점이 감소된다.

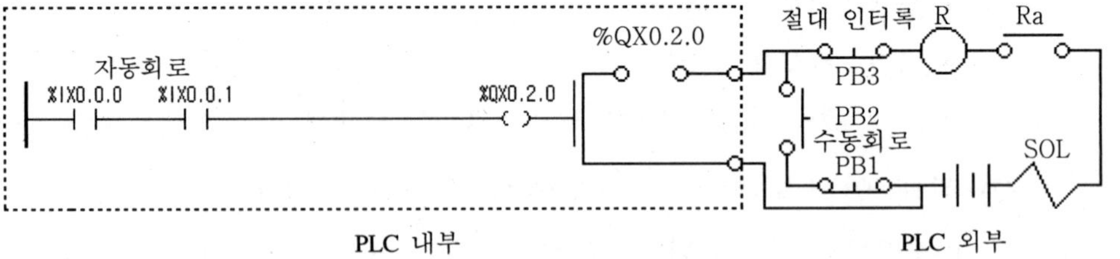

[그림 4-32] 자동회로만 PLC로 구성

■ 수동운전의 목적

PLC 입력조건이 일치되지 않아 자동운전이 불가능할 경우 PLC 상태를 보존하면서 운전을 수동으로 계속하기 위함이다.

제 Ⅱ 편

실험실습

CHAPTER

05 공 압 제 어

5-1 단동 실린더 기본 조작회로

목 적	1. 단동 실린더의 제어 원리를 이해한다 2. 단동 실린더 제어 회로의 적용 예를 알아본다 3. 단동 실린더 및 3포트 2위치 수동 조작 밸브와 공압 조작 방향 제어의 구조, 원리 및 사용 방법을 이해한다

사용기재, 공구, 소모재료	규 격	수 량	비 고
단동 실린더		1	
수동 조작 밸브	3포트 2위치	1	
싱글 공압 조작 밸브	3포트 2위치	1	
공압 조정 모듈		1	
공압 분배기 모듈		1	
공압 튜브, 피팅	4φ	약간	

5-1-1 관련 지식

단동 실린더를 전·후진시키기 위하여 한 번은 압축 공기를 공급하고 한 번은 압축 공기를 배기시켜야 하므로 3포트 2위치 방향 제어 밸브가 필요하다.

일반적으로 실린더 용적이 적고 제어공정이 하나의 신호에 의하여 처리할 경우 적용되는 직접제어 방식과 제어공정이 여러 신호에 의하여 완료되고, 제어요소와 신호요소가 직접 결합될 수 없는 경우 적용되는 간접제어 방식이 있다.

(1) 동작 원리

1) 직접제어회로

[그림 5-1]은 3포트 2위치 수동 조작 밸브를 사용한 단동 실린더의 피스톤을 전·후진시키는 직접제어회로이다.

한편 공압회로도에서 공압 시스템마다 시스템의 압력조정이나 윤활 등을 위하여 통상적으로 설치되는 공압 조정 모듈은 일반적으로 [그림 5-1]의 회로도와 같이 간략 기호로 표시한다.

초기상태에서 압축 공기는 수동 조작 밸브 HV의 입력 포트 P에서 차단되어 있어 단동 실린더는 내장된 스프링에 의하여 후진되어 있다.

푸시버튼을 누르면 압축 공기는 수동 조작 밸브 HV의 출력 포트 A를 통하여 실린더에 공급되므로 실린더의 피스톤은 스프링을 누르면서 전진한다.

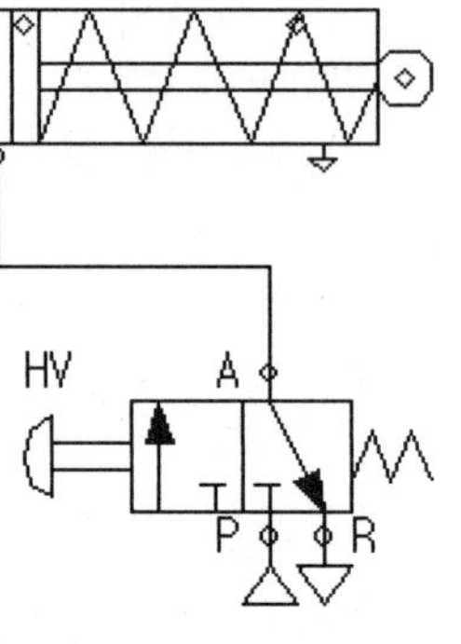

[그림 5-1] 직접제어회로

푸시버튼에서 손을 떼면 수동 조작 밸브 HV는 스프링의 힘에 의하여 원래 상태로 복귀하게 되며, 따라서 실린더의 피스톤에 작용했던 압축 공기는 배기 포트 R을 통하여 대기 중으로 배기되므로 실린더는 내장된 스프링의 힘에 의하여 후진한다.

2) 간접제어회로

[그림 5-2]는 3포트 2위치 수동 조작 밸브 HV에 의하여 3포트 2위치 싱글 공압 조작 밸브 MV를 제어하여 단동 실린더의 피스톤을 전·후진시키는 간접제어회로이다.

이와 같은 간접제어회로는 실린더의 직경이 크고 행정 거리가 긴 대용량의 실린더나, 실린더와 수동 조작 밸브 사이의 배관 길이가 길어 배관에 의한 압력 손실이 발생하는 곳에 이용된다. 즉 제어요소인 공압조작 밸브와 구동요소인 실린더 사이는 짧게 배관하여 불필요한 공간과 압축 공기를 줄일 수 있다. 그리고 신호요소인 수동조작 밸브와 공압 조작 밸브 사이는 가는 관으로 배관하여야 한다. 따라서 신호요소의 크기가 작아 조작하기 쉽고 스위칭 시간이 단축된다.

초기상태에서 압축 공기는 공압 조작 밸브 MV의 제어 포트 Z에서 차단되어 단동 실린더는 내장된 스프링에 의하여 후진되어 있다.

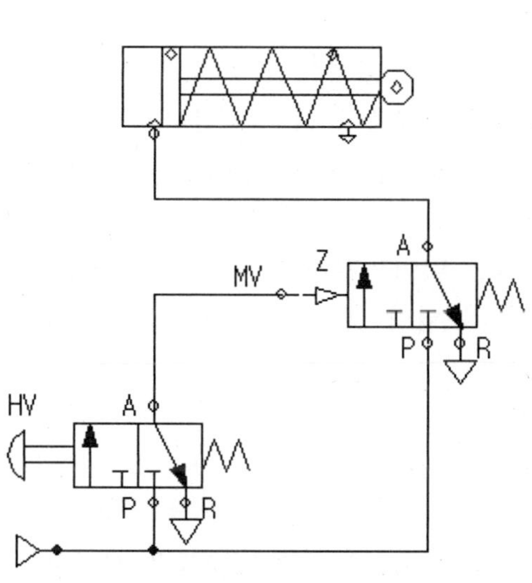

[그림 5-2] 간접제어회로

푸시버튼을 누르면 공압 조작 밸브 MV에 압축 공기가 공급되어 밸브의 제어 위치가 전환되고 그 결과 실린더가 전진한다.

푸시버튼에서 손을 떼면 압축 공기 공급이 차단되어 공압 조작 밸브 MV에 압축 공기가 공급되지 않으므로 밸브는 스프링의 힘에 의하여 원래 상태로 복귀하게 되며, 실린더의 피스톤에 작용했던 압축 공기는 배기 포트 R을 통하여 대기 중으로 배기되므로 실린더는 내장된 스프링의 힘에 의하여 후진한다.

(2) 주의사항

공압회로를 배관하여 신속 정확하고 안전하게 실습을 진행할 수 있도록 다음 주의 사항을 준수하여야 한다.

① 각 모듈을 실습대에 고정할 때 배관이 용이하고, 상호 간섭이 발생되지 않도록 적당한 간격으로 배치한다.
② 실린더가 전진하는 전면에는 간섭이 발생하지 않도록 충분한 간격을 띄운다
③ 배관은 압력이 공급될 때 빠지지 않도록 확실히 고정한다.
④ 배관 완료 후 압축 공기를 공급할 때 약간 떨어신 위치에서 슬라이드 밸브를 서서히 on시킨다. 그렇지 않으면 배관을 잘못하였을 때 호스가 분리되어 상처를 줄 수 있다.
⑤ 실습 회로도의 변경은 압축 공기를 차단하고 실시하며, 실습이 종료되면 반드시 압축 공기를 차단하고 호스를 분리한다.
⑥ 수동 조작 밸브는 밸브의 제어 위치 전환에 필요한 시간보다 길게 조작한다.
⑦ 각 모듈은 떨어뜨리지 않도록 주의한다.
⑧ 각 모듈의 입력 포트, 출력 포트 및 배기 포트 등을 확인한 후 배관한다.

5-1-2 실험순서 및 결과

① 실험목적을 이해하고 구성 모듈을 선택한다.
② 실습대에 압력원, 서비스 모듈, 3포트 2위치 수동 조작 밸브, 단동 실린더 모듈을 배치한다.

③ [그림 5-1]의 회로도와 같이 배관을 한다.
④ 공압분배기에 장착된 슬라이드 밸브를 on시켜 압축 공기를 공급한다.
⑤ 3포트 2위치 수동 조작 밸브를 조작하여 단동 실린더가 전·후진하는지 확인한다.
⑥ [그림 5-2]의 회로도와 같이 압력원, 서비스 모듈, 3포트 2위치 수동 조작 밸브, 3포트 2위치 공압 조작 밸브, 단동 실린더 모듈을 배치하여 배관한다.
⑦ 3포트 2위치 수동 조작 밸브를 조작하여 3포트 2위치 공압 조작 밸브에 의하여 단동 실린더가 전·후진하는지 확인한다.

5-1-3 검토보고

① 단동 실린더 제어회로의 적용 예를 알아본다.
② 단동 실린더 및 3포트 2위치 밸브의 구조, 원리 및 사용 방법을 설명한다.

5-2 복동 실린더 기본 조작회로

목 적	1. 복동 실린더의 구조, 원리 및 사용 방법을 이해한다 2. 복동 실린더의 제어 원리를 이해한다 3. 복동 실린더 제어 회로의 적용 예를 알아본다 4. 5포트 2위치 수동 조작 밸브와 공압 조작 방향제어 밸브의 구조 원리 및 사용 방법을 이해한다		
사용기재, 공구, 소모재료	**규 격**	**수 량**	**비 고**
복동 실린더		1	
수동 조작 밸브	3포트 2위치	1	
수동 조작 밸브	5포트 2위치	1	
싱글 공압 조작 밸브	5포트 2위치	1	
공압 조정 모듈		1	
공압 분배기 모듈		1	
공압 튜브, 피팅	4φ	약간	

5-2-1 관련 지식

복동 실린더는 전진 운동과 후진 운동이 모두 압축 공기에 의하여 이루어지므로 복동 실린더를 전·후진시키기 위하여 공급과 배기를 동시에 실시해야 한다.

따라서 방향제어 밸브 중에서 복동 실린더를 제어하기 위한 밸브는 출력 포트가 2개 있어야 한다. 그리고 출력 포트 하나는 압축 공기를 공급하고 다른 하나는 배기하는 기능을 가진 밸브이어야 하므로 4포트 밸브나 5포트 밸브가 필요하며, 5포트 밸브는 각각의 출력 포트를 위한 2개의 배기 포트가 있으므로 속도 조절을 위하여 배기 포트를 각각 분리하여 사용할 수 있다.

■ 동작 원리

1) 직접제어회로

[그림 5-3]은 5포트 2위치 수동 조작 밸브를 사용하여 복동 실린더를 전·후진시키는 직접제어회로이다.

초기상태에서 수동 조작 밸브 HV의 입력 포트 P와 출력 포트 B가 연결되고, 출력 포트 A와 R1포트가 연결되어 실린더는 회로도와 같이 후진되어 있다.

푸시버튼을 누르면 수동 조작 밸브 HV의 제어 위치가 전환되어 P포트는 출력 포트 A와 연결되고 출력 포트 B는 배기 포트 R2에 연결되므로 실린더에 압축 공기가 공급되어 실린더는 전진한다.

푸시버튼에서 손을 떼면 수동 조작 밸브 HV는 내장된 스프링의 힘에 의하여 원래 상태로 복귀하게 되어 실린더는 후진한다.

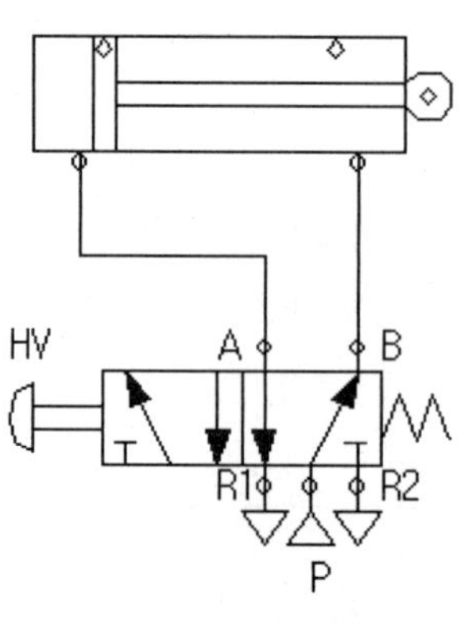

[그림 5-3] 직접제어회로

2) 간접제어회로

[그림 5-4]는 3포트 2위치 수동 조작 밸브 HV에 의하여 5포트 2위치 싱글 공압 조작 밸브 MV를 제어하여 복동 실린더를 전·후진시키는 간접제어회로이다.

초기상태에서 압축 공기는 공압 조작 밸브 MV의 제어 포트 Z에서 차단되어 복동 실린더는 후진되어 있으며, 동작 원리는 단동 실린더의 간접제어회로를 참고한다.

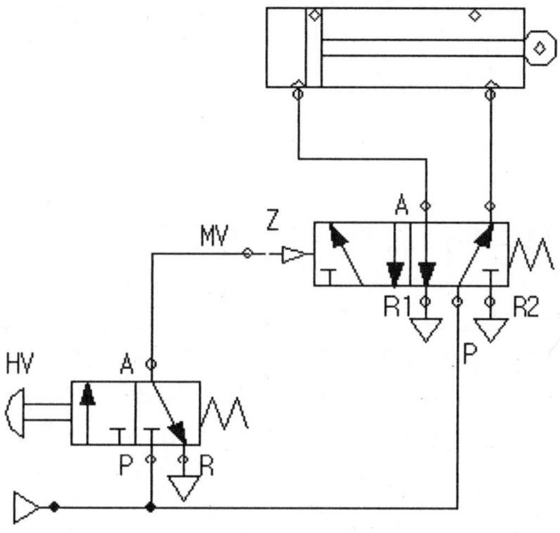

[그림 5-4] 간접제어회로

5-2-2 실험순서 및 결과

① 실험목적을 이해하고 구성 모듈을 선택한다.

② 실습대에 압력원, 서비스 모듈, 5포트 2위치 수동 조작 밸브, 복동 실린더 모듈을 배치한다.

③ [그림 5-3]의 회로도와 같이 배관을 한다.

④ 공압분배기에 장착된 슬라이드 밸브를 on시켜 압축 공기를 공급한다.

⑤ 5포트 2위치 수동 조작 밸브를 조작하여 복동 실린더가 제어되는지 확인한다.

⑥ [그림 5-4]의 회로도와 같이 압력원, 서비스 모듈, 3포트 2위치 수동 조작 밸브, 5포트 2위치 공압 조작 밸브, 복동 실린더 모듈을 배치하

여 배관한다.

⑦ 3포트 2위치 수동 조작 밸브를 조작하여 5포트 2위치 공압 조작 밸브에 의하여 복동 실린더가 전 · 후진하는지 확인한다.

5-2-3 검토보고

① 복동 실린더와 단동 실린더를 비교 설명한다.

② 복동 실린더 제어회로의 적용 예를 알아본다.

③ 5포트 2위치 수동 조작 밸브와 공압 조작 밸브의 구조, 원리 및 사용 방법을 설명한다.

5-3 단동 실린더 속도제어회로

목 적	1. 단동 실린더의 속도제어 원리를 이해한다 2. 단동 실린더 속도제어회로의 적용 예를 알아본다 3. 유량(속도) 제어 밸브의 구조, 원리 및 사용 방법을 이해한다		
사용기재, 공구, 소모재료	**규 격**	**수 량**	**비 고**
단동 실린더		1	
수동 조작 밸브	3포트 2위치	1	
속도 제어 밸브		1	
공압 조정 모듈		1	
공압 분배기 모듈		1	
공압 튜브, 피팅	4ϕ	약간	

5-3-1 관련 지식

실린더의 속도제어는 공압기술에서 매우 중요한 기술의 하나이다. 실린더의 속도를 제어하기 위하여 방향 제어 밸브와 실린더 사이에 교축 밸브와 체크 밸브를 병렬로 접속한 속도제어 밸브(단방향 유량제어 밸브)를 설치하거나 또는 방향 제어 밸브의 배기 포트에 배기 교축 밸브를 설치하여 속도를 조절한다. 일반적으로 단동실린더 속도제어는 사용하지 않는다.

■ 동작 원리

1) 전진 속도제어회로

[그림 5-5]는 단동 실린더의 전진 속도제어회로로 3포트 2위치 수동 조작 밸브 HV의 푸시버튼을 누르면 단동 실린더는 전진하나, 이때 속도제어 밸브에 의하여 공급 유량이 교축되어 전진 속도가 제어된다.

수동 조작 밸브 HV의 푸시버튼에서 손을 떼면 실린더 내의 압축 공기는 속도제어 밸브의 체크 밸브를 통하여 수동 조작 밸브 HV의 배기 포트 R을 통하여 배기되어 실린더는 내장된 스프링 힘에 의하여 후진한다.

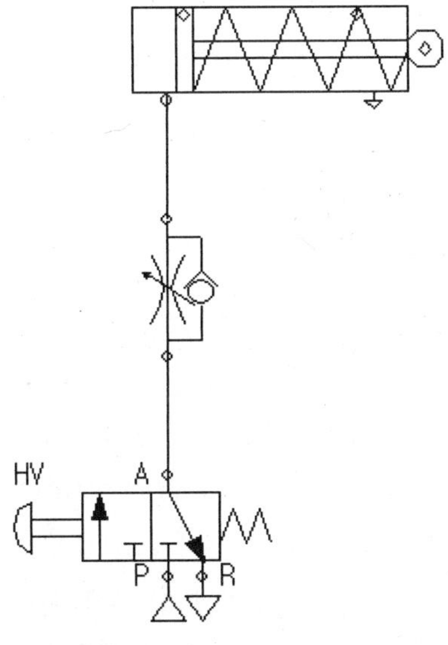

[그림 5-5] 전진 속도제어회로

2) 후진 속도제어회로

[그림 5-6]은 단동 실린더의 후진 속도제어회로로 수동 조작 3포트 2위치 밸브의 푸시버튼을 누른 후 손을 떼면 스프링에 의하여 자동 복귀되며, 속도제어 밸브(미터 OUT)에 의하여 배기 유량이 교축되어 실린더의 후진 속도가 제어된다. 그리고 후진 속도를 증진하기 위하여 급속배기 밸브를 이용한다.

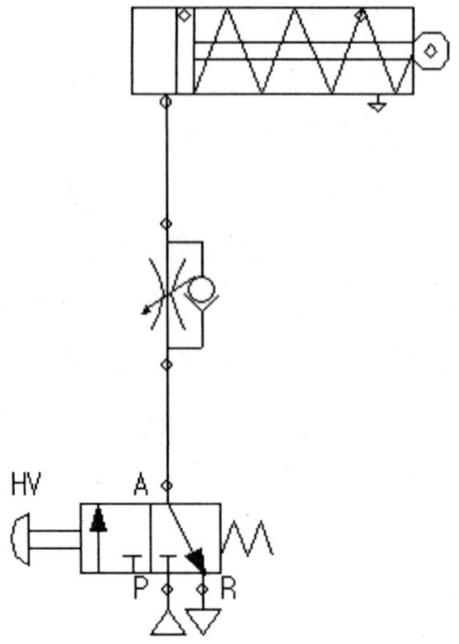

[그림 5-6] 후진 속도제어회로

5-3-2 실험순서 및 결과

① 실험목적을 이해하고 구성 모듈을 선택한다.
② 실습대에 압력원, 서비스 모듈, 3포트 2위치 수동 조작 밸브, 속도 제어 밸브, 단동 실린더 모듈을 배치한다.
③ [그림 5-5]의 회로도와 같이 배관을 한다.
④ 공압 분배기에 장착된 슬라이드 밸브를 on시켜 압축 공기를 공급한다.
⑤ 3포트 2위치 수동 조작 밸브를 조작하여 속도제어 밸브에 의하여 단동 실린더의 속도가 제어되는지 확인한다.
⑥ [그림 5-6]의 회로도와 같이 모듈을 배치하여 배관하고, 실험을 반복한다.

5-3-3 검토보고

① 단동 실린더 속도제어회로의 적용 예를 알아본다.
② 속도제어 밸브의 구조, 원리 및 사용 방법을 설명한다.
③ 2개의 속도제어 밸브를 사용하여 단동 실린더의 전·후진 속도를 제어하기 위한 회로도를 작성하고, 그 동작 원리를 설명한다.

5-4 복동 실린더 속도제어회로1(속도제어 밸브 이용)

목 적	1. 속도제어 밸브를 이용한 복동 실린더의 속도제어 원리를 이해한다. 2. 복동 실린더 속도제어회로의 적용 예를 알아본다 3. 미터인 제어와 미터아웃 제어의 원리와 특성을 이해한다		
사용기재, 공구, 소모재료	**규 격**	**수 량**	**비 고**
복동 실린더		1	
수동 조작 밸브	5포트 2위치	1	
속도 제어 벨브		2	
공압 조정 모듈		1	
공압 분배기 모듈		1	
공압 튜브, 피팅	4ϕ	약간	

5-4-1 관련 지식

복동 실린더의 전·후진 속도를 제어하기 위하여 다음과 같이 속도제어 밸브를 이용하여 공급 공기나 배기 공기를 조절한다.

■ 동작 원리

1) 미터인 제어 방식

[그림 5-7]의 미터인 제어 방식은 실린더로 들어오는 공기를 조절하여 속도를 제어하는 방법이다. 그러나 이 방식은 실린더의 초기 운동시는 속도가 안정하지만 실린더의 배기 공기는 빨리 배기되고 실린더의 공급 공기는 교축되므로 피스톤 전진실과 후진실의 압력 균형이 깨어져 피스톤의 움직임이 불안정하여 좋은 속도제어 방법은 아니다. 이와 같은 미터인 제어는 체적이 작은 소형 실린더의 속도제어에 주로 적용된다.

특히 실린더에 인장 하중이 작용하는 경우에는 적용할 수 없다. 그리고 실린더를 수직으로 고정한 경우 하강방향의 실린더 속도 제어가 부하의 자중으로 낙하하므로 미터인 제어로는 사용할 수 없다.

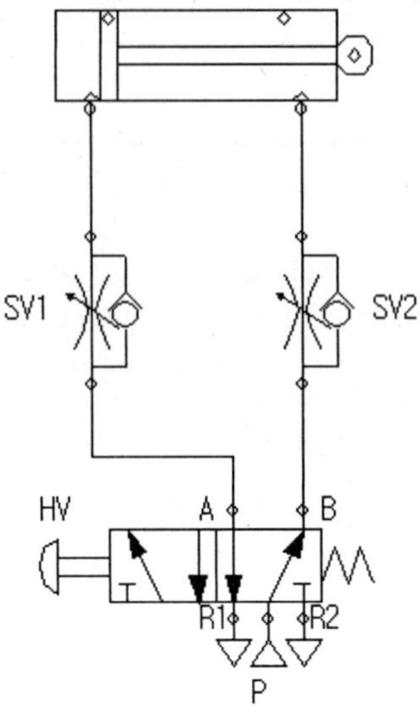

[그림 5-7] 미터인 제어회로

2) 미터 아웃 제어 방식

[그림 5-8]의 미터 아웃 제어 방식은 실린더에서 유출되는 배기 공기를 조절하여 속도를 제어하는 방법이다.

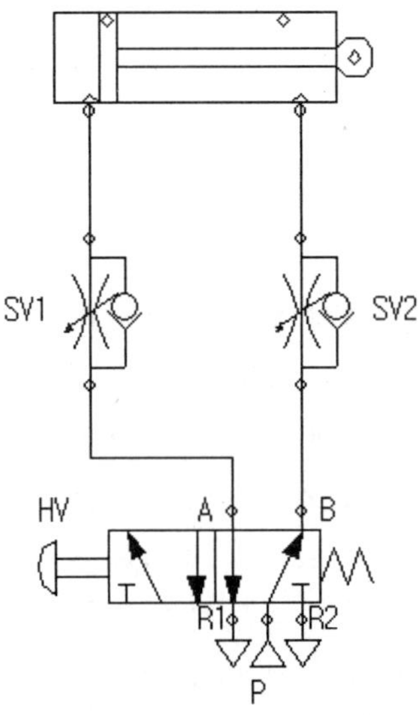

[그림 5-8] 미터아웃 제어회로

이 방식은 실린더의 초기 운동시는 힘이 평형을 이룰 때까지 약간의 동요가 발생되지만 그 후에는 하중에 관계없이 안정된 속도를 얻을 수 있어 실린더의 속도제어 방식으로 많이 이용된다. 이 방식에서 속도제어 밸브는 가능하면 실린더에 가깝게 설치하는 것이 속도의 안정에 좋다.

복동 실린더의 속도를 느리게 제어하는 방법에는 위의 두 가지 방법 외에도 [그림 5-9]의 회로도와 같이 방향제어 밸브의 배기 포트에 가변형 배기 교축 밸브를 설치하여 속도를 조절하는 방법도 있다.

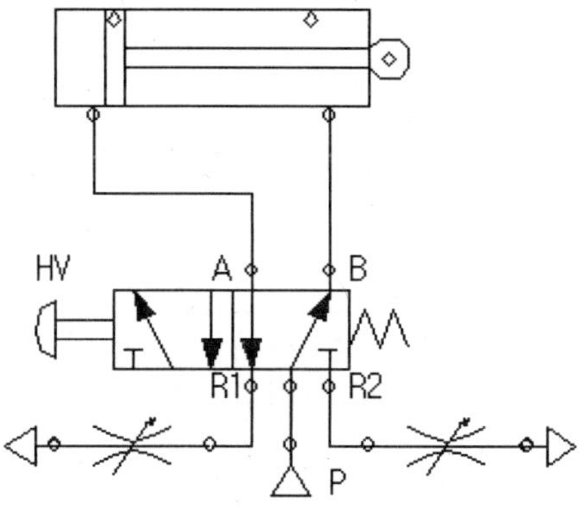

[그림 5-9] 배기 교축 밸브를 이용한 속도제어회로

이 방식에서 교축 밸브와 소음기를 일체화시킨 소음기 부착 배기 교축 밸브를 사용하면 공수가 절약되어 편리하지만 방향제어 밸브와 실린더간의 배관 직경이 크고 긴 경우에는 실린더가 배기하는 공기 용량에 비하여 배관부의 배기 용량이 많아지므로 속도가 불안정하게 된다.

5-4-2 실험순서 및 결과

① 실험목적을 이해하고 구성 모듈을 선택한다.

② 실습대에 압력원, 서비스 모듈, 5포트 2위치 수동 조작 밸브, 속도제어 밸브(2개), 복동 실린더 모듈을 배치한다.

③ [그림 5-7]의 회로도와 같이 배관을 하고, 속도제어 밸브의 조절기를 적절하게 조절한다.

④ 공압 분배기에 장착된 슬라이드 밸브를 on시켜 압축 공기를 공급한다.

⑤ 5포트 2위치 수동 조작 밸브를 조작하고 속도제어 밸브의 조절기를 조절하면서 복동 실린더의 전·후진 속도가 제어되는지 확인한다.
⑥ [그림 5-8]의 회로도와 같이 모듈을 배치하여 실험을 반복한다.

5-4-3 검토보고

① 복동 실린더 속도제어회로의 적용 예를 알아본다.
② 미터인 제어와 미터아웃 제어의 원리와 특성을 비교 설명한다.
③ [그림 5-9] 제어회로의 동작 결과를 설명한다.

5-5 복동 실린더 속도제어회로 2(급속 배기 밸브 이용)

목 적	1. 복동 실린더의 고속제어 원리를 이해한다 2. 복동 실린더 고속제어회로의 적용 예를 알아본다 3. 급속 배기 밸브의 구조 원리 및 사용 방법을 이해한다		
사용기재, 공구, 소모재료	규 격	수 량	비 고
복동 실린더		1	
수동 조작 밸브	5포트 2위치	1	
급속 배기 밸브		1	
공압 조정 모듈		1	
공압 분배기 모듈		1	
공압 튜브, 피팅	4ϕ	약간	

5-5-1 관련 지식

실린더의 속도제어회로에서 방향제어 밸브와 실린더 사이의 배관 길이가 긴 경우나 배관 직경이 가늘어 배기 저항이 큰 경우는 실린더 속도를 제어하기 어려우므로 실린더와 방향제어 밸브 중간에 급속 배기 밸브를 설치하여 실린더의 속도를 고속으로 제어할 수 있다.

즉 실린더 내의 공기를 급속 배기 밸브를 이용하여 배기하면 배관이나 방향제어 밸브의 저항을 받지 않으므로 실린더의 고속제어가 가능하다.

그러나 급속 배기 밸브를 사용하면 실린더 내의 공기가 급속하게 배기되어 배압에 의한 에어 쿠션이 작용하지 않게 되므로 장치나 기기의 손상 및 트러블의 원인이 된다. 따라서 외부 쿠션장치의 도입을 고려해야 한다.

■ 동작 원리

1) 전진속도 고속제어회로

[그림 5-10](a)는 복동 실린더의 전진속도 고속제어회로로 5포트 2위치 수동 조작 밸브 HV의 푸시버튼을 누르면 압축 공기가 급속배기 밸브 QE를 통하여 실린더에 공급되므로 실린더는 전진한다. 이때 배기는 급속 배기 밸브의 포트 EXH를 통하여 배기되므로 수동 조작 밸브 HV의 배기 포트 R2를 통하여 배기되는 경우보다 실린더의 전진 속도가 증가한다.

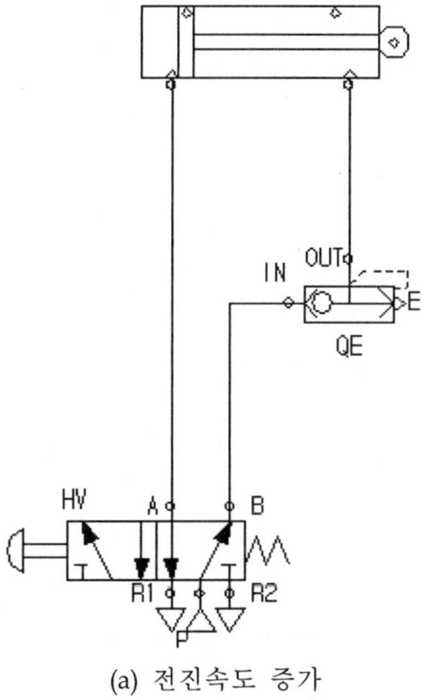

(a) 전진속도 증가

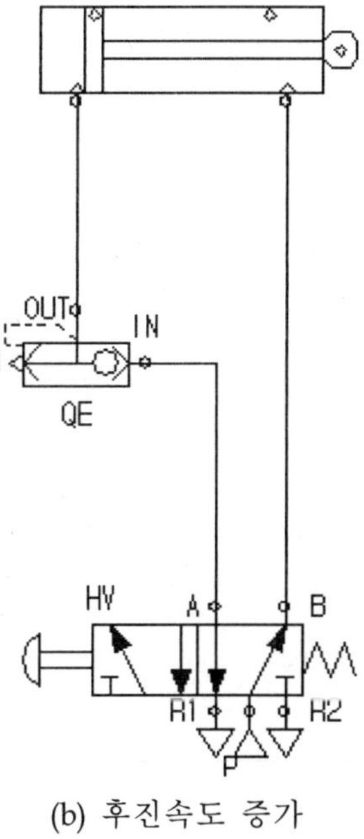

(b) 후진속도 증가

[그림 5-10] 고속 속도제어회로

2) 후진속도 고속제어회로

[그림 5-10](b)는 복동 실린더의 후진속도 고속제어회로로 5포트 2위치 수동 조작 밸브 HV의 푸시버튼을 누르면 압축 공기는 급속배기 밸브 QE

를 통하여 실린더에 공급되므로 실린더는 전진한다.

그리고 수동 조작 밸브 HV에서 손을 떼면 실린더가 후진하는데 이때 배기는 급속 배기 밸브의 포트 EXH을 통하여 배기되므로 수동 조작 밸브 HV의 배기 포트 R1를 통하여 배기되는 경우보다 실린더의 후진속도가 증가한다.

5-5-2 실험순서 및 결과

① 실험목적을 이해하고 구성 모듈을 선택한다.
② 실습대에 압력원, 서비스 모듈, 5포트 2위치 수동 조작 밸브, 급속 배기 밸브, 복동 실린더 모듈을 배치한다.
③ [그림 5-10](a)의 회로도와 같이 배관을 한다.
④ 공압 분배기에 장착된 슬라이드 밸브를 on시켜 압축 공기를 공급한다.
⑤ 5포트 2위치 수동 조작 밸브를 조작하여 급속 배기 밸브에 의하여 복동 실린더의 전진 속도가 증가되는지 확인한다.
⑥ [그림 5-10](b)의 회로도와 같이 배관을 하고 실험을 반복한다.

5-5-3 검토보고

① 복동 실린더 고속제어회로의 적용 예를 알아본다.
② 급속 배기 밸브의 구조·원리 및 사용 방법을 설명한다.
③ [그림 5-10]의 회로도를 참고하여 전진과 후진 속도를 고속으로 제어하는 회로를 작도하고 동작원리를 설명한다.

5-6 논리회로 1(AND 회로)

목 적	1. AND 회로의 기본 구성을 이해한다 2. AND 회로의 적용 예를 알아본다 3. 2압 밸브의 구조, 원리 및 사용 방법을 이해한다		
사용기재, 공구, 소모재료	**규 격**	**수 량**	**비 고**
복동 실린더		1	
수동 조작 밸브	3포트 2위치	2	
싱글 공압 조작 밸브	5포트 2위치	1	
2압 밸브		1	
공압 조정 모듈		1	
공압 분배기 모듈		1	
공압 튜브, 피팅	4ϕ	약간	

5-6-1 관련 지식

2개 이상의 입력신호를 가진 회로에서 모든 입력이 존재할 때에만 출력을 발생하는 회로를 AND 회로라 하며, 직렬회로 또는 동시조작회로라고 한다.

이와 같은 AND 회로는 주로 안전제어나, 연동제어, 검사 기능 등에 이용된다. 특히 프레스 장치 등에서 작업자의 손을 보호하기 위해 기동용 스위치를 2개 설치하고, 이 2개의 스위치를 두 손을 사용하여 조작할 때에만 프레스가 기동하므로 양수조작회로라고도 한다.

■ 동작 원리

1) 수동 조작 밸브 사용

[그림 5-11]은 3포트 2위치 수동 조작 밸브 HV1 및 HV2를 직렬로 설치한 AND 회로이며, 압축 공기에 대한 저항이 작고 경제적이지만 배관이 길어지고, HV2의 출력신호를 다른 신호와 연계하여 사용할 때 곤란하다.

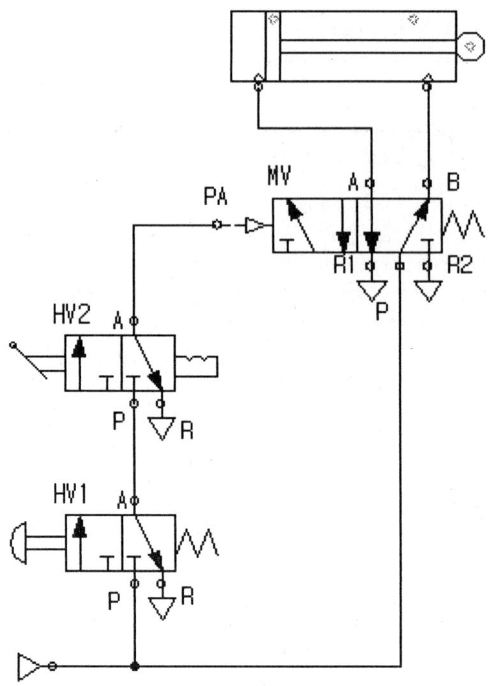

[그림 5-11] 수동 조작 밸브를 사용한 AND 회로

수동 조작 밸브 HV1 및 HV2가 동시에 on 되어야만 실린더가 전진하고, 수동 조작 밸브 HV1 및 HV2 중 어느 하나나 둘 모두 off이면 실린더는 전진하지 않는다.

2) 2압 밸브 사용

[그림 5-12]는 2압 밸브를 사용한 AND 회로이며, 공압원에서 직접 압축 공기가 공급되므로 다른 신호와 연계하여 사용할 수 있고 배관도 짧아지지만 압축 공기에 대한 저항이 커져 출력이 약하다.

3포트 2위치 수동 조작 밸브 HV1과 HV2를 병렬로 설치하고 각각의 신호를 2압 밸브로 받아 5포트 2위치 공압 조작 밸브 MV를 제어하여 실린더를 전·후진시키는 회로이다.

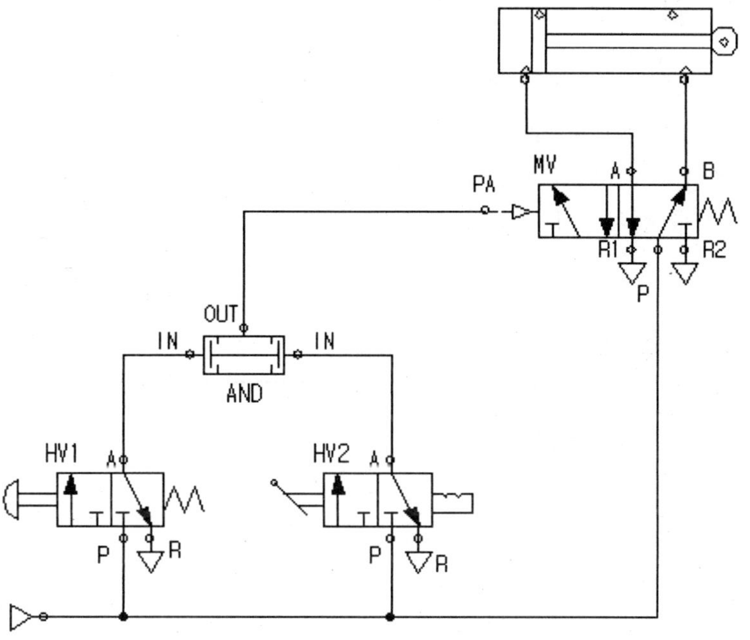

[그림 5-12] 2압 밸브를 사용한 AND 회로

5-6-2 실험순서 및 결과

① 실험목적을 이해하고, 구성 모듈을 선택한다.
② 실습대에 압력원, 서비스 모듈, 3포트 2위치 수동 조작 밸브(2개), 5포트 2위치 공압 조작 밸브, 복동 실린더 모듈을 배치한다.
③ [그림 5-11]의 회로도와 같이 배관을 한다.
④ 공압 분배기에 장착된 슬라이드 밸브를 on시켜 압축 공기를 공급한다.
⑤ 두 개의 3포트 2위치 수동 조작 밸브를 동시에 조작하여 5포트 2위치 공압 조작 밸브에 의하여 실린더가 전 · 후진하는지 확인한다.
⑥ [그림 5-12]의 회로도와 같이 압력원, 서비스 모듈, 3포트 2위치 수동 조작 밸브(2개), 2압(AND) 밸브, 5포트 2위치 공압 조작 밸브, 복동 실린더 모듈을 배치하여 배관한다.
⑦ 3포트 2위치 수동 조작 밸브를 동시에 조작하여 2압 밸브에 의하여 실린더가 전 · 후진하는지 확인한다.

5-6-3 검토 보고

① AND 회로의 적용 예를 알아본다.
② 2압 밸브의 구조, 원리 및 사용 방법을 설명한다.
③ [그림 5-12]의 회로에서 2압 밸브 대신에 3포트 2위치 공압 조작 밸브를 설치하여 실험하고, 원래 회로와 비교 설명한다.

5-7 논리회로 2(OR 회로)

목 적	1. OR 회로의 기본 구성을 이해한다 2. OR 회로의 적용 예를 알아본다 3. 셔틀 밸브의 구조, 원리 및 사용 방법을 이해한다		
사용기재, 공구, 소모재료	**규 격**	**수 량**	**비 고**
복동 실린더		1	
수동 조작 밸브	3포트 2위치	2	
싱글 공압 조작 밸브	5포트 2위치	2	
셔틀 (OR) 밸브		1	
공압 조정 모듈		1	
공압 분배기 모듈		1	
공압 튜브, 피팅	4ϕ	약간	

5-7-1 관련 지식

셔틀 밸브는 두 개의 입력 포트와 한 개의 출력 포트를 가진 밸브로서, 두 개의 입력 포트 중 어느 하나나 두 개 모두에 압력이 존재하면 출력 포트에 압축 공기가 나오는 OR 기능의 밸브로 두 개의 체크 밸브를 조합한 구조이므로 더블 체크 밸브라고도 한다.

2개 이상의 입력신호를 가진 회로에서 어느 하나나 그 이상의 입력신호가 존재하면 출력이 나오는 회로를 OR 회로라 하며, 이와 같은 OR 회로는 수동·자동의 선택회로나 원격 조작 등 독립된 위치에서 각각 조작하는 회로에 이용된다.

[그림 5-13]은 셔틀 밸브를 사용한 OR 회로로 3포트 2위치 수동 조작 밸브 HV1과 HV2를 병렬로 설치하고 각각의 신호를 셔틀 밸브로 받아 5포트 2위치 공압 조작 제어 밸브 MV를 제어하여 실린더를 전·후진시키는 회로이다. 만약 이 회로에서 셔틀 밸브가 없으면 압축 공기는 다른 밸브를 통하여 배기된다. 그리고 OR회로에 셔틀 밸브를 사용하지 않고 일반 밸브를 병렬로 사용하면 한 쪽 밸브가 작동할 때 작동되지 않는 다른 쪽 밸브를 통하여 압축 공기가 배기되므로 완전한 제어가 불가능하다.

■ 동작 원리

3포트 2위치 수동 조작 밸브 HV1이 on되면 압축 공기는 셔틀 밸브의 좌측 입력 포트 IN으로 들어가 출력 포트 OUT으로 나와 공압 조작 밸브 MV의 제어 포트 PA에 가해져 실린더를 전진시킨다.

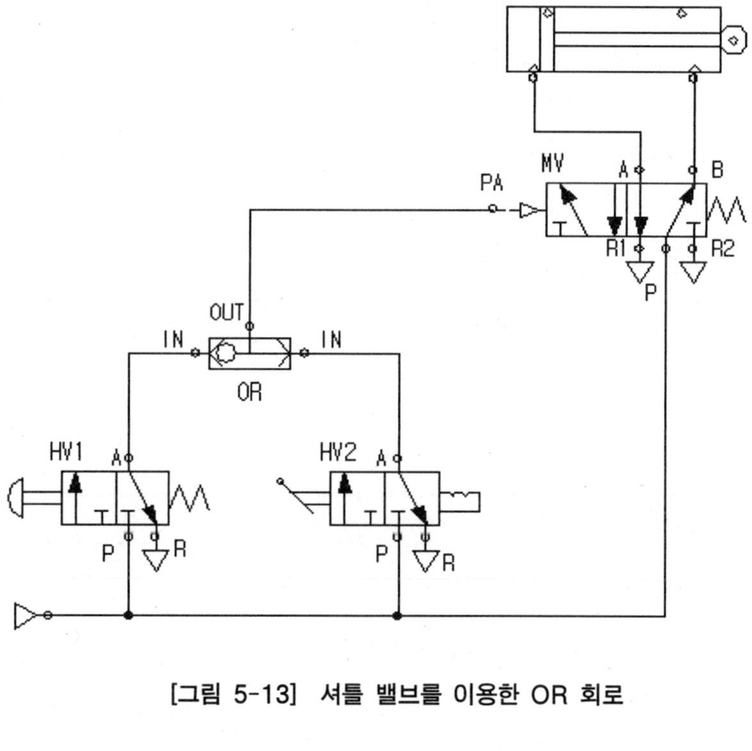

[그림 5-13] 셔틀 밸브를 이용한 OR 회로

또한 수동 조작 밸브 HV2가 on되어도 셔틀 밸브의 우측 입력 포트 IN으로 들어가 출력 포트 OUT으로 나와 제어 포트 PA에 가해져 공압 조작 밸브 MV의 제어 위치가 전환되고 그 결과 실린더가 전진한다.

5-7-2 실험순서 및 결과

① 실험목적을 이해하고 구성 모듈을 선택한다.
② 실습대에 압력원, 서비스 모듈, 3포트 2위치 수동 조작 밸브(2개), 셔틀(OR) 밸브, 5포트 2위치 공압 조작 밸브, 복동 실린더 모듈을 배치한다.
③ [그림 5-13]의 회로도와 같이 배관을 한다.
④ 공압 분배기에 장착된 슬라이드 밸브를 on시켜 압축 공기를 공급한다.
⑤ 두 개의 3포트 2위치 수동 조작 밸브를 교대로 조작하여 5포트 2위치 공압 조작 밸브에 의하여 실린더가 전·후진하는지 확인한다.

5-7-3 검토보고

① OR 회로의 적용 예를 알아본다.
② 셔틀 밸브의 구조, 원리 및 사용 방법을 설명한다.
③ 4개의 신호를 한 개의 출력 포트로 전달하기 위한 회로를 작도하고 설명한다. 참고로 필요한 밸브 수는 신호 개수보다 하나 작다.

5-8 논리회로 3(NOT 회로)

목 적	1. NOT 회로의 기본 구성을 이해한다 2. NOT 회로의 적용 예를 알아본다 3. 3포트 2위치 롤러 레버 밸브의 구조 원리 및 사용 방법을 이해한다.		
사용기재, 공구, 소모재료	규 격	수 량	비 고
복동 실린더		1	
롤러 레버 밸브	3포트 2위치	1	
싱글 공압 조작 밸브	3포트 2위치(NO)	1	
수동 조작 밸브	5포트 2위치	1	
충격방출기		1	
공압 조정 모듈		1	
공압 분배기 모듈		1	
공압 튜브, 피팅	4ϕ	약간	

5-8-1 관련 지식

입력이 1개이고, 출력이 1개인 회로에서 초기상태에서는 출력이 존재하나 신호가 입력되면 출력이 소멸되는 회로를 NOT 회로라 한다. 즉 [그림 5-14]와 같이 제어신호 Z가 없으면 출력신호 A가 존재하고, 제어신호 Z가 존재하면 출력신호 A가 없어진다. 이와 같이 NOT 회로는 정상상태 열림형 밸브를 이용한다.

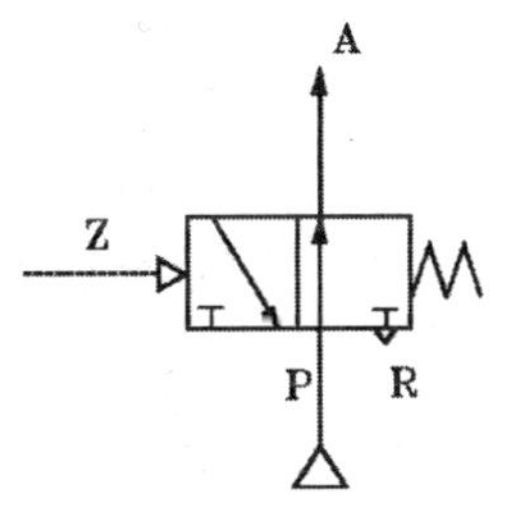

[그림 5-14] NOT 회로

[그림 5-15]는 공압 프레스 기계에서 많이 이용되는 NOT 회로의 응용 예이다. 얇은 판재의 제품은 블랭킹 후 제품 제거가 곤란하며, 이때는 압축공기의 분출류를 이용하여 금형으로부터 제품을 제거하는 방법이 이용되는데 이때 사용되는 공압기기가 충격 방출기(impulse ejector)이다.

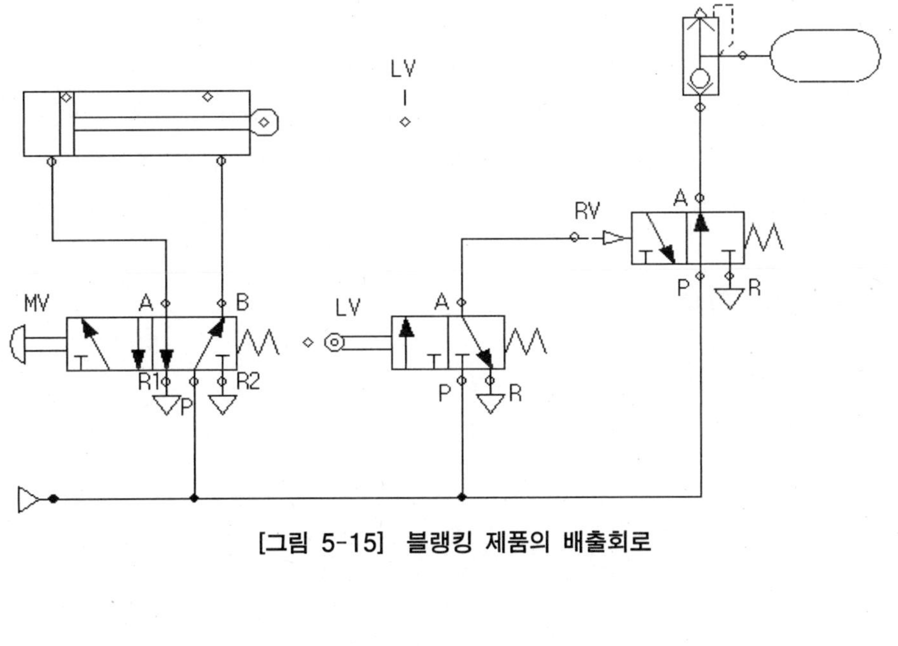

[그림 5-15] 블랭킹 제품의 배출회로

공압 프레스를 사용하여 블랭킹 작업을 한다. 기동 버튼을 누르면 공압 프레스가 조작되며, 작업종료 후 상승 공정에서 공압 충격 방출기를 조작시켜 제품을 배출시켜야 한다.

■ 동작 원리

수동 조작 조작 밸브 HV를 on시키면 실린더가 전진(하강)하여 제품을 블랭킹한다. 이때 공압 조작 밸브 MV는 NOT 회로이므로 압축 공기를 충격 방출기의 탱크에 축적한다. 그리고 작업 종료 후 상승 공정에서 실린더가 롤러 레버 밸브 LV를 on시키면 공압 조작 밸브 MV의 제어 포트 Z에 신호가 가해진다.

따라서 공압 조작 밸브 MV의 출력 포트 A에 신호가 소멸되므로 충격 방출기의 급속 배기 밸브가 조작되어 탱크 내에 축적되었던 압축 공기를 노즐을 통하여 순간적으로 배기되고 이 분출류에 의하여 금형으로부터 제품이 제거된다.

5-8-2 실험순서 및 결과

① 실험목적을 이해하고 구성 모듈을 선택한다.
② 실습대에 압력원, 서비스 모듈, 3포트 2위치 롤러 레버 밸브, 3포트 2위치 공압 조작 밸브, 충격방출기, 축압기, 5포트 2위치 수동 조작 밸브, 복동 실린더 모듈을 배치한다.
③ [그림 5-15]의 회로도와 같이 배관을 한다.
④ 공압 분배기에 장착된 슬라이드 밸브를 on시켜 압축 공기를 공급한다.
⑤ 5포트 2위치 수동 조작 밸브를 조작하여 공압 프레스가 조작되는지 확인한다.

5-8-3 검토 보고

① NOT 회로의 적용 예를 알아본다.
② 3포트 2위치 롤러 레버 밸브의 구조, 원리 및 사용 방법을 설명한다.

5-9 논리회로 4(Filp-Flop 기억회로)

목 적	1. 메모리 회로의 기본 구성을 이해한다 2. 메모리 회로의 적용 예를 알아본다 3. 마스터 밸브의 구조, 원리 및 사용 방법을 이해한다		
사용기재, 공구, 소모재료	**규 격**	**수 량**	**비 고**
복동 실린더		1	
수동 조작 밸브	3포트 2위치	2	
더블 공압 조작 밸브	5포트 2위치	1	메모리 밸브
공압 조정 모듈		1	
공압 분배기 모듈		1	
공압 튜브, 피팅	4ϕ	약간	

5-9-1 관련 지식

안정된 2개의 출력을 가진 회로에서 입력된 신호를 기억시켜 그 상태를 유지하는 회로를 플립플롭 회로라 한다. 즉 on(셋) 신호가 입력되면 출력이 전환되고, 그 신호가 없어져도 off(리셋) 신호가 입력될 때까지는 그 출력 상태가 유지되는 회로를 말하며, 이 플립플롭 회로를 기억회로(memory)라고도 한다.

공압회로에서 이 기능에 적합한 것은 양방향 공압 조작형의 마스터 밸브이고 이것을 응용한 회로가 [그림 5-16]이다.

■ 동작 원리

수동 조작 밸브 HV1이 on(셋)되면 마스터 밸브 MV의 제어 위치가 전환되고 그 결과 실린더가 전진한다. 실린더의 전진 상태는 수동 조작 밸브 HV2가 on(리셋)될 때까지 그 상태를 유지하다가 수동 조작 밸브 HV2가 on 되면 비로소 실린더가 후진한다.

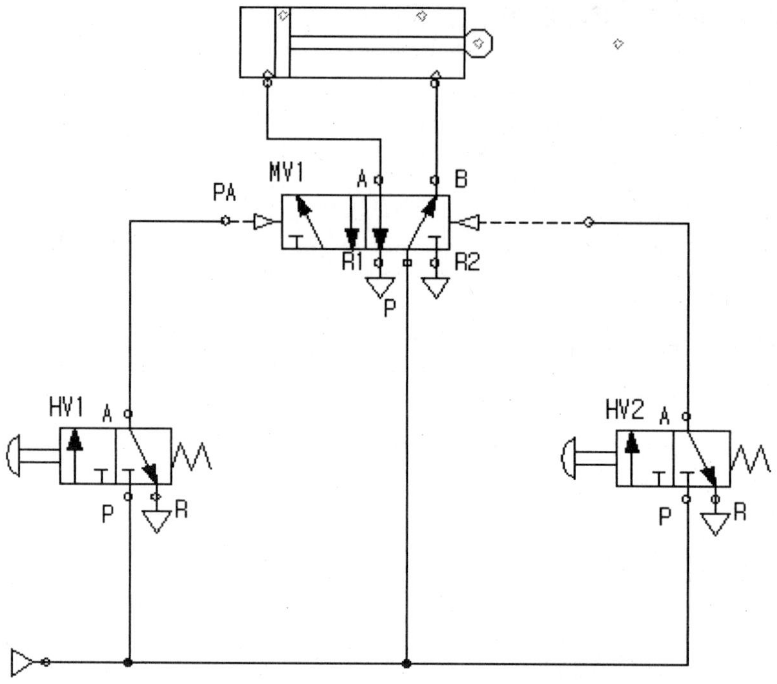

[그림 5-16] 복동 실린더의 전 · 후진회로

5-9-2 실험순서 및 결과

① 실험목적을 이해하고 구성 모듈을 선택한다.
② 실습대에 압력원, 서비스 모듈, 3포트 2위치 수동 조작 밸브, 5포트 2위치 공압 조작 밸브, 복동 실린더 모듈을 배치한다.
③ [그림 5-16]의 회로도와 같이 배관을 한다.
④ 공압 분배기에 장착된 슬라이드 밸브를 on시켜 압축 공기를 공급한다.
⑤ 3포트 2위치 수동 조작 밸브 HV1을 on(셋)시키면 실린더가 전진하여 그 상태를 유지하다가 3포트 2위치 수동 조작 밸브 HV2를 on(리셋)시키면 실린더가 후진하는지 확인한다.

5-9-3 검토 보고

① 메모리 회로의 적용 예를 알아본다.
② 양방향 마스터 밸브의 구조, 원리 및 사용 방법을 설명한다.

5-10 자동 왕복제어회로 1(롤러 레버 밸브 이용)

목 적	1. 복동 실린더의 자동 왕복제어 원리를 이해한다. 2. 복동 실린더의 자동 왕복제어회로의 적용 예를 알아본다.		
사용기재, 공구, 소모재료	규 격	수 량	비 고
복동 실린더		1	
수동 조작 밸브	3포트 2위치	1	
롤러 레버 밸브	3포트 2위치	2	양방향
더블 공압 조작 밸브	5포트 2위치	1	
공압 조정 모듈		1	
공압 분배기 모듈		1	
공압 튜브, 피팅	4ϕ	약간	

5-10-1 관련 지식

복동 실린더가 푸시버튼 조작 밸브를 on시키면 전진하고, 전진 도중에 푸시버튼 조작 밸브가 off되어도 전진 끝단까지 전진한다. 전진이 완료되면 기계조작 밸브에 의하여 자동적으로 후진되어야 한다.

일반적인 회로에서는 실린더가 전진 끝단까지 도달되면 복귀되어야 하고, 복귀시키는 방법에는 수동적인 방법과 자동적인 방법이 있다.

자동적인 방법에는 시간지연 밸브를 이용하여 설정된 시간 후에 복귀시키는 방법, 압력제어 밸브를 이용하여 피스톤실 내의 압력이 일정치에 도달되면 밸브를 on시켜 복귀시키는 방법과 전진 끝단을 기계적으로 검출하여 복귀시키는 방법 등이 있다. 그러나 [그림 5-17]과 같이 실린더의 전진 끝단에 롤러 레버 밸브 LV를 설치하고 실린더 로드 끝의 도그에 의하여 이 밸브를 on시켜 자동적으로 후진시키는 회로가 많이 이용된다.

롤러 레버 밸브는 피스톤 전진 완료 위치나 후진 완료 위치에 배치하며, 롤러 레버 밸브는 신호를 검출하는 입력요소이므로 회로도에서는 제어요소 아래에 작도한다. 그리고 롤러 레버 밸브 실제 위치는 짧은 수직선으로 회로도에 작도한다.

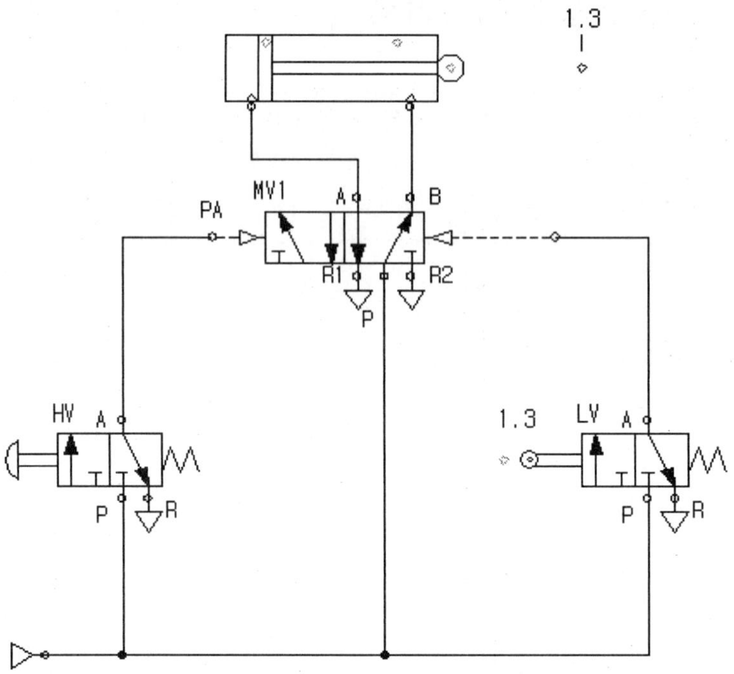

[그림 5-17] 복동 실린더의 자동 왕복제어회로

■ 동작 원리

수동 조작 밸브 HV를 on시키면 실린더가 전진한다. 실린더가 전진 도중에 수동 조작 밸브 HV의 푸시버튼에서 손을 떼어도 실린더는 전진 끝단까지 도달되어 3포트 2위치 롤러 레버 밸브 LV를 on시키면 자동적으로 후진한다.

5-10-2 실험순서 및 결과

① 실험목적을 이해하고 구성 모듈을 선택한다.
② 실습대에 압력원, 서비스 모듈, 3포트 2위치 수동 조작 밸브, 3포트 2위치 롤러 레버 밸브, 5포트 2위치 공압 조작 밸브, 복동 실린더 모듈을 배치한다.
③ [그림 5-17]의 회로도와 같이 배관을 한다.
④ 공압 분배기에 장착된 슬라이드 밸브를 on시켜 압축 공기를 공급한다.

⑤ 3포트 2위치 수동 조작 밸브를 조작하여 복동 실린더가 전진과 후진을 반복하는지 확인한다.

5-10-3 검토 보고

① 복동 실린더의 자동 왕복제어회로의 적용 예를 알아본다.
② [그림 5-17]에서 롤러 레버 밸브의 작용을 설명한다.

5-11 자동 왕복제어회로 2(시간지연 밸브 이용)

목 적	1. 복동 실린더의 시간제어회로의 원리를 이해한다 2. 복동 실린더의 시간제어회로의 적용 예를 알아본다 3. 시간지연 밸브의 구조, 원리 및 사용 방법을 이해한다		
사용기재, 공구, 소모재료	규 격	수 량	비 고
복동 실린더		1	
수동 조작 밸브	3포트 2위치	1	
더블 공압 조작 밸브	5포트 2위치	1	
시간 지연 밸브	정상상태 닫힘형	1	
공압 조정 모듈		1	
공압 분배기 모듈		1	
공압 튜브, 피팅	4ϕ	약간	

5-11-1 관련 지식

[그림 5-18]은 ON-DELAY형의 시간지연 밸브 TV를 이용한 시간지연회로이다. 전기회로에서 타이머 회로와 같이 신호가 입력되고, 미리 설정된 시간 후에 출력이 나오는 회로를 시간지연회로라 하고, 공압에서는 시간지연 밸브를 이용한다.

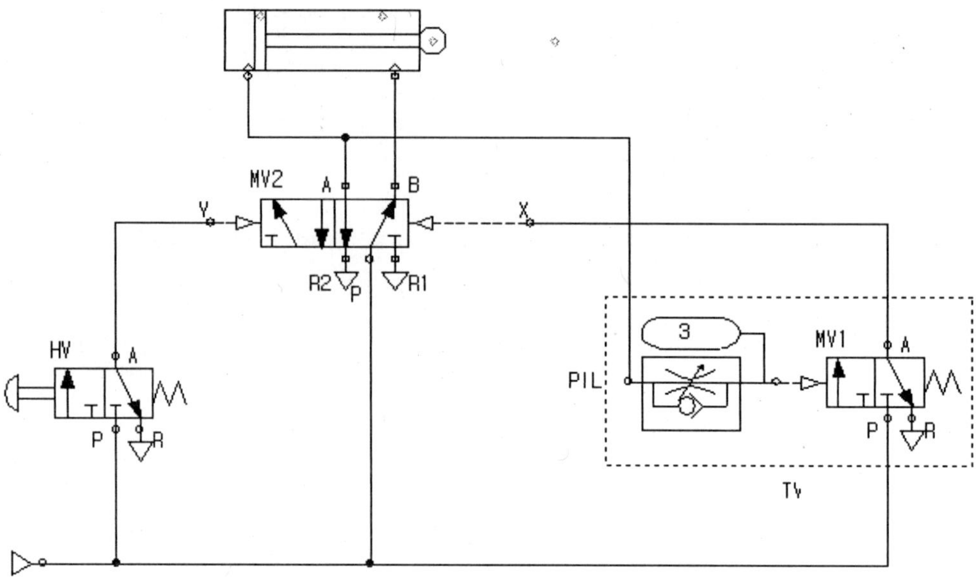

[그림 5-18] 일정시간 정지 후 복귀하는 회로

■ 동작 원리

수동 조작 밸브 HV를 on시키면 실린더가 전진한다. 동시에 압축 공기의 일부는 시간지연 밸브를 들어가 일정시간 후에 수동 조작 밸브 HV가 on되어 마스터 밸브 MV의 제어 위치가 전환되고, 그 결과 실린더가 후진한다.

이와 같이 입력이 가해지고 일정 시간 후에 출력이 나오는 회로를 on시간지연(on time delay) 회로라 하고, 이때 사용되는 밸브를 on 딜레이 밸브라 부른다.

반대로 입력이 가해지면 동시에 출력이 나오고 일정시간 경과 후에 출력이 소멸되는 회로를 off 시간지연(off time delay) 회로라 하고, 이때 사용되는 밸브를 off 딜레이 밸브라고 한다.

이 양자의 차이점은 시간지연 밸브의 구성요소에서 3포트 2위치 밸브가 정상상태 열림형, 또는 닫힘형에 따라 달라진다.

[그림 5-18]과 [그림 5-19]는 정상상태 닫힘형 시간지연 밸브를 사용한 회로의 예이다. 한편 [그림 5-18]의 회로는 부하에 따라 실린더의 속도가 변화되는데 비하여 실린더가 전진하는 시점에서부터 시간지연 밸브 TV가 동작하므로 실린더가 전진 끝단에 도달된 후 정확한 시간 설정 후에 복귀시키는 것은 어렵다.

따라서 이와 같은 단점을 해결하기 위하여 [그림 5-19]와 같이 실린더가 전진 끝단에 도달된 후부터 시간지연 밸브가 동작하도록 롤러 레버 밸브를 사용하여 회로를 구성하면 시간지연 밸브에 설정된 제어시간이 지나 밸브 HV의 제어 위치가 전환되고 피스톤이 복귀한다.

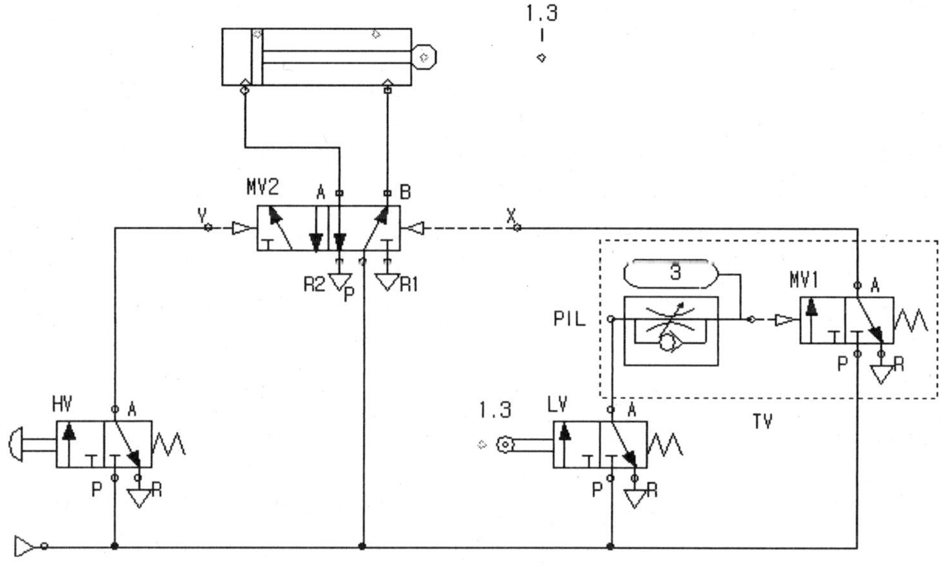

[그림 5-19] 일정시간 정지 후 복귀하는 개선된 회로

5-11-2 실험순서 및 결과

① 실험목적을 이해하고 구성 모듈을 선택한다.

② 실습대에 압력원, 서비스 모듈, 3포트 2위치 수동 조작 밸브, 시간지연 밸브, 5포트 2위치 공압 조작 밸브, 복동 실린더 모듈을 배치한다.

③ [그림 5-18]의 회로도와 같이 배관을 하고, 시간지연 밸브의 조절기를 적절하게 조절한다.

④ 공압 분배기에 장착된 슬라이드 밸브를 on시켜 압축 공기를 공급한다.

⑤ 3포트 2위치 수동 조작 밸브를 조작하여 복동 실린더가 전진 운동을 하고 설정한 시간 후에 자동적으로 후진하는지 확인한다.

⑥ [그림 5-19]의 회로도와 같이 3포트 2위치 롤러 레버 조작 밸브를 추가하여 실험을 반복하고, [그림 5-18]의 회로도 결과와 비교 검토한다.

5-11-3 검토 보고

① 복동 실린더의 시간제어회로의 적용 예를 알아본다.
② 시간지연 밸브의 구조, 원리 및 사용 방법을 설명한다.
③ [그림 5-19]의 회로를 정상상태 열림형 시간지연 밸브를 사용한 회로로 변환하고 설명한다.

5-12 자동 왕복제어회로 3(압력제어 밸브 이용)

목 적	1. 복동 실린더의 압력제어회로 원리를 이해한다 2. 복동 실린더 압력제어회로의 적용 예를 알아본다 3. 압력 제어 밸브의 구조, 원리 및 사용 방법을 이해한다

사용기재, 공구, 소모재료	규 격	수 량	비 고
복동 실린더		1	
수동 조작 밸브	3포트 2위치	1	
더블 공압 조작 밸브	5포트 2위치	1	
압력 제어 밸브		1	
압력계		1	
공압 조정 모듈		1	
공압 분배기 모듈		1	
공압 튜브, 피팅	4ϕ	약간	

5-12-1 관련 지식

압력제어 밸브는 설정된 압력 이상이 되어야만 밸브가 조작되는 안전 밸브의 일종으로 공압에서는 실린더가 전진하여 일정 이상의 힘(압력)으로 가압한 후 복귀하는 회로나 압력신호에 의한 순차조작(시퀀스) 회로에 이용된다.

그러나 압력제어 밸브 자체에는 배기 포트가 없으므로 실제로는 3포트 2위치 공압조작 밸브와 연결하여 사용하며, [그림 5-20]은 압력제어 밸브의 기호를 나타낸 것이다.

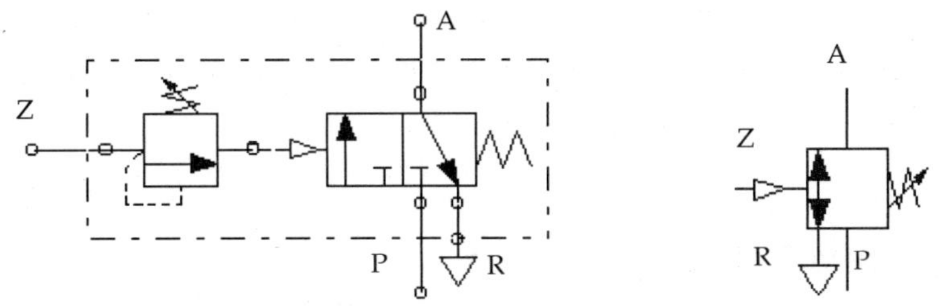

(a) 본래 기호 (b) 간략 기호

[그림 5-20] 압력제어 밸브

■ 동작 원리

[그림 5-21]은 압력제어 밸브를 이용한 자동 왕복제어회로이며, 3포트 2위치 수동 조작 밸브 HV를 on시키면 실린더가 전진한다. 후진은 실린더 전진실의 압력이 시퀀스 밸브에 설정된 압력까지 상승되어야만 압력제어 밸브 MV2가 on되어 5포트 2위치 공압 조작 밸브 MV1이 복귀되고 실린더가 후진된다.

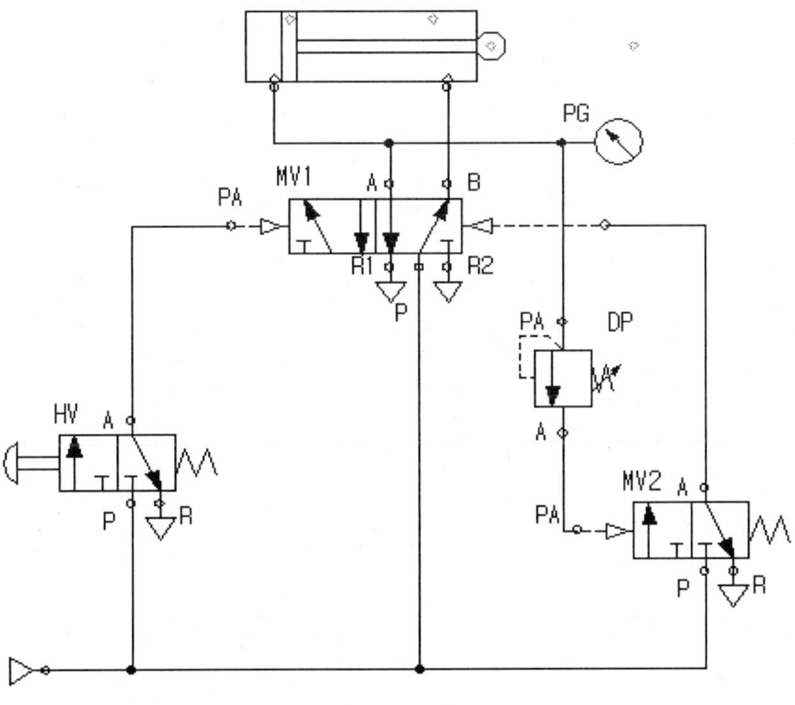

[그림 5-21] 압력제어회로

따라서 이러한 형식의 제어는 작동의 신뢰성이 요구되지 않거나 롤러 레버 밸브를 사용할 수 없는 곳 또는 특별한 반발력이 발생하면 실린더가 후진할 필요가 있는 곳에 사용한다.

5-12-2 실험순서 및 결과

① 실험목적을 이해하고 구성 모듈을 선택한다.

② 실습대에 압력원, 서비스 모듈, 3포트 2위치 수동 조작 밸브, 압력제어 밸브(시퀀스 밸브), 압력계, 5포트 2위치 공압 조작 밸브, 복동 실린더 모듈을 배치한다.

③ [그림 5-21]의 회로도와 같이 배관을 하고, 압력제어 밸브의 조절기를 1/2정도 개방한다.

④ 공압 분배기에 장착된 슬라이드 밸브를 on시켜 압축 공기를 공급한다.

⑤ 3포트 2위치 수동 조작 밸브를 조작하여 피스톤이 전진하고 전진실 압력이 시퀀스 밸브에 설정된 압력까지 상승되었을 때 압력 조작 시퀀스 밸브가 on되는지 확인한다. 이때 피스톤이 전진하지 않으면 압력제어 밸브의 조절기를 적절하게 개방한다.

5-12-3 검토 보고

① 복동 실린더 압력제어회로의 적용 예를 알아본다.

② 압력제어 밸브의 구조, 원리 및 사용 방법을 설명한다.

③ 리밋 스위치에 의하여 실린더 전진 완료를 확인하고, 실린더 피스톤 압력이 시퀀스 밸브의 설정 압력 이상이 되면 후진하는 압력제어 방법을 설명한다.

5-13 연속 왕복제어회로

목 적	1. 복동 실린더의 연속 왕복제어 원리를 이해한다 2. 복동 실린더의 연속 왕복제어회로의 적용 예를 알아본다 3. 디텐트 밸브의 구조, 원리 및 사용 방법을 이해한다		
사용기재, 공구, 소모재료	규 격	수 량	비 고
복동 실린더		1	
수동 조작 밸브	3포트 2위치	1	유지형
롤러 레버 밸브	3포트 2위치	2	양방향
더블 공압 조작 밸브	5포트 2위치	1	
공압 조정 모듈		1	
공압 분배기 모듈		1	
공압 튜브, 피팅	4ϕ	약간	

5-13-1 관련 지식

복동 실린더가 수동 조작 밸브를 on시키면 연속적으로 왕복 조작되어야 하고 수동 조작 밸브를 off시키면 후진된 상태에서 정지해야 한다.

■ 동작 원리

[그림 5-22]는 복동 실린더의 정상상태 연속 왕복조작 회로로 HV는 3포트 2위치 수동 조작 디텐트 밸브이다. 초기상태에서 디텐트 밸브 HV를 on시키면 압축 공기는 디텐트 밸브 HV의 출력 포트 A로 나와 롤러 레버 밸브 LV1의 입력 포트 P로 들어가 출력 포트 A로 나와 5포트 2위치 공압 조작 밸브 MV의 제어 포트 Z에 가해져 이 밸브의 제어 위치가 전환되고, 그 결과 실린더가 전진한다.

실린더가 전진하기 시작하면 롤러 레버 밸브 LV1이 실린더 도그로부터 떨어져 off되나 5포트 2위치 공압 조작 밸브가 메모리 밸브이므로 실린더는 전진을 계속한다.

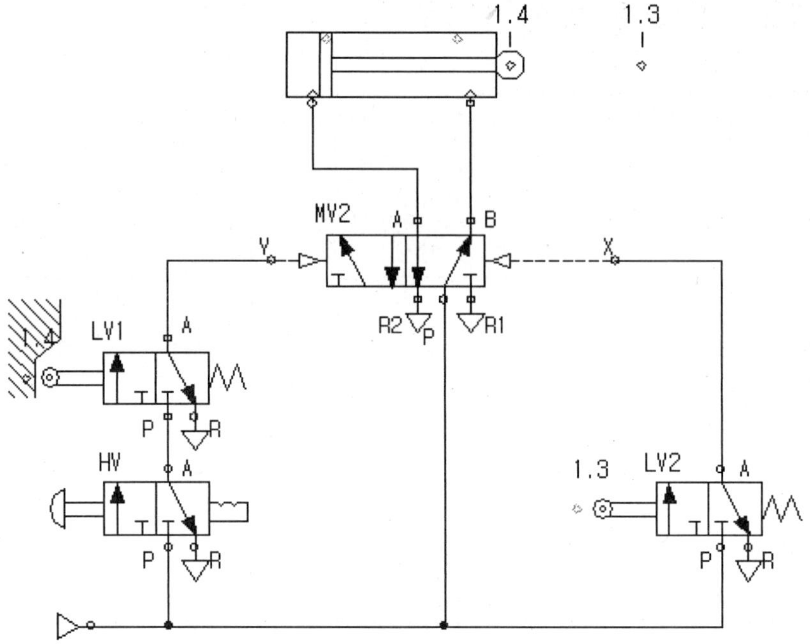

[그림 5-22] 복동 실린더의 연속 왕복제어회로

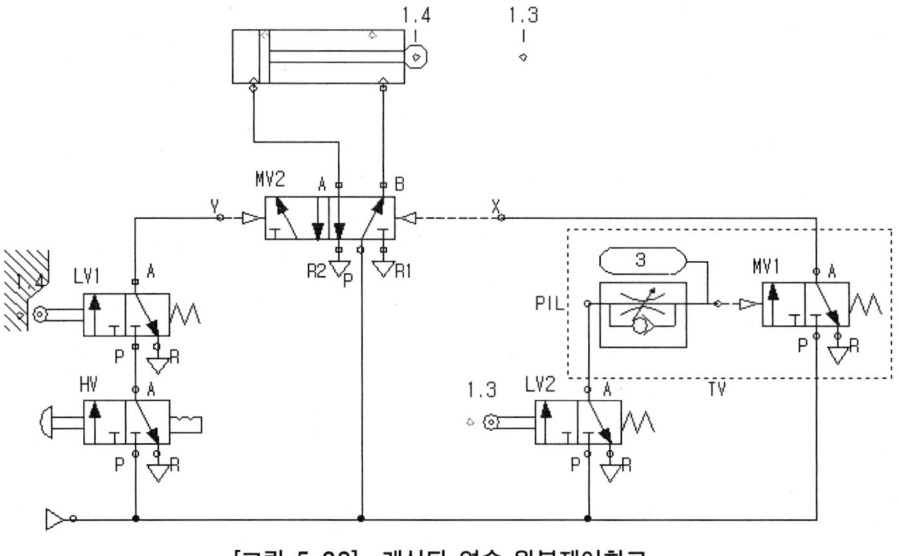

[그림 5-23] 개선된 연속 왕복제어회로

실린더가 전진 완료되어 피스톤 로드 끝단에 설치된 도그가 롤러 레버 밸브 LV2를 on시키면 다시 공압 조작 밸브 MV의 제어 위치가 전환되고 그 결과 실린더가 후진한다. 실린더는 이와 같은 동작을 디텐트 밸브 HV를 off시킬 때까지 연속적으로 반복한다. 그러나 [그림 5-23]과 같이 실린더가 전진 끝단에 도달된 후부터 시간지연 밸브가 동작하도록 롤러 레버 밸브를 사용하여 회로를 구성하면 시간지연 밸브에 설정된 제어시간이 지나 공압 조작 밸브 MV의 제어 위치가 전환되고 그 결과 실린더가 후진한다.

5-13-2 실험순서 및 결과

① 실험목적을 이해하고 구성 모듈을 선택한다.
② 실습대에 압력원, 서비스 모듈, 3포트 2위치 수동 조작 밸브, 3포트 2위치 롤러 레버 밸브, 5포트 2위치 공압 조작 밸브, 복동 실린더 모듈을 배치한다.
③ [그림 5-22]의 회로도와 같이 배관을 한다.
④ 공압 분배기에 장착된 슬라이드 밸브를 on시켜 압축 공기를 공급한다.
⑤ 3포트 2위치 수동 조작 밸브를 on시키면 복동 실린더가 연속적으로 왕복 조작을 하는지, off시키면 후진된 상태에서 정지하는지 확인한다.
⑥ [그림 5-23]의 회로도와 같이 시간지연 밸브를 추가하여 실험을 반복하고, [그림 5-22]의 회로도 결과와 비교 검토한다.

5-13-3 검토 보고

① 복동 실린더의 연속 왕복제어회로의 적용 예를 알아본다.
② 디텐트 밸브의 구조, 원리 및 사용 방법을 설명한다.

5-14 공압 센서 회로

목 적	1. 공압 센서를 이용한 복동 실린더의 제어 원리를 이해한다. 2. 공압 센서 응용회로의 적용 예를 알아본다. 3. 공압 센서 및 압력 증폭 밸브의 구조·원리 및 사용 방법을 이해한다.		
사용기재, 공구, 소모재료	**규 격**	**수 량**	**비 고**
복동 실린더		1	
롤러 레버 밸브	3포트 2위치	1	양방향
싱글 공압 조작 밸브	5포트 2위치	1	
압력 조절 밸브	저압용	1	
압력 증폭 밸브(반향감지기)		1	
공압 센서		1	
공압 조정 모듈		1	
공압 분배기 모듈		1	
공압 튜브, 피팅	4ϕ	약간	

5-14-1 관련 지식

공압 센서는 비접촉형의 검출 센서로 저압 공압 방식의 회로에서 반도체형의 비접촉 센서 대신에 종종 사용되고 있다. 특히 공압 센서는 검출 거리가 짧고 구조가 간단하므로 소형으로 할 수 있고, 장치나 금형의 일부에 가공하여 센서 대신에 이용하기도 하므로 기계나 장치를 콤팩트화할 수 있는 이점이 있다.

[그림 5-24]는 분사 노즐과 수신 리시버가 일체로 된 구조로 된 반사형 공압 센서의 응용회로이며, 분사 노즐을 통하여 공기가 분사되면 수신 리시버는 대기압보다 낮은 상태가 된다. 그러나 검출 물체가 접근되어 분사되는 공기가 방해를 받으면 수신 리시버에 배압이 형성되어 검출 신호를 발생시키는 것이다.

이와 같이 공압 센서는 분사 노즐을 통하여 계속적으로 압축 공기를 분사하므로 압축 공기의 손실이 많게 되므로 보통 저압(0.1~0.3[kgf/cm^2])을 사용하며, 경우에 따라서는 신호가 있을 가능성이 있을 때에만 압축 공기를 공급하는 대책을 세워 압축 공기의 손실을 줄여야 한다.

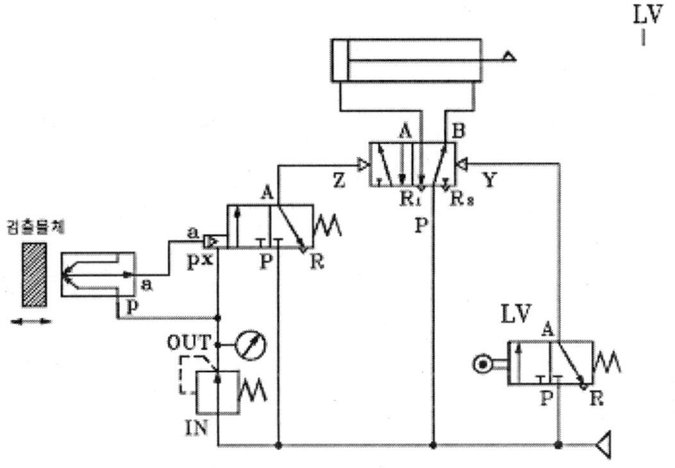

[그림 5-24] 공압 센서 회로

5-14-2 실험순서 및 결과

① 실험목적을 이해하고 구성 모듈을 선택한다.

② 실습대에 압력원, 서비스 모듈, 저압용 압력조절 밸브, 공압 센서, 압력 증폭 밸브, 3포트 2위치 롤러 레버 밸브, 5포트 2위치 공압 조작 밸브, 복동 실린더 모듈을 배치한다.

③ [그림 5-24]의 회로도와 같이 배관을 한다.

④ 공압 분배기에 장착된 슬라이드 밸브를 on시켜 압축 공기를 공급한다.

⑤ 검출 물체가 공압 센서로 접근했을 때 센서에 공작물이 검출되어 복동 실린더를 전진시키는지, 또한 기계 끝단에 설치된 리밋 밸브가 on되면 복동 실린더는 후진하는지 확인한다.

5-14-3 검토 보고

① 공압 센서 응용회로의 적용 예를 알아본다.

② 공압 센서 및 압력 증폭 밸브의 구조, 원리 및 사용 방법을 설명한다.

CHAPTER 06 전 기 제 어

6-1 스위치의 사용법

목 적	1. 전기 시퀀스 회로 구성을 이해한다 2. 수동 조작 스위치의 구조, 원리 및 사용 방법을 이해한다 3. 검출 스위치의 구조, 원리 및 사용 방법을 이해한다		
사용기재, 공구, 소모재료	규 격	수 량	비 고
푸시버튼 스위치	유지 접점	1 set	
리밋 스위치	양방향	1개	
근접 스위치	유도형 정전형	각 1 개	PNP, NPN
광전 스위치	반사형	1 개	NPN
표시등		1 set	
직류전원장치		1 set	
케이블		1 set	

6-1-1 관련 지식

전기회로는 전기 스위치와 릴레이 등을 사용하여 제어회로를 구성한다. 그리고 제어회로는 기능 별로 보면 수동 지령부, 검출부, 조절부(논리회로) 및 조작부로 구성되어 있으며, 조작부에서 발생한 출력으로 제어 대상을 구동할 수 있다.

여기서는 수동 지령부와 검출부를 구성하는 스위치의 구조와 사용법에 대하여 이해하도록 한다.

(1) 수동조작 스위치

수동 조작 스위치에는 여러 종류가 있으며, 조작 후 전기회로의 on-off 상태에 따라 a접점 스위치와 b접점 스위치로 구분한다. 그리고 조작 후의 접점의 동작 상태에 따라 자동복귀형, 유지형 및 잔류형 접점 스위치로 구분한다.

이와 같은 수동 조작 스위치의 동작 원리 및 사용 방법을 이해하기 위하여 [그림 6-1]과 같이 푸시버튼 스위치를 사용한 전기제어회로를 예로 들어 설명한다.

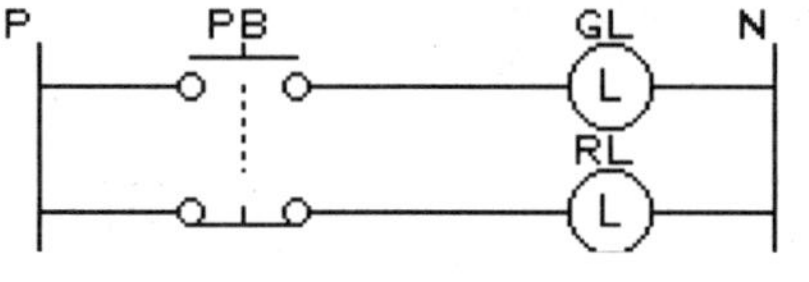

[그림 6-1] 수동 조작 스위치 제어회로

■ 동작 원리

[그림 6-1]에서 PB는 a 접점과 b접점이 동시에 조작되는 연동식 푸시버튼 스위치이므로 전원을 투입하면 b접점에 접속된 표시등 RL은 점등되고, a접점에 접속된 표시등 GL은 소등 상태를 유지한다. 그리고 PB를 조작하면 a접점은 on이 되어 표시등 GL은 점등되고, b접점은 off되므로 표시등 RL은 소등 상태를 유지한다.

(2) 검출 스위치

릴레이 순서제어에서 사용하는 검출기는 접촉 방식과 비접촉 방식으로 분류한다. 그리고 접촉 방식은 리밋 스위치와 마이크로 스위치가 대표적이고, 비접촉 방식은 광전 스위치 및 근접 스위치 등이 대표적으로 널리 사용된다.

이와 같은 검출 스위치의 동작 원리 및 사용 방법을 이해하기 위하여 [그림 6-2]와 같이 검출 스위치를 사용한 전기제어회로를 예로 들어 설명한다.

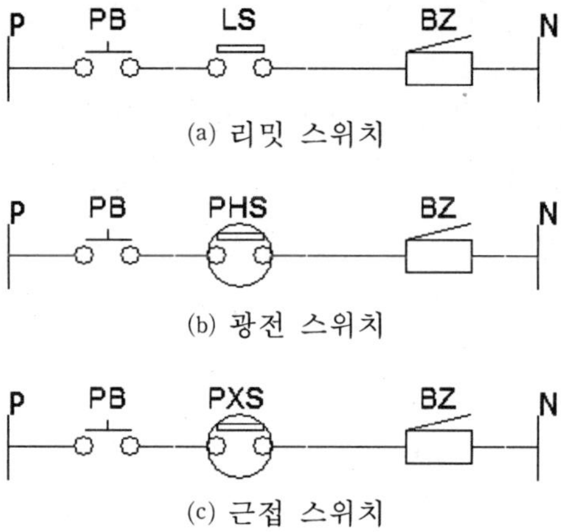

[그림 6-2] 검출 스위치 제어회로

■ 동작 원리

검출하고자 하는 물체의 이동 통로에 [그림 6-2]와 같이 검출 스위치를 접속한 경우에 대하여 설명한다.

1) 리밋 스위치

물체가 이동하면서 리밋 스위치 조작편을 눌러 접점을 개폐하므로 물체의 유무나 위치를 검출할 수 있다.

2) 광전 스위치

물체가 이동하면서 광전 스위치의 광로를 차단 여부에 따라 접점을 개폐하므로 물체의 유무나 위치를 검출할 수 있다.

3) 근접 스위치

물체가 이동하면서 근접 스위치 주위의 전계나 자계를 변화시켜 발진회로나 브리지 회로의 출력이 변화하게 되고 접점을 개폐하므로 물체의 유무나 위치를 검출할 수 있다.

■ 비접촉 검출 스위치와 부하접속법

근접 스위치와 광전 스위치는 일반적인 스위치와 그 사용 방법이 다르다. 그리고 출력회로 방식에 따라 유니버셜 출력형과 오픈 콜렉터 출력형, 구동 트랜지스터에 따라 NPN(싱크 출력)형과 PNP(소스 출력)형으로 구분되므로 사용 목적에 적합한 형식을 선정하여야 하고, 배선 방법과 극성에 유의하여야 한다.

[그림 6-3]은 정상상태 개방형 직류 3선식 출력회로 방식에서 검출 스위치와 부하의 접속 방법을 나타낸 것이다.

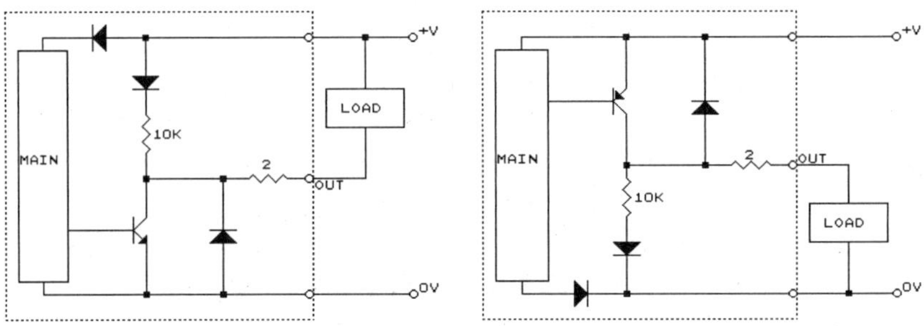

NPN　　　　PNP

(a) 유니버셜 출력형

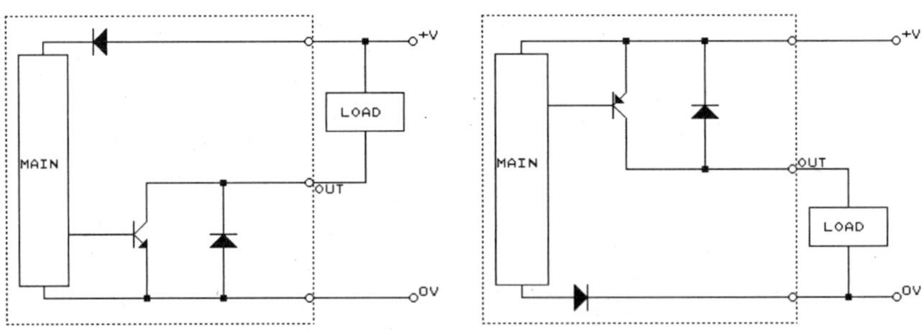

NPN　　　　PNP

(b) 오픈 콜렉터 출력형

[그림 6-3] 검출 스위치와 부하접속법

직류 2선식은 하나의 검출 스위치로 NPN형과 PNP형으로 선택 구동할 수 있으며, 직류 3선식에 비하여 출력 접속이 간단하고 전류 구동 부하에 적합하므로 PLC와 접속하는 경우 편리하게 사용할 수 있다. 그러나 직류 3선식과 달리 잔류 전류가 존재하고, 검출거리가 길어지면 전압강하가 발생한다.

1) 유니버설 출력형

일반 전자회로 증폭기 회로 방식으로 전압·전류 부하에 관계없이 사용이 가능하며 응답 주파수가 높다. 그러나 전압부하를 구동할 때 검출 거리가 길어지면 전압강하가 발생한다.

2) 오픈 콜렉터 출력형

전류 구동 부하, 릴레이 및 솔레노이드 등의 부하를 PLC를 사용하여 구동할 때 적합하다. 그러나 응답 주파수가 낮고, 전달지연 현상이 발생한다.

■ 주의사항

① 각 모듈을 실습대에 고정할 때 배선이 용이하고, 상호 간섭이 발생되지 않도록 적당한 간격을 띄워서 배치한다.
② 케이블은 해당 모듈에 확실히 고정하고, 회로도와 실제 접속 상태를 비교 점검한다.
③ 배선 완료 후 전원을 공급할 때 사용 전압을 확인한다.
④ 실험 회로를 변경하거나 실험이 종료되면 반드시 전원 공급을 차단하고 케이블을 분리한다.
⑤ 각 모듈은 떨어뜨리지 않도록 주의한다.

6-1-2 실험순서 및 결과

(1) a, b접점의 이해

① 실험목적을 이해하고 구성 모듈을 선택한다.
② 실습대에 직류전원장치, 전기 분배 모듈, 스위치 모듈, 표시등 모듈을 배치한다.
③ [그림 6-1]의 회로도와 같이 배선을 한다.
④ 직류전원장치를 on시키고 전압을 24V로 조절한다.

⑤ 푸시버튼 스위치를 다음 표와 같이 조작하고 표시등의 점등 상태를 기록한다.

{표 6-1}

PB	GL	RL
조작 전		
조작 후		

(2) 검출 스위치의 이해

① 푸시버튼 스위치와 직렬로 리밋 스위치, 광전 스위치 및 근접 스위치를 [그림 6-2]의 회로도와 같이 배선을 한다.

② 여러 형태의 검출할 물체를 이동하면서 검출 스위치의 작용을 이해한다.

6-1-3 검토 보고

① 수동 조작 스위치의 종류와 접점 및 사용 방법에 대하여 설명한다.

② 광전 스위치와 근접 스위치의 차이점을 설명한다.

③ 정전용량형과 유도용량형 근접 스위치의 차이점을 설명한다.

④ 2선식과 3선식 검출 스위치의 차이점을 설명한다.

6-2 논리회로 1(AND 회로)

목 적	1. AND 회로의 기본 구성을 이해한다 2. AND 회로의 적용 예를 알아본다 3. 전기 시퀀스 회로 구성을 이해한다 4. 푸시버튼 스위치와 릴레이의 구조원리 및 사용 방법을 이해한다		
사용기재, 공구, 소모재료	**규 격**	**수 량**	**비 고**
푸시버튼 스위치	유지 접점	1 set	
릴레이		1 set	
표시등		1 set	
직류전원장치		1 set	
케이블		1 set	

6-2-1 관련 지식

2개 이상의 입력신호를 가진 회로에서 모든 입력이 존재할 때에만 출력을 발생하는 회로를 AND회로라 하며, 직렬회로 또는 동시 조작 회로라고 한다.

■ 동작 원리

[그림 6-4]는 푸시버튼 스위치 PB1과 PB2를 직렬로 설치한 직접 제어 AND 회로로, 푸시버튼 스위치 PB1과 PB2를 동시에 누르면 부하인 표시등에 전류가 흘러 점등되는 회로이다.

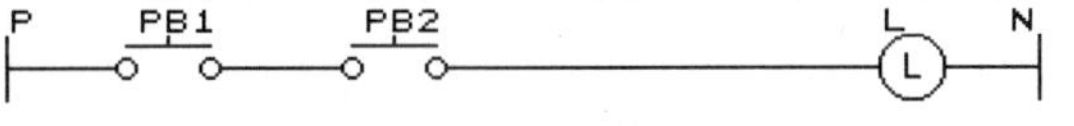

[그림 6-4] 직접제어회로

그리고 [그림 6-5]는 릴레이를 이용한 간접제어 AND 회로로, 푸시버튼 스위치 PB1과 PB2를 동시에 누르면 릴레이 R1과 R2의 a접점이 닫혀 부하인 표시등에 전류가 흘러 점등되는 회로이다. 그러나 사용하는 푸시버튼 스위치의 접점이 유지형이 아니고 자동 복귀형이면 푸시버튼을 누르고 있는 동안만 표시등이 점등되므로 자기유지 회로를 이용하여 푸시버튼 스위치에서 손을 떼어도 계속 표시등이 점등되도록 하여야 한다.

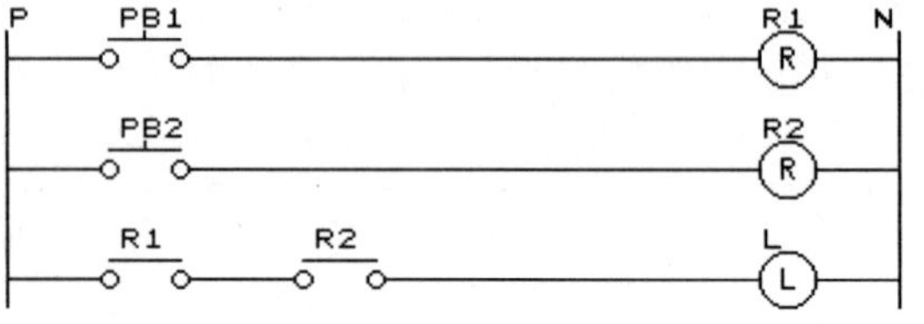

[그림 6-5] 간접제어회로

6-2-2 실험순서 및 결과

① 실험목적을 이해하고 구성 모듈을 선택한다.
② 실습대에 직류전원장치, 전기 분배 모듈, 스위치 모듈, 표시등 모듈을 배치한다.
③ [그림 6-4]의 회로도와 같이 배선을 한다.
④ 직류전원장치를 on시키고 전압을 24V로 조절한다.
⑤ 두 개의 푸시버튼 스위치를 다음 표와 같이 조작하고 표시등의 점등 상태를 기록한다.

{표 6-2}

PB1	PB2	L
off	off	
on	off	
off	on	
on	on	

⑥ [그림 6-5]의 회로도와 같이 직류전원장치, 전기 분배 모듈, 신호입력 모듈, 릴레이 모듈, 표시등 모듈을 배치하고 실험을 반복한다.

{표 6-3}

PB1	PB2	R1	R2	L
off	off			
on	off			
off	on			
on	on			

6-2-3 검토 보고

① AND 회로의 적용 예를 알아본다.
② 푸시버튼 스위치와 릴레이의 구조, 원리 및 사용 방법을 설명한다.
③ {표 6-2}와 {표 6-3}의 결과를 참고하여 표시등에 대한 논리식을 설명한다.

6-3 논리회로 2(OR 회로)

목 적	1. OR 회로의 기본 구성을 이해한다 2. OR 회로의 적용 예를 알아본다		
사용기재, 공구, 소모재료	**규 격**	**수 량**	**비 고**
푸시버튼 스위치	유지 접점	1 set	
릴레이		1 set	
표시등		1 set	
직류전원장치		1 set	
케이블		1 set	

6-3-1 관련 지식

2개 이상의 입력신호를 가진 회로에서 어느 하나나 그 이상의 입력신호가 존재하면 출력이 나오는 회로를 OR 회로 또는 병렬회로라 한다.

■ 동작 원리

[그림 6-6]은 푸시버튼 스위치 PB1과 PB2를 병렬로 접속한 직접제어 OR 회로로 푸시버튼 스위치 PB1이나 PB2를 누르면 표시등에 전류가 흘러 점등되고, 푸시버튼 스위치 PB1 · PB2를 동시에 눌러도 표시등이 점등되는 OR 회로이다.

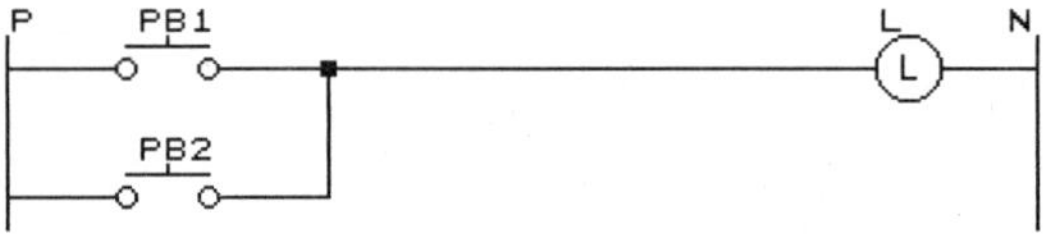

[그림 6-6] 직접제어회로

그리고 [그림 6-7]은 릴레이를 이용한 간접제어 OR 회로로 푸시버튼 스위치 PB1이나 PB2를 누르면 해당하는 릴레이 코일이 여자되고, 릴레이 a 접점이 닫혀 표시등에 전류가 흘러 점등되는 OR 회로이다.

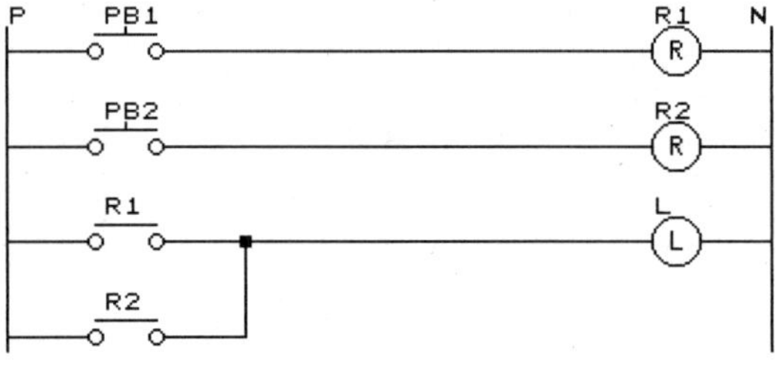

[그림 6-7] 간접제어회로

6-3-2 실험순서 및 결과

① 실험목적을 이해하고 구성 모듈을 선택한다.

② 실습대에 직류전원장치, 전기 분배 모듈, 스위치 모듈, 표시등 모듈을

배치한다.

③ [그림 6-6]의 회로도와 같이 배선을 한다.

④ 직류전원장치를 on시키고 전압을 24V로 조절한다.

⑤ 두 개의 푸시버튼 스위치를 다음 표와 같이 조작하고, 표시등의 점등 상태를 기록한다

{표 6-4}

PB1	PB2	L
off	off	
on	off	
off	on	
on	on	

⑥ [그림 6-7]의 회로도와 같이 직류전원장치, 스위치 모듈, 신호입력 모듈, 릴레이 모듈, 표시등 모듈을 배치하고 실험을 반복한다.

{표 6-5}

PB1	PB2	R1	R2	L
off	off			
off	on			
on	off			
on	on			

6-3-3 검토 보고

① OR 회로의 적용 예를 알아본다.

② {표 6-4}와 {표 6-5}의 결과를 참고하여 표시등에 대한 논리식을 설명한다.

6-4 논리회로 3(NOT 회로)

목　　적	1. NOT 회로의 기본 구성을 이해한다 2. NOT 회로의 적용 예를 알아본다 3. 릴레이 b접점의 사용 방법을 이해한다		
사용기재, 공구, 소모재료	규　　격	수　　량	비　　고
푸시버튼 스위치	유지 접점	1 set	
릴레이		1 set	
표시등		1 set	
직류전원장치		1 set	
케이블		1 set	

6-4-1 관련 지식

[그림 6-8]은 직접제어 방식의 NOT 회로로 푸시버튼 스위치의 b접점을 이용한 예이다.

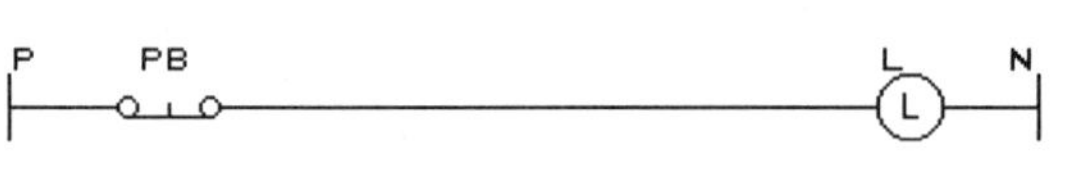

[그림 6-8] 직접제어회로

■ 동작 원리

푸시버튼 스위치 b접점은 초기상태에서 닫혀 있으므로 부하인 표시등에 전류가 흘러 점등되고, 푸시버튼 스위치를 누르면 스위치의 b접점이 열려 전류를 차단하므로 표시등이 off된다. 그리고 [그림 6-9]는 릴레이 b접점을 이용한 간접 제어 NOT 회로이다.

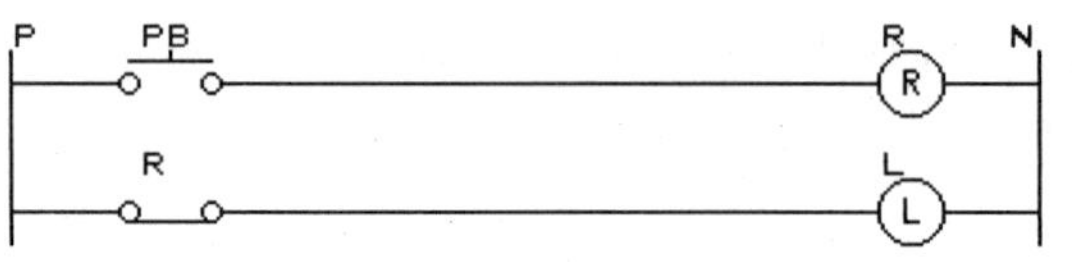

[그림 6-9] 간접제어회로

6-4-2 실험순서 및 결과

① 실험목적을 이해하고 구성 모듈을 선택한다.
② 실습대에 직류전원장치, 전기 분배 모듈, 스위치 모듈, 표시등 모듈을 배치한다.
③ [그림 6-8]의 회로도와 같이 배선을 한다.
④ 직류전원장치를 on시키고 전압을 24V로 조절한다.
⑤ 푸시버튼 스위치를 다음 표와 같이 조작하고 표시등의 점등 상태를 기록한다.

{표 6-6}

PB	L
off	
on	

⑥ [그림 6-9]의 회로도와 같이 직류전원장치, 전기 분배 모듈, 스위치 모듈, 릴레이 모듈, 표시등 모듈을 배치하고 실험을 반복한다.

{표 6-7}

PB	R	L
off		
on		

6-4-3 검토 보고

① NOT 회로의 적용 예를 알아본다.
② 릴레이 b접점의 사용 방법을 설명한다.
③ {표 6-6}과 {표 6-7}의 결과를 참고하여 표시등에 대한 논리식을 설명한다.

6-5 자기유지회로(기억회로)

목 적	1. 자기유지회로의 구성을 이해한다. 2. 자기유지회로의 적용 예를 알아본다.		
사용기재, 공구, 소모재료	규 격	수 량	비 고
푸시버튼 스위치	자동 복귀 접점	1 set	
릴레이		1 set	
표시등		1 set	
직류전원장치		1 set	
케이블		1 set	

6-5-1 관련 지식

자신의 접점에 의해 동작회로를 구성하여 스스로 동작을 유지하며, 복귀 신호를 주어야 비로서 복귀하는 회로를 자기유지회로라 하고, 이것을 릴레이의 메모리 기능이라 한다. [그림 6-10]은 릴레이를 이용한 자기유지회로이다.

■ 동작 원리

푸시버튼 스위치 PB1을 누르면 릴레이 코일이 여자되고, 동시에 2열과 3열의 릴레이 a접점이 닫혀 표시등에 전류가 흘러 점등된다. 여기서 푸시버튼 스위치 PB1에서 손을 떼어도 2열의 릴레이 a접점을 통하여 릴레이 코일에는 전류가 계속 흘러 여자되므로 표시등은 계속 점등된다.

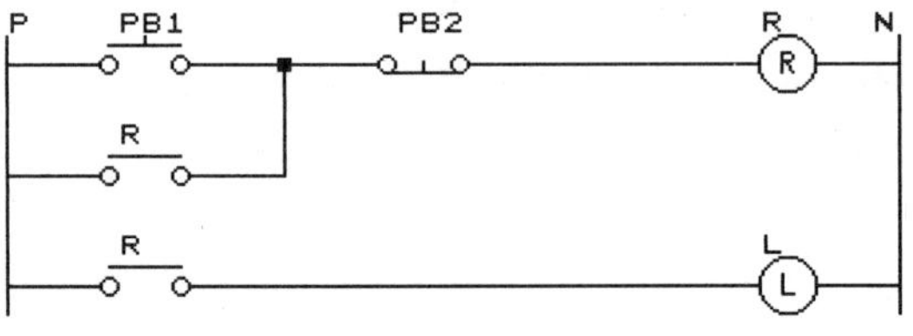

[그림 6-10] 자기유지회로

푸시버튼 스위치 PB2를 누르면 릴레이 코일이 소자되고, 따라서 2열과 3열의 릴레이 a접점이 열려 자기유지가 해제되고 표시등이 소등된다.

6-5-2 실험순서 및 결과

① 실험목적을 이해하고 구성 모듈을 선택한다.
② 실습대에 직류전원장치, 전기 분배 모듈, 스위치 모듈, 릴레이 모듈, 표시등 모듈을 배치한다.
③ [그림 6-10]의 회로도와 같이 배선을 한다.
④ 직류전원장치를 on시키고 전압을 24V로 조절한다.
⑤ 두 개의 푸시버튼 스위치를 다음 표와 같이 조작하고 표시등의 점등 상태를 기록한다

{표 6-8}

PB1	PB2	R	L
off	off		
on	off		
off	on		
on	on		

6-5-3 검토 보고

① 자기유지회로의 종류와 적용 예를 알아본다.
② {표 6-8}의 결과를 참고하여 [그림 6-11]에 타임차트를 작성하고 설명한다.

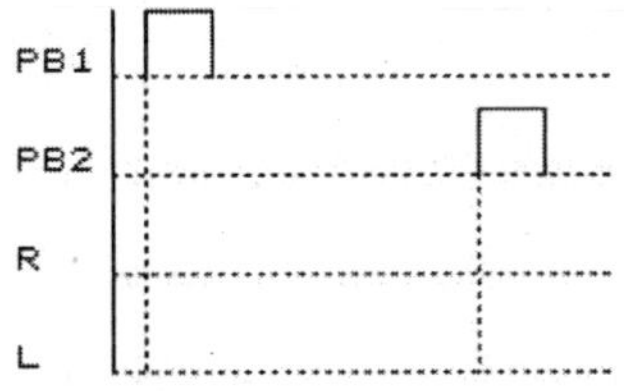

[그림 6-11] 타임차트

6-6 인터록 회로(연동회로)

목　　적	1. 인터록 회로의 구성을 이해한다 2. 인터록 회로의 적용 예를 알아본다		
사용기재, 공구, 소모재료	**규　　격**	**수　　량**	**비　　고**
푸시버튼 스위치	자동 복귀 접점	1 set	
릴레이		1 set	
표시등		1 set	
직류전원장치		1 set	
케이블		1 set	

6-6-1 관련 지식

우선회로란 먼저 입력된 신호가 유효하고 후에 입력된 신호는 동작 할 수 없는 회로이며, 인터록 회로란 2개의 정지우선 자기유지 회로를 응용하여 기기의 보호나 조작자의 안전을 위해 기기의 동작 상태를 나타내는 접점을 이용하여 관련된 기기의 동작을 금지하는 회로를 말한다.

[그림 6-12]는 두 개의 릴레이 b접점을 이용하여 두 개의 표시등에서 하나만 점등되도록 제어하는 인터록 회로이다.

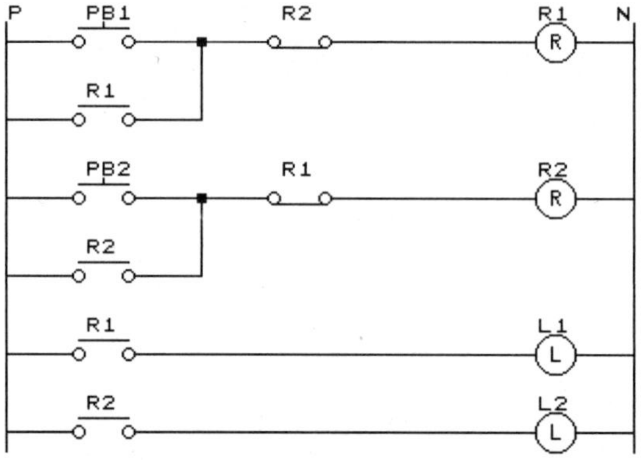

[그림 6-12] 인터록 회로

■ 동작 원리

푸시버튼 스위치 PB1을 누르면 릴레이 R1의 a접점은 닫히고, b접점은 열려 표시등 L1만 계속 점등되고 표시등 L2는 소등되어 있다. 이때 푸시버튼 스위치 PB2를 누르면 릴레이 R2의 a접점은 닫히고, b접점은 열려 표시등 L2만 계속 점등되고, 표시등 L1은 소등되어 있다.

6-6-2 실험순서 및 결과

① 실험목적을 이해하고 구성 모듈을 선택한다.
② 실습대에 직류전원장치, 전기 분배 모듈, 스위치 모듈, 표시등 모듈을 배치한다.
③ [그림 6-12]의 회로도와 같이 배선을 한다.
④ 직류전원장치를 on시키고 전압을 24V로 조절한다.
⑤ 두 개의 푸시버튼 스위치를 다음 표와 같이 조작하고 표시등의 점등 상태를 기록한다.

{표 6-9}

PB1	PB2	PB3	R1	R2	L1	L2
on	off	off				
off	on	off				
off	off	on				

{표 6-10}

PB1	PB2	PB3	R1	R2	L1	L2
off	on	off				
on	off	off				
off	off	on				

6-6-3 검토 보고

① 인터록 회로의 종류와 적용 예를 알아본다.

② {표 6-9}와 {표 6-10}의 결과를 참고하여 [그림 6-13]에 타임차트를 작성하고 설명한다.

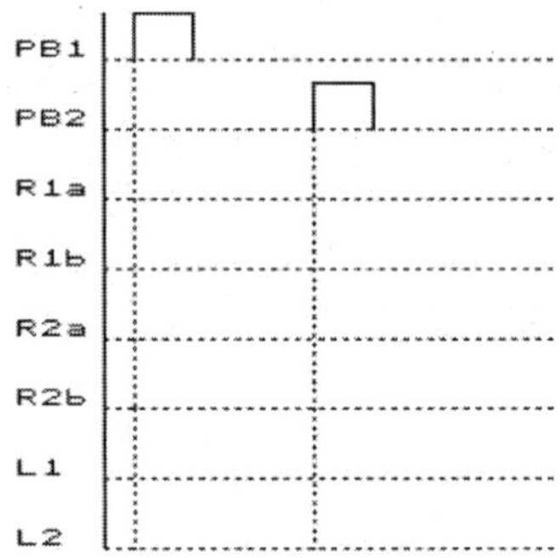

[그림 6-13] 타임차트

6-7 시간제어회로 1(on 지연회로)

목 적	1. on 지연회로의 기본 구성을 이해한다 2. on 지연회로의 적용 예를 알아본다 3. 타이머의 구조, 원리 및 사용 방법을 이해한다		
사용기재, 공구, 소모재료	규 격	수 량	비 고
푸시버튼 스위치	자동 복귀 접점	1 set	
릴레이		1 set	
타이머 릴레이	ON-DELAY	1 set	
표시등		1 set	
직류전원장치		1 set	
케이블		1 set	

6-7-1 관련 지식

[그림 6-14]는 on(여자) 지연제어회로이다.

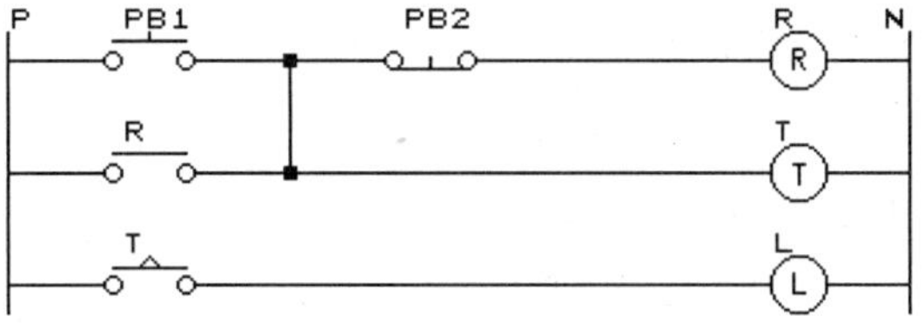

[그림 6-14] on 지연회로

■ 동작 원리

푸시버튼 스위치(자동 복귀 접점) PB1을 누르면 릴레이 코일이 여자되고 동시에 타이머 코일도 여자되어 동작을 시작한다.

이때 푸시버튼 스위치에서 손을 떼어도 릴레이 a접점에 의하여 자기유지가 되어 타이머 코일은 계속 여자되고, 설정된 시간 후에 타이머 a접점이 닫혀 표시등이 점등되는 온 딜레이 회로이다.

이때 푸시버튼 스위치 PB2를 누르면 릴레이 a접점이 열려 릴레이 코일과 타이머 코일이 동시에 소자되어 표시등이 소등된다. 즉 푸시버튼 스위치 PB2는 자기유지를 해제하는 스위치이다.

6-7-2 실험순서 및 결과

① 실험목적을 이해하고 구성 모듈을 선택한다.
② 실습대에 직류전원장치, 전기 분배 모듈, 스위치 모듈, 릴레이 모듈, 타이머 모듈, 표시등 모듈을 배치한다.
③ [그림 6-14]의 회로도와 같이 배선을 한다.
④ 직류전원장치를 on시키고 전압을 24V로 조절한다.
⑤ 타이머의 시간을 5초로 설정하고 푸시·버튼 스위치 PB1과 PB2를 조작하여 표시등의 점등 상태를 설명한다.

6-7-3 검토 보고

① on 지연제어회로의 적용 예를 알아본다.
② 타이머의 구조, 원리 및 사용 방법을 설명한다.

③ 실험결과를 참고하여 [그림 6-15]에 타임차트를 작성하고 설명한다.

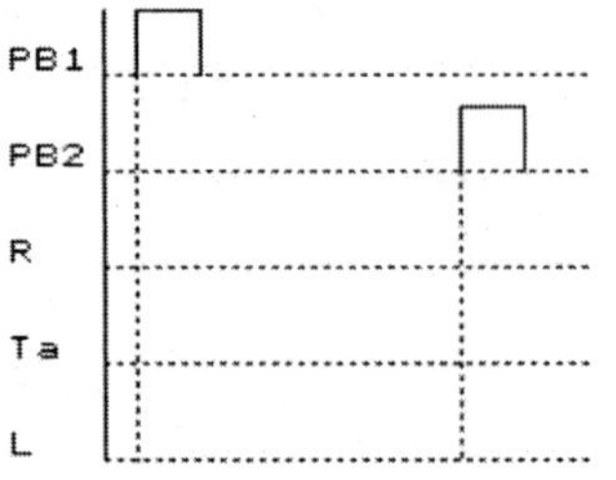

[그림 6-15] 타임차트

6-8 시간제어회로 2(off 지연회로)

목 적	1. off 지연회로의 기본 구성을 이해한다 2. off 지연회로의 적용 예를 알아본다		
사용기재, 공구, 소모재료	규 격	수 량	비 고
푸시버튼 스위치	자동 복귀 접점	1 set	
릴레이		1 set	
타이머 릴레이	ON-DELAY	1 set	
표시등		1 set	
직류전원장치		1 set	
케이블		1 set	

6-8-1 관련 지식

[그림 6-16]은 off(소자) 지연제어회로이다.

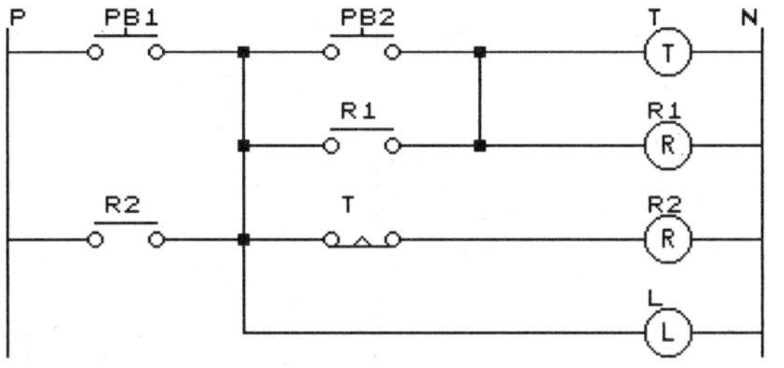

[그림 6-16] off 지연회로

■ 동작 원리

푸시버튼 스위치 PB1을 누르면 릴레이 R2가 여자되어 릴레이 R2의 a접점이 닫혀 표시등이 점등된다. 푸시버튼 스위치 PB1에서 손을 떼어도 이 동작은 계속 유지된다. 그리고 푸시버튼 스위치 PB2를 누르면 릴레이 R1 코일이 여자되고 동시에 타이머 코일도 여자되어 동작을 시작한다.

이때 푸시버튼 스위치 PB2에서 손을 떼어도 릴레이 R1의 a접점에 의하여 자기유지가 되어 타이머 코일은 계속 여자되고, 설정된 시간 후에 타임 T의 b접점이 열려 표시등이 소등되고, 릴레이 R2의 a접점이 열려 자기유지가 해제되며, 타이머 코일과 릴레이 R1, R2는 모두 소자된다.

6-8-2 실험순서 및 결과

① 실험목적을 이해하고 구성 모듈을 선택한다.
② 실습대에 직류전원장치, 전기 분배 모듈, 스위치 모듈, 릴레이 모듈, 타이머 모듈, 표시등 모듈을 배치한다.
③ [그림 6-16]의 회로도와 같이 배선을 한다.
④ 직류전원장치를 on시키고 전압을 24V로 조절한다.
⑤ 타이머의 시간을 5초로 설정하고 푸시 버튼 스위치 PB1과 PB2를 조작하여 표시등의 점등 상태를 설명한다.

6-8-3 검토 보고

① off 지연제어회로의 적용 예를 알아본다.
② 실험결과를 참고하여 [그림 6-17]에 타임차트를 작성하고 설명한다.

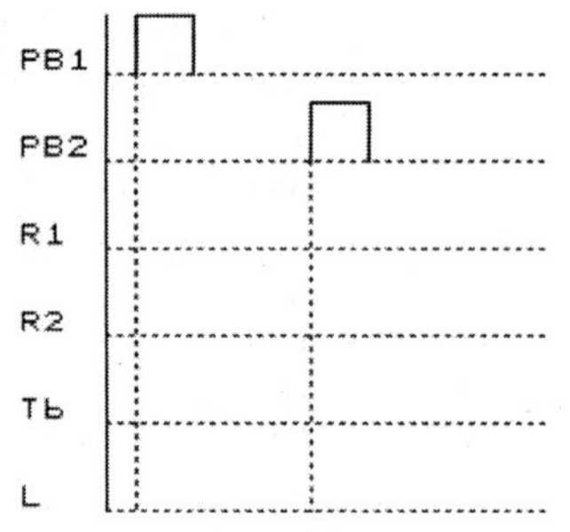

[그림 6-17] 타임차트

6-9 시간제어회로 3(일정시간 동작회로)

목 적	1. 일정시간 동작회로의 기본 구성을 이해한다 2. 일정시간 동작회로의 적용 예를 알아본다		
사용기재, 공구, 소모재료	규 격	수 량	비 고
푸시버튼 스위치	자동 복귀 접점	1 set	
릴레이		1 set	
타이머 릴레이	ON-DELAY	1 set	
표시등		1 set	
직류전원장치		1 set	
케이블		1 set	

6-9-1 관련 지식

[그림 6-18]과 [그림 6-19]는 일정시간 동작 제어회로이며, [그림 6-18]은 릴레이 a접점을 이용하여 자기유지를 하였고, [그림 6-19]는 타이머의 순시 a접점을 이용하여 자기유지하였다.

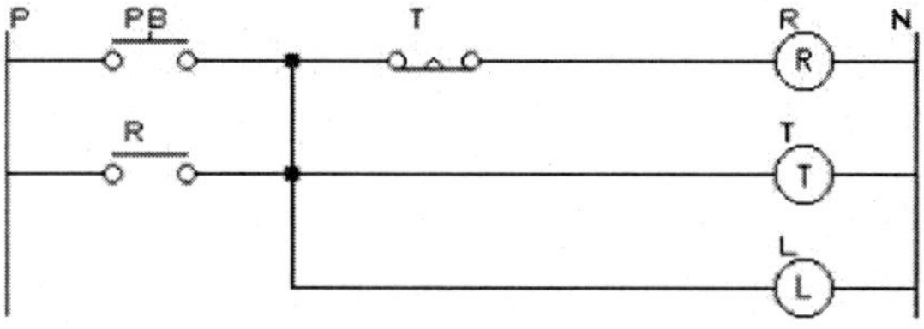

[그림 6-18] 일정시간 동작회로 1(릴레이 자기유지 방식)

■ 동작 원리

1) 릴레이 자기유지 방식

푸시버튼 스위치 PB를 누르면 표시등이 점등되고, 동시에 릴레이 R의 코일이 여자되어 자기 유지되므로 타이머 코일도 여자되어 동작을 시작한다. 이때 푸시버튼 스위치 PB에서 손을 떼어도 릴레이 R의 a접점에 의하여 자기유지가 되어 타이머 코일은 계속 여자되고, 설정된 시간 후에 타이머 b접점이 열리므로 표시등은 소등된다.

2) 타이머 자기유지 방식

푸시버튼 스위치 PB를 누르면 표시등이 점등되고, 동시에 타이머 코일도 여자되어 동작을 시작한다. 이때 푸시버튼 스위치 PB에서 손을 떼어도 타이머 T의 순시 a접점에 의하여 자기유지가 되어 타이머 코일은 계속 여자되고, 설정된 시간 후에 타이머 b접점이 열리므로 표시등은 소등된다.

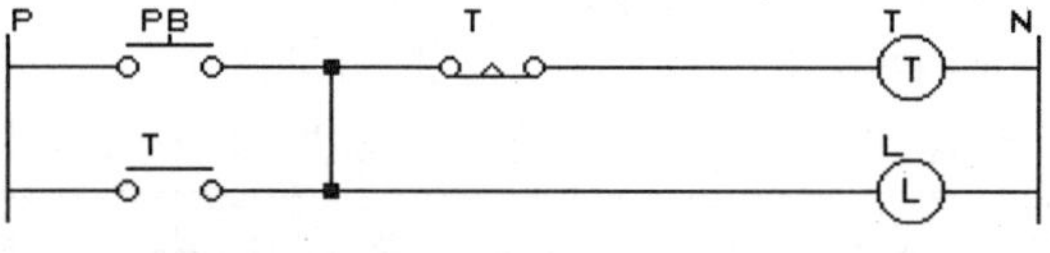

[그림 6-19] 일정시간 동작회로 2(타이머 자기유지 방식)

6-9-2 실험순서 및 결과

① 실험목적을 이해하고 구성 모듈을 선택한다.

② 실습대에 직류전원장치, 전기 분배 모듈, 스위치 모듈, 릴레이 모듈, 타이머 모듈, 표시등 모듈을 배치한다. 이때 수동으로 자기유지를 해제하기 위하여 푸시 버튼 스위치를 추가하여 배치한다.

③ [그림 6-18]의 회로도와 같이 배선을 한다.
④ 직류전원장치를 on시키고 전압을 24V로 조절한다.
⑤ 타이머의 시간을 5초로 설정하고 푸시 버튼 스위치 PB를 조작하여 표시등의 점등 상태를 설명한다.
⑥ [그림 6-19]의 회로도와 같이 배선을 하고, 실험을 반복한다.

6-9-3 검토 보고

① 일정시간 동작회로의 적용 예를 알아본다.
② 실험결과를 참고하여 [그림 6-20]에 타임차트를 작성하고 설명한다.

[그림 6-20] 타임차트

6-10 계수제어회로

목 적	1. 계수제어회로의 기본 구성을 이해한다 2. 계수제어회로의 적용 예를 알아본다 3. 카운터의 구조, 원리 및 사용 방법을 이해한다		
사용기재, 공구, 소모재료	규 격	수 량	비 고
푸시버튼 스위치	자동 복귀 접점	1 set	
무접점 스위치		1 set	광전, 근접스위치
카운터		1 set	
표시등		1 set	
직류전원장치		1 set	
케이블		1 set	

6-10-1 관련 지식

계수제어를 하기 위하여 사용하는 카운터는 계수 구조·기능 및 계수 방식에 따라 여러 가지로 분류할 수 있으며, 일정한 주기로 발생되는 펄스를 검출하는 스위치와 릴레이를 조합한 기능을 갖고 있다고 할 수 있다. 따라서 기본적으로는 지금까지 설명한 릴레이 회로와 동일하게 취급할 수 있다.

이와 같은 카운터의 동작 원리 및 사용 방법을 이해하기 위하여 [그림 6-21]과 [그림 6-22]와 같은 전기제어회로를 예로 들어 설명한다.

■ 동작 원리

1) 가산 카운터를 사용한 제품계수

[그림 6-21]은 제품을 계수하여 설정값에 도달하면 제품 상자를 밀어내고 다시 계수를 반복하는 가산계수 제어의 예이다.

- 제품을 검출할 때마다 설정값을 가산하여 카운트 값이 설정값이 되면 카운트 접점이 on된다. 그리고 타이머 코일에 전류가 흐르고 카운터는 본래의 상태로 복귀한다.
- 솔레노이드에 접속된 실린더가 작동하여 제품이 채워진 상자를 밀어내고 다음 제품의 공급을 정지한다.
- 일정시간이 경과하여 상자 이동이 완료되면 자기유지가 해제되고 실린더가 복귀되며 다시 제품의 카운트를 개시한다.

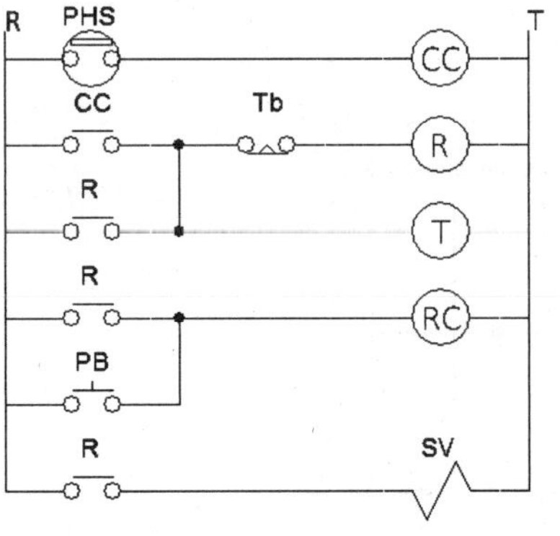

[그림 6-21] 가산 카운터 활용 예

2) 감산 카운터를 사용한 불량발생 관리

[그림 6-22]는 불량 제품이 연속하여 일정한 수만큼 생산되면 자동 기계를 정지하는 감산계수 제어의 예이다.

- 불량품을 검출할 때마다(LS1) 설정값을 감산하고 양품이 검출되면(LS2) 카운터는 설정값으로 복귀한다.
- 불량품이 연속하여 발생되어 설정값이 0이 되면 자동기계에 이상상태가 발생하였다고 판단하여 경보음이 울리고, 수동으로 운전을 정지한다.

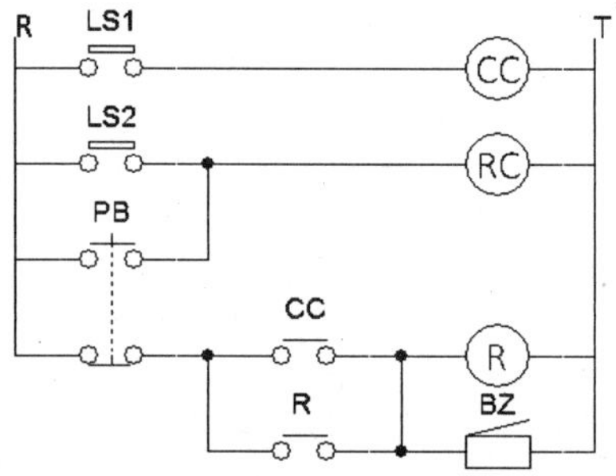

[그림 6-22] 감산 카운터 활용 예

■ 비접촉 검출 스위치와 접속법

카운터는 제조회사의 사용설명서를 참고하여 사용 목적에 따라 내부 선택 스위치에 의하여 입력 동작 모드를 설정하고, 부하 구동을 위하여 검출센서 공급전원이나 외부 별도 전원 중에서 선택하여야 한다.

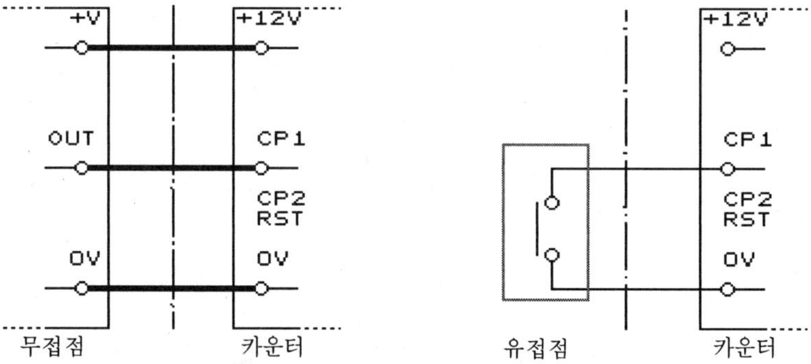

(a) 무접점 스위치 (b) 유접점 스위치

[그림 6-23] 카운터와 스위치의 접속

카운터를 사용하기 위하여 별도의 전원을 공급하고, 무접점이나 유접점 검출 스위치를 통하여 카운터 계수입력을 받기 위하여 다음과 같이 접속하여야 한다.

6-10-2 실험순서 및 결과

① 실험목적을 이해하고 구성 모듈을 선택한다.
② 실습대에 직류전원장치, 전기 분배 모듈, 스위치 모듈, 릴레이 모듈, 타이머 모듈, 카운터 모듈 및 솔레노이드 밸브를 배치한다.
③ [그림 6-21]의 회로도와 같이 배선을 한다.
④ 직류전원장치를 on시키고 전압을 24V로 조절한다.
⑤ 카운터의 계수값을 설정하고, 검출 물체를 이동하면서 제어 동작을 확인한다.
⑥ [그림 6-22]의 회로도와 같이 배선하고 실험을 반복한다.

6-10-3 검토 보고

① 계수제어의 적용 예를 알아본다.
② 실험결과를 참고하여 가산 방식과 감산 방식 계수제어의 차이점을 비교 설명한다.

CHAPTER 07 전기공압제어

7-1 단동 실린더 제어회로(편측 전자 밸브 이용)

목 적	1. 전기-공압 회로도의 작성과 접속 방법을 이해한다. 2. 편측 전자 밸브를 이용한 단동 실린더의 제어 원리를 이해한다. 3. 편측 전자 밸브를 이용한 단동 실린더의 제어 적용 예를 알아본다. 4. 단동 실린더, 푸시버튼 스위치, 전자 밸브 및 릴레이의 구조 원리 및 사용 방법을 이해한다.

사용기재, 공구, 소모재료	규 격	수 량	비 고
단동 실린더		1	
편측 전자 밸브	3포트 2위치	1	
푸시버튼 스위치	유지 접점	1 set	
릴레이		1 set	
직류전원장치		1 set	
케이블		1 set	
공압 튜브, 피팅	4φ	약간	

7-1-1 관련 지식

전기-공압회로도를 작성할 때는 먼저 공압회로도를 작도하여야 한다. 그 이유는 실린더를 제어하는 전자 밸브가 편측(single, 단안정) 또는 양측(double, 쌍안정)여부에 따라 전기제어회로가 완전히 달라지기 때문이다.

[그림 7-1]은 3포트 2위치 편측 전자 밸브를 사용한 단동 실린더 공압회로의 초기 상태이며, [그림 7-2]와 [그림 7-3]은 전기제어회로이다.

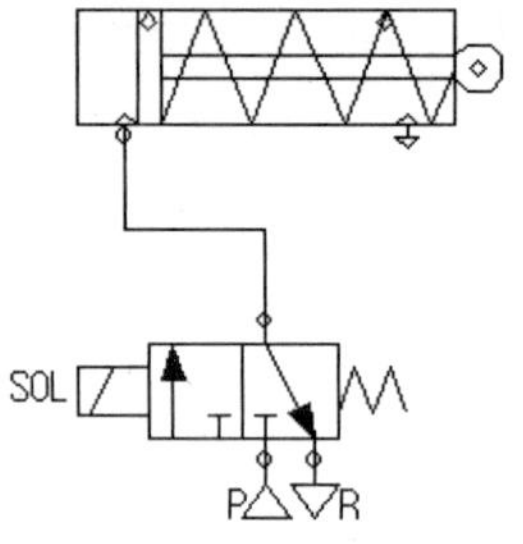

[그림 7-1] 공압회로

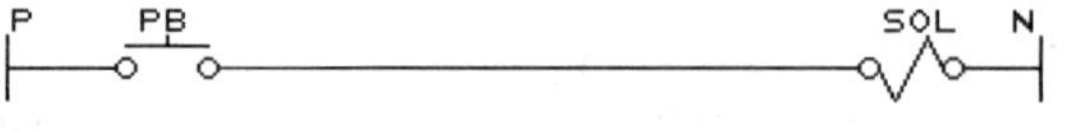

[그림 7-2] 직접제어회로

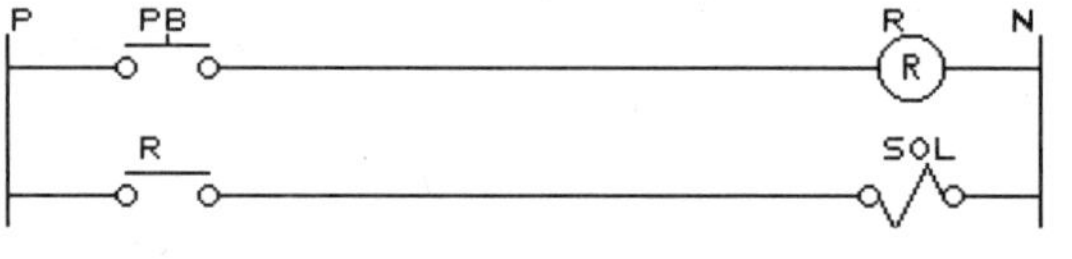

[그림 7-3] 간접제어회로

■ 동작 원리

[그림 7-2]는 직접제어회로로 푸시버튼 스위치 PB을 누르면 솔레노이드 코일 SOL이 여자되고, 밸브의 제어 위치가 전환되어 실린더는 전진한다. 푸시버튼 스위치 PB에서 손을 떼면 솔레노이드 코일 SOL이 소자되고 스프링의 힘에 의하여 밸브의 제어 위치가 전환되어 실린더는 후진한다.

[그림 7-3]은 직접제어회로에 릴레이를 부가하여 조작시에 스위치 접점에 발생하는 아크를 감소시킨 간접제어회로로 푸시버튼 스위치 PB을 누르면

릴레이 코일 R이 여자되고, 릴레이 a접점이 닫혀 솔레노이드 코일 SOL이 여자된다.

따라서 밸브의 제어 위치가 전환되어 실린더는 전진한다. 푸시버튼 스위치 PB에서 손을 떼면 릴레이 코일 R이 소자되고 릴레이 a접점이 열리므로 솔레노이드 코일 SOL이 소자되고, 스프링의 힘에 의하여 밸브의 제어 위치가 전환되어 실린더는 후진한다.

■ 주의사항

공압 및 전기제어 실험편의 주의사항을 참고하여 공압회로와 전기제어 회로를 완성한다.

(1) 공압회로

① 각 모듈을 워킹 보드에 고정할 때 배관이 용이하고, 상호 간섭이 발생되지 않도록 적당한 간격을 유지하여 배치한다.
② 실린더가 전진하는 전면에는 간섭이 발생하지 않도록 충분한 간격을 유지한다
③ 공압회로 배관이 확실히 고정되지 않으면 분리된 호스가 인체에 상처를 줄 수 있으므로 압축 공기가 공급될 때 분리되지 않도록 확실히 고정한다.
④ 배관 완료 후 압축 공기를 공급할 때 약간 떨어진 위치에서 슬라이드 밸브를 서서히 on시킨다.
⑤ 실습이 종료되면 반드시 압축 공기를 차단하고 호스를 분리한다.
⑥ 각 모듈은 떨어뜨리지 않도록 주의한다.

(2) 전기제어회로

① 각 모듈을 실습대에 고정할 때 배선이 용이하고, 점검이 쉽도록 적당한 간격을 유지하여 배치한다.
② 케이블은 해당 모듈에 확실히 고정하고, 회로도와 실제 접속 상태를 비교 점검한다.
③ 배선 완료 후 전원을 공급할 때 사용 전압을 확인한다.
④ 실험회로를 변경하거나 실험을 종료할 때는 반드시 전원 공급을 먼저 차단하고 케이블을 분리하여 인체나 부품의 손상을 방지한다.
⑤ 각 모듈은 떨어뜨리지 않도록 주의한다.

7-1-2 실험순서 및 결과

① 실험 목적을 이해하고 공압 및 전기 모듈을 선택한다.
② [그림 7-1]의 회로도와 같이 실습대에 공압 모듈을 배관한다.
③ [그림 7-2]의 회로도와 같이 실습대에 전기 모듈을 배선한다.
④ 공압원을 열고, 직류전원장치를 on시키고 전압을 24V로 조절한다.
⑤ 푸시버튼 스위치를 밸브의 전환 시간보다 길게 조작하여 5포트 2위치 전자 밸브에 의한 단동 실린더의 동작 결과를 다음 표의 해당 항목에 '○' 표를 한다.

{표 7-1}

스위치	솔레노이드 코일		밸 브		실 린 더	
	여자	소자	초기	정상	전진	후진
on						
off						

⑥ 전기제어회로를 [그림 7-3]의 회로도와 같이 변경하고 실험을 반복한다.

{표 7-2}

스위치	릴레이 코일		솔레노이드 코일		밸 브		실 린 더	
	여자	소자	여자	소자	초기	정상	전진	후진
on								
off								

7-1-3 검토 보고

① 편측 전자 밸브를 이용한 단동 실린더의 제어 적용 예를 알아본다.
② 편측 전자 밸브의 구조, 원리 및 사용 방법을 설명한다.
③ {표 7-1}과 {표 7-2}의 결과를 참고하여 두 제어회로를 비교 설명한다.

7-2 복동 실린더 제어회로 1(편측 전자 밸브 이용)

목 적	1. 편측 전자 밸브를 이용한 복동 실린더의 제어 원리를 이해한다 2. 편측 전자 밸브를 이용한 복동 실린더의 제어 적용 예를 알아본다 3. 자기유지회로의 구성 원리 및 사용 방법을 이해한다		
사용기재, 공구, 소모재료	규 격	수 량	비 고
복동 실린더		1	
편측 전자 밸브	5포트 2위치	1	
푸시버튼 스위치	자동 복귀 접점	1 set	
릴레이		1 set	
직류전원장치		1 set	
케이블		1 set	
공압 튜브, 피팅	4φ	약간	

7-2-1 관련 지식

[그림 7-4]는 5포트 2위치 편측 전자 밸브를 사용한 복동 실린더 공압회로의 초기 상태이며, [그림 7-5]는 공압회로를 제어하는 전기회로이다.

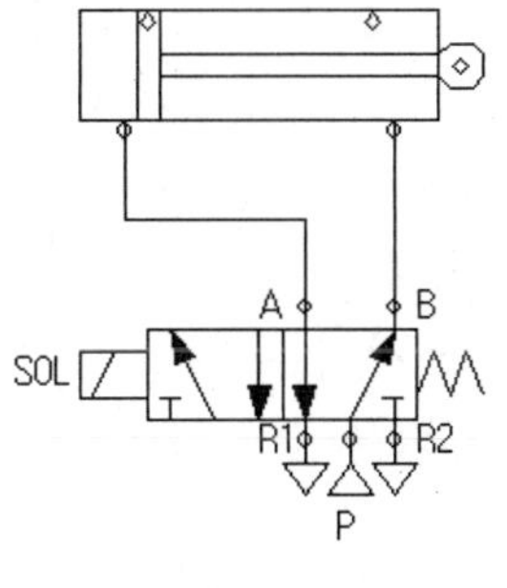

[그림 7-4] 공압회로

[그림 7-5]는 릴레이를 부가하고 기동(전진)용 푸시버튼 스위치 PB1과 복귀(후진)용 푸시버튼 스위치 PB2를 직렬로 연결하고, 자기유지시킨 왕복 작동 간접제어회로이다.

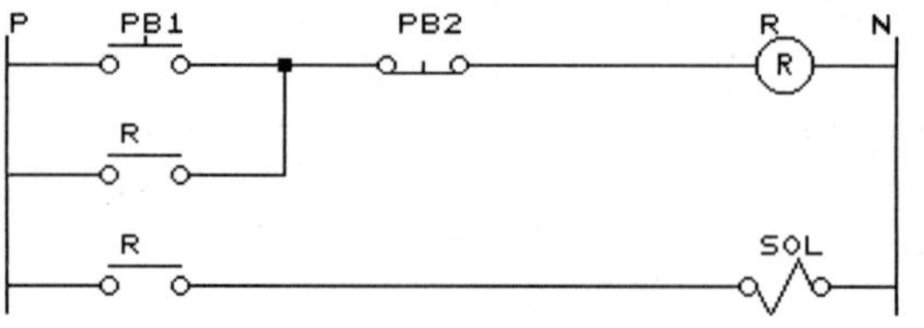

[그림 7-5] 제어회로

■ 동작 원리

전진용 푸시버튼 스위치 PB1을 누르면 릴레이 코일 R이 여자되고, 릴레이 a접점이 닫혀 솔레노이드 코일 SOL이 여자된다. 따라서 밸브의 제어 위치가 전환되어 실린더는 전진한다. 이때 푸시버튼 스위치 PB1에서 손을 떼어도 입력신호가 자기 유지되어 있으므로 실린더는 전진 상태를 유지한다.

후진용 푸시버튼 스위치 PB2를 누르면 릴레이 코일 R이 소자되고 릴레이 a접점이 열리므로 자기유지가 해제된다. 따라서 솔레노이드 코일 SOL이 소자되고 스프링의 힘에 의하여 밸브의 제어 위치가 전환되어 실린더는 후진한다. 이와 같이 편측 전자 밸브로 실린더를 제어하려면 자기유지회로가 필요하다.

7-2-2 실험순서 및 결과

① 실험 목적을 이해하고 공압 및 전기 모듈을 선택한다.
② [그림 7-4]의 회로도와 같이 실습대에 공압 모듈을 배관한다.
③ [그림 7-5]의 회로도와 같이 실습대에 전기 모듈을 배선한다.
④ 공압원을 열고, 직류전원장치를 on시키고 전압을 24V로 조절한다.
⑤ 푸시버튼 스위치를 조작하여 5포트 2위치 전자 밸브에 의한 복동 실린더의 동작 결과를 다음 표의 해당 항목에 '○' 표를 한다.

{표 7-3}

스위치	릴레이 코일		솔레노이드 코일		밸브		실린더	
	여자	소자	여자	소자	초기	정상	전진	후진
on								
off								

7-2-3 검토 보고

① 편측 전자 밸브를 이용한 복동 실린더의 적용 예를 알아본다.
② [그림 7-5]에서 푸시버튼 스위치 PB2의 작용을 설명한다.
③ 자기유지회로의 구성, 원리 및 사용 방법을 설명한다.

7-3 복동 실린더 제어회로 2(양측 전자 밸브 이용)

목 적	1. 양측 전자 밸브를 이용한 복동 실린더의 제어 원리를 이해한다 2. 양측 전자 밸브를 이용한 복동 실린더의 제어 적용 예를 알아본다 3. 양측 전자 밸브의 구성 원리 및 사용 방법을 이해한다 4. 인터록 회로의 구성 원리 및 사용 방법을 이해한다		
사용기재, 공구, 소모재료	규 격	수 량	비 고
복동 실린더		1	
양측 전자 밸브	5포트 2위치	1	
푸시버튼 스위치	유지 접점	1 set	
릴레이		1 set	
직류전원장치		1 set	
케이블		1 set	
공압 튜브, 피팅	4ϕ	약간	

7-3-1 관련 지식

실린더를 제어하는 양측 전자 밸브는 신호를 인가하였다가 제거하여도 밸브는 반대 신호를 인가할 때까지 그 상태를 유지하는 메모리 역할을 하므로 편측 전자 밸브에서와 같이 반드시 자기유지회로를 구성할 필요가 없다. 따라서 클램핑 작업 중 돌발적인 정전으로 실린더가 복귀되지 않고 동작을 유지한다.

[그림 7-6]은 5포트 2위치 양측 전자 밸브를 사용한 복동 실린더 공압회로의 초기 상태이며, [그림 7-7]과 [그림 7-8]은 공압회로를 제어하는 전기회로이다.

■ 동작 원리

1) 직접제어회로

전진용 푸시버튼 스위치 PB1을 누르면 솔레노이드 코일 SOL1이 여자된다. 따라서 밸브의 제어 위치가 전환되어 실린더는 전진한다. 이때 푸시버튼 스위치 PB1에서 손을 떼면 솔레노이드 코일 SOL1이 소자되지만 밸브의 메모리 역할에 의하여 실린더는 전진 상태를 유지한다.

후진용 푸시버튼 스위치 PB2를 누르면 솔레노이드 코일 SOL2가 여자된다. 따라서 밸브의 제어 위치가 전환되어 실린더는 후진 상태를 유지한다.

그러나 [그림 7-7]의 회로는 밸브 자체의 메모리 역할을 이용한 것으로 이론상 문제가 없지만 실제 사용할 때는 주의하여야 하며, 밸브 종류나 밸브 설치 방법에 따라 다르므로 일반적으로 사용되지 않는다.

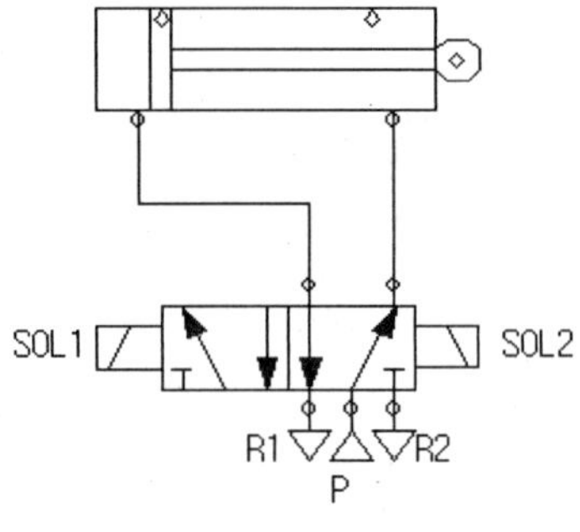

[그림 7-6] 공압회로

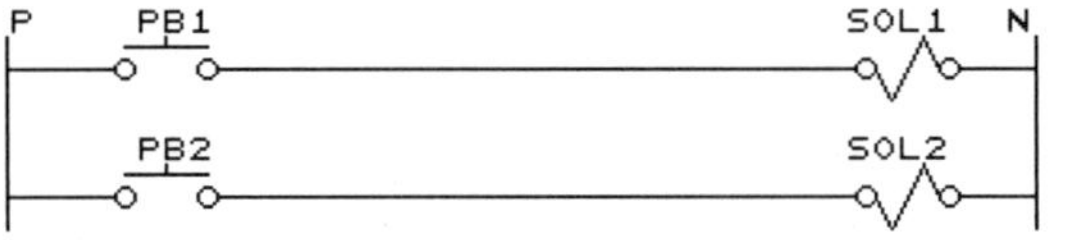

[그림 7-7] 직접제어회로

그리고 [그림 7-7]의 제어회로에서 만약 푸시버튼 스위치 PB1과 PB2를 동시에 누르면 전자 밸브의 양측 솔레노이드 코일이 여자되고 실린더는 그 상태대로 있지만, 여자되어 있는 시간이 길어지면 솔레노이드 코일이 타버리는 일이 발생된다.

따라서 [그림 7-8]과 같이 인터록 회로를 구성하여 이용하여야 한다.

2) 간접제어회로

[그림 7-8]의 회로에서는 릴레이 R1의 코일이 여자되어 있는 동안은 릴레이 R2의 코일이 여자되지 않고, 반대로 릴레이 R2의 코일이 여자되어 있는 동안은 릴레이 R1의 코일이 여자되지 않도록 인터록 회로가 부가되어 있다.

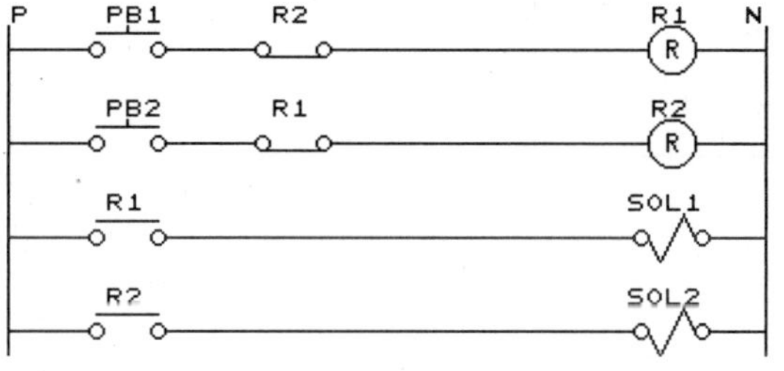

[그림 7-8] 간접제어회로

전진용 푸시버튼 스위치 PB1을 누르면 릴레이 R2의 b접점이 닫혀 있으므로 릴레이 코일 R1이 여자되고, 릴레이 R1의 a접점이 닫혀 솔레노이드 코일 SOL1이 여자된다.

따라서 밸브의 제어 위치가 전환되어 실린더는 전진한다. 이때 푸시버튼 스위치 PB1에서 손을 떼어도 밸브의 메모리 역할에 의하여 실린더는 전진 상태를 유지한다.

후진용 푸시버튼 스위치 PB2를 누르면 릴레이 R1의 b접점이 닫혀 있으므로 릴레이 코일 R2가 여자되고, 릴레이 R2의 a접점이 닫혀 솔레노이드 코일 SOL2가 여자된다.

따라서 밸브의 제어 위치가 전환되어 실린더는 후진 상태를 유지한다. 이때 전진용 푸시버튼 스위치 PB2를 누르면 실린더는 전진한다.

7-3-2 실험순서 및 결과

① 실험 목적을 이해하고 공압 및 전기 모듈을 선택한다.
② [그림 7-6]의 회로도와 같이 실습대에 공압 모듈을 배관한다.
③ [그림 7-7]의 회로도와 같이 실습대에 전기 모듈을 배선한다.
④ 공압원을 열고, 직류전원장치를 on시키고 전압을 24V로 조절한다.

⑤ 푸시버튼 스위치를 조작하여 5포트 2위치 전자 밸브에 의한 복동 실린더의 동작 결과를 다음 표의 해당 항목에 '○' 표를 한다.

{표 7-4}

스위치	솔레노이드 코일		밸브		실린더	
	SOL1	SOL2	초기	정상	전진	후진
PB1						
PB2						

⑥ 전기제어회로를 [그림 7-8]의 회로도와 같이 변경하고 실험을 반복한다.

{표 7-5}

스위치	릴레이 코일		솔레노이드 코일		밸브		실린더	
	여자	소자	여자	소자	초기	정상	전진	후진
PB1								
PB2								

7-3-3 검토 보고

① 양측 전자 밸브를 이용한 복동 실린더의 제어 적용 예를 알아본다.
② 양측 전자 밸브의 구성 · 원리 및 사용 방법을 설명한다.
③ [그림 7-8]에서 릴레이 b접점의 작용을 설명한다.
④ 인터록 회로의 구성 · 원리 및 사용 방법을 설명한다.

7-4 복동 실린더 자동왕복 제어회로 1(리밋 스위치 이용)

목 적	1. 리밋 스위치를 이용한 복동 실린더의 자동복귀제어 원리를 이해한다. 2. 리밋 스위치를 이용한 복동 실린더의 자동복귀제어 적용 예를 알아본다. 3. 리밋 스위치의 구성· 원리 및 사용 방법을 이해한다

사용기재, 공구, 소모재료	규 격	수 량	비 고
복동 실린더		1	
양측 전자 밸브	5포트 2위치	1	
리밋 스위치		1	
푸시버튼 스위치	자동 복귀 접점	1 set	
릴레이		1 set	
직류전원장치		1 set	
케이블		1 set	
공압 튜브, 피팅	4ф	약간	

7-4-1 관련 지식

[그림 7-9]는 5포트 2위치 리밋 스위치를 사용한 복동 실린더 자동복귀(후진)제어 공압회로의 초기 상태이며, [그림 7-10]은 공압회로를 제어하는 전기회로이다.

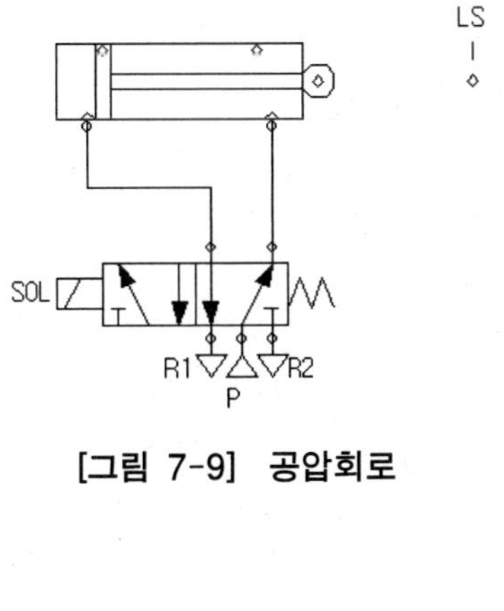

[그림 7-9] 공압회로

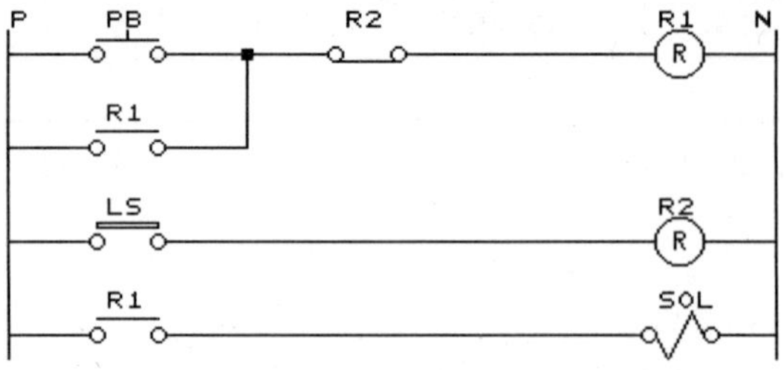

[그림 7-10] 제어회로

■ 동작 원리

전진용 푸시버튼 스위치 PB를 누르면 릴레이 R2의 b접점이 닫혀 있으므로 릴레이 코일 R1이 여자되고, 릴레이 R1의 a접점이 닫혀 솔레노이드 코일 SOL이 여자된다.

따라서 밸브의 제어 위치가 전환되어 실린더는 전진한다. 이때 푸시버튼 스위치 PB에서 손을 떼어도 입력신호가 자기유지되어 있으므로 실린더는 전진을 계속한다.

실린더의 피스톤이 전진 완료되어 리밋 스위치 LS를 on시키면, 릴레이 R2의 코일이 여자되어 릴레이 R2의 b접점이 열리므로 릴레이 R1의 자기유지가 해제된다.

따라서 솔레노이드 코일 SOL이 소자되고, 스프링의 힘에 의하여 밸브의 제어 위치가 전환되어 실린더는 후진한다. 다시 실린더를 전진시키려면 푸시버튼 스위치 PB를 눌러야 한다.

그러나 [그림 7-10]의 제어회로는 실린더의 피스톤이 전진 완료되어 리밋 스위치를 on시키면 실린더는 즉시 후진하므로 타이머에 의하여 전진 상태의 자기유지를 해제하면 일정한 시간 동안 전진 상태를 유지할 수 있다.

7-4-2 실험순서 및 결과

① 실험 목적을 이해하고 공압 및 전기 모듈을 선택한다.
② [그림 7-9]의 회로도와 같이 실습대에 공압 모듈을 배관한다.
③ [그림 7-10]의 회로도와 같이 실습대에 전기 모듈을 배선한다.
④ 공압원을 열고, 직류전원장치를 on시키고 전압을 24V로 조절한다.
⑤ 푸시버튼 스위치를 조작하여 5포트 2위치 전자 밸브에 의하여 복동 실린더가 자동 복귀되는지 확인한다.

7-4-3 검토 보고

① 리밋 스위치를 이용한 복동 실린더의 자동복귀제어 적용 예를 알아 본다.
② 리밋 스위치의 구성, 원리 및 사용 방법을 설명한다.
③ [그림 7-10]에서 리밋 스위치의 작용을 설명한다.

7-5 복동 실린더 자동왕복 제어회로 2(타이머 이용)

목 적	1. 타이머를 이용한 복동 실린더의 자동복귀제어 원리를 이해한다 2. 타이머를 이용한 복동 실린더의 자동복귀제어 적용 예를 알아본다 3. 타이머의 구성·원리 및 사용 방법을 이해한다		
사용기재, 공구, 소모재료	규 격	수 량	비 고
복동 실린더		1	
양측 전자 밸브	5포트 2위치	1	
리밋 스위치		1	
푸시버튼 스위치	자동 복귀 접점	1 set	
릴레이		1 set	
타이머		1 set	
직류전원장치		1 set	
케이블		1 set	
공압 튜브, 피팅	4φ	약간	

7-5-1 관련 지식

[그림 7-11]은 타이머를 사용한 복동 실린더 자동복귀(후진)제어 공압회로의 초기 상태이며, [그림 7-12]는 공압회로를 제어하는 전기회로이다.

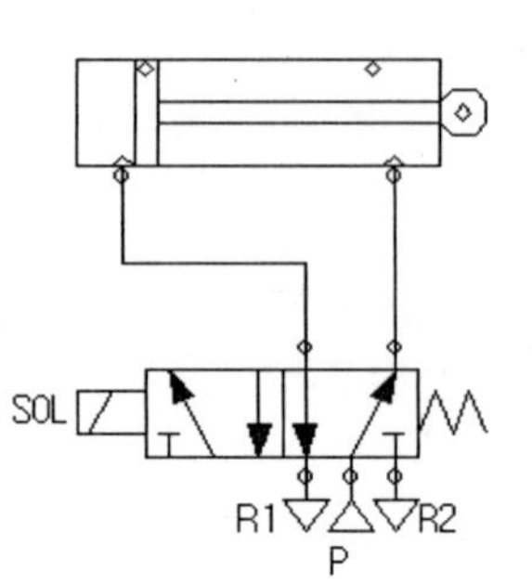

[그림 7-11] 공압회로

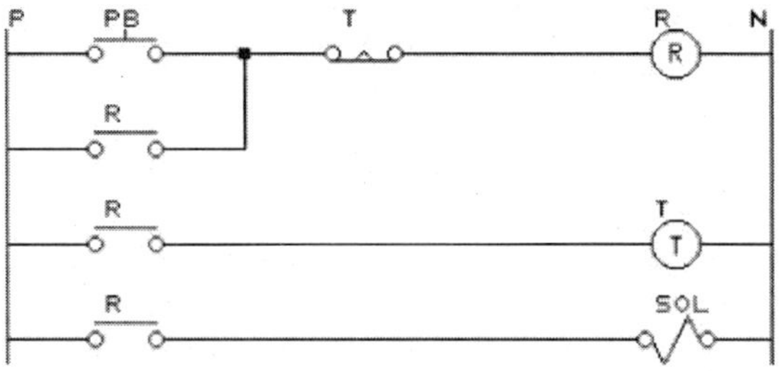

[그림 7-12] 제어회로(타이머 사용)

■ 동작 원리

전진용 푸시버튼 스위치 PB를 누르면 타이머 T의 b접점이 닫혀 있으므로 릴레이 코일 R이 여자되고, 릴레이 R의 a접점이 닫히므로 솔레노이드 코일 SOL이 여자된다.

따라서 밸브의 제어 위치가 전환되어 실린더는 전진한다. 이때 푸시버튼 스위치 PB에서 손을 떼어도 입력신호가 자기유지되어 있으므로 실린더는 전진 상태를 유지한다.

실린더가 전진을 시작하면 동시에 타이머 T가 동작하여 설정된 시간이 지나면 타이머 T의 b접점이 열리므로 릴레이 R의 자기유지가 해제된다. 따라서 솔레노이드 코일 SOL이 소자되고, 스프링의 힘에 의하여 밸브의 제어 위치가 전환되어 실린더는 후진한다. 다시 실린더를 전진시키려면 푸시버튼 스위치 PB를 눌러야 한다.

그러나 [그림 7-12]의 제어회로는 타이머의 설정시간이 실린더의 전진에 필요한 시간보다 짧으면 실린더가 제대로 전진이 되지 않은 상태에서 후진된다.

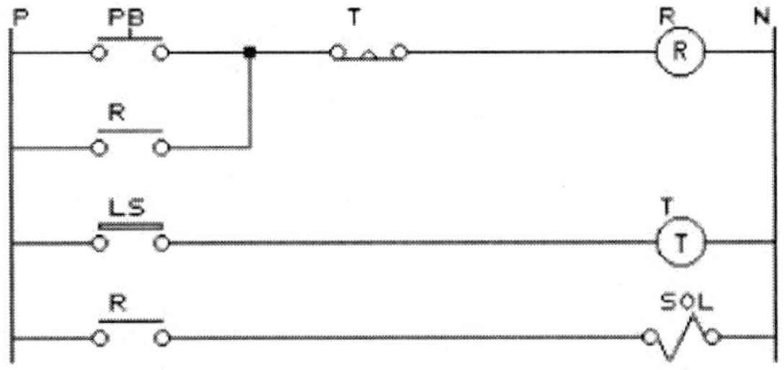

[그림 7-13] 제어회로(타이머와 리밋 스위치 사용)

따라서 실린더가 전진 완료된 상태를 리밋 스위치로 검출한 순간부터 타이머가 동작하여 설정시간이 지나면 자기 유지가 해제되도록 [그림 7-13]의 회로도와 같이 변경하여야 한다.

7-5-2 실험순서 및 결과

① 실험 목적을 이해하고 공압 및 전기 모듈을 선택한다.
② [그림 7-11]의 회로도와 같이 실습대에 공압 모듈을 배관한다.
③ [그림 7-12]의 회로도와 같이 실습대에 전기 모듈을 배선한다.
④ 공압원을 열고, 직류전원장치를 on시키고 전압을 24V로 조절한다.
⑤ 타이머의 시간을 적당하게 설정한다.
⑥ 푸시버튼 스위치를 조작하여 5포트 2위치 전자 밸브에 의하여 복동 실린더가 일정 시간 후 자동 복귀되는지 확인한다.
⑦ 전기제어회로를 [그림 7-13]의 회로도와 같이 변경하고 실험을 반복한다.

7-5-3 검토 보고

① 타이머를 이용한 복동 실린더의 자동복귀제어 적용 예를 알아본다.
② 타이머의 구성 · 원리 및 사용 방법을 설명한다.
③ [그림 7-12]와 [그림 7-13]에서 타이머와 리밋 스위치의 작용을 설명한다.

7-6 복동 실린더 연속왕복 제어회로 1(편측 전자 밸브 이용)

목 적	1. 편측 전자 밸브를 이용한 복동 실린더의 왕복제어 원리를 이해한다 2. 편측 전자 밸브를 이용한 복동 실린더의 왕복제어 적용 예를 알아본다.		
사용기재, 공구, 소모재료	**규 격**	**수 량**	**비 고**
복동 실린더		1	
편측 전자 밸브	5포트 2위치	1	
리밋 스위치		2	
푸시버튼 스위치	자동 복귀 접점	1 set	
릴레이		1 set	
직류전원장치		1 set	
케이블		1 set	
공압 튜브, 피팅	4ϕ	약간	

7-6-1 관련 지식

[그림 7-14]는 편측 전자 밸브를 사용한 복동 실린더 왕복제어 공압회로의 초기 상태이며, [그림 7-15]는 공압회로를 제어하는 전기회로이다. 여기서 PB1은 기동용 푸시버튼 스위치이고, PB2는 정지용 푸시버튼 스위치이다.

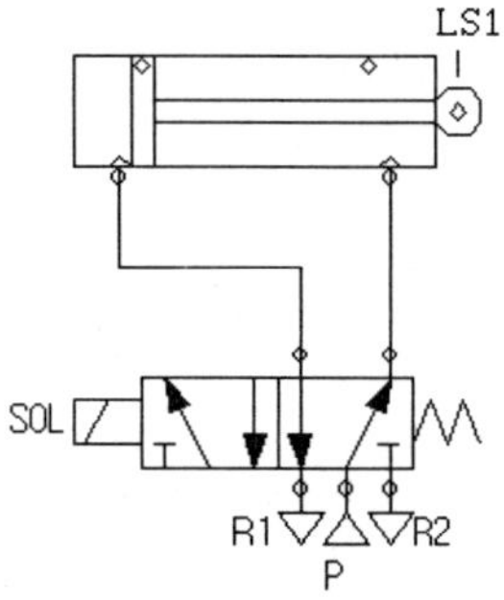

[그림 7-14] 공압회로

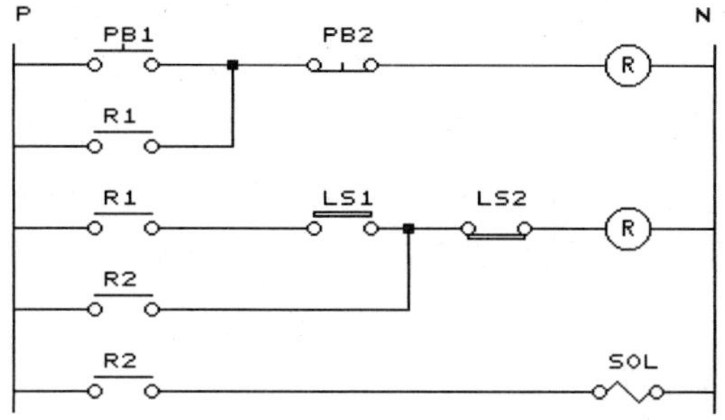

[그림 7-15] 제어회로

■ 동작 원리

푸시버튼 스위치 PB1을 누르면 푸시버튼 스위치 PB2의 b접점이 닫혀 있으므로 릴레이 코일 R1이 여자되고, 릴레이 R1의 a접점이 닫히므로 자기유지된다.

그리고 초기 상태에서 실린더는 후진되어 있어 리밋 스위치 LS1은 닫혀 있으므로 릴레이 코일 R2가 여자되고, 릴레이 R2의 a접점이 닫히므로 자기유지되며, 솔레노이드 코일 SOL이 여자된다. 따라서 밸브의 제어 위치가 전환되어 실린더는 전진한다.

실린더가 전진 완료되면 전진 끝단에 설치되어 있는 리밋 스위치 LS2의 a접점은 닫히므로 리밋 스위치 LS2의 b접점이 열려 릴레이 R2의 자기유지가 해제된다. 따라서 솔레노이드 코일 SOL이 소자되고, 스프링의 힘에 의하여 밸브의 제어 위치가 전환되어 실린더는 후진한다.

실린더가 후진을 시작하면 리밋 스위치 LS2의 a접점은 열리고 b접점은 다시 닫히며, 실린더가 완전히 후진하여 리밋 스위치 LS1를 누르면 다시 릴레이 R2가 여자되어 자기 유지되고 실린더가 전진한다.

즉 릴레이 R1이 자기 유지되어 있는 동안은 실린더가 전진과 후진을 반복하고, 릴레이 R1의 자기유지를 해제하는 푸시버튼 스위치 PB2를 누르면 실린더가 정지한다.

7-6-2 실험순서 및 결과

① 실험 목적을 이해하고 공압 및 전기 모듈을 선택한다.

② [그림 7-14]의 회로도와 같이 실습대에 공압 모듈을 배관한다.

③ [그림 7-15]의 회로도와 같이 실습대에 전기 모듈을 배선한다.
④ 공압원을 열고, 직류전원장치를 on시키고 전압을 24V로 조절한다.
⑤ 푸시버튼 스위치 PB1을 조작하여 5포트 2위치 전자 밸브에 의하여 복동 실린더가 연속 왕복 동작되는지 확인한다.
⑥ 푸시버튼 스위치 PB2를 조작하여 실린더의 동작을 정지시킨다.

7-6-3 검토 보고

① 편측 전자 밸브를 이용한 복동 실린더의 왕복제어 적용 예를 알아본다.
② [그림 7-15]에서 푸시버튼 스위치 PB2와 리밋 스위치 LS2의 작용을 설명한다.

7-7 복동 실린더 연속왕복 제어회로 2(양측 전자 밸브 이용)

목 적	1. 양측 전자 밸브를 이용한 복동 실린더의 왕복제어 원리를 이해한다 2. 양측 전자 밸브를 이용한 복동 실린더의 왕복제어 적용 예를 알아본다.		
사용기재, 공구, 소모재료	규 격	수 량	비 고
복동 실린더		1	
양측 전자 밸브	5포트 2위치	1	
리밋 스위치		2	
푸시버튼 스위치	자동 복귀 접점	1 set	
릴레이		1 set	
직류전원장치		1 set	
케이블		1 set	
공압 튜브, 피팅	4ϕ	약간	

7-7-1 관련 지식

[그림 7-16]은 양측 전자 밸브를 사용한 복동 실린더 왕복제어 공압회로의 초기 상태이며, [그림 7-17]은 공압회로를 제어하는 전기회로이다. 여기서 PB1은 기동 스위치이고, PB2는 정지 스위치이다.

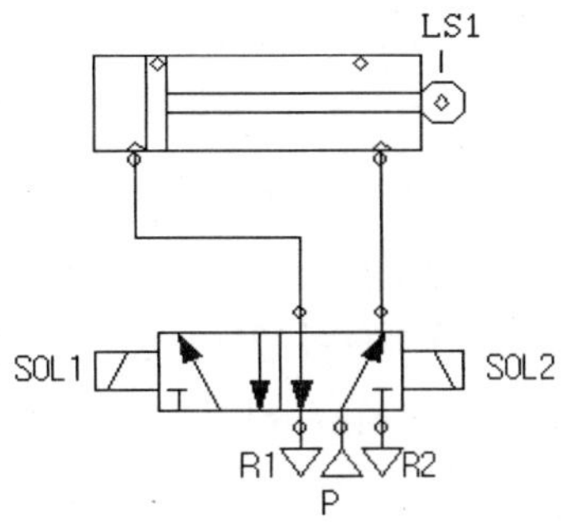

[그림 7-16] 공압회로

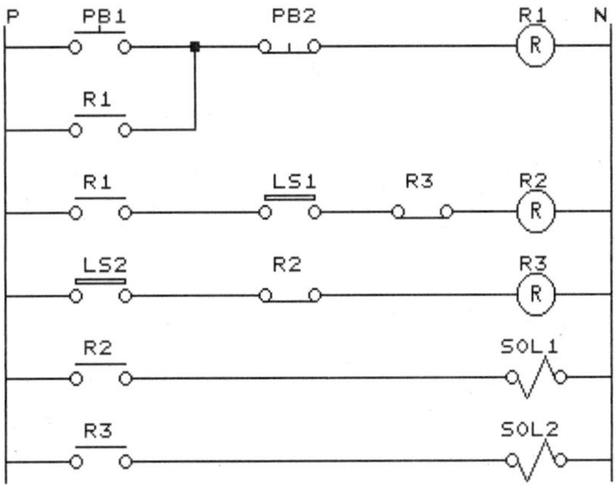

[그림 7-17] 제어회로

■ 동작 원리

푸시버튼 스위치 PB1을 누르면 푸시버튼 스위치 PB2의 b접점이 닫혀 있으므로 릴레이 코일 R1이 여자되고, 릴레이 R1의 a접점이 닫히므로 자기유지된다.

그리고 초기 상태에서 실린더는 후진되어 있어 리밋 스위치 LS1은 닫혀 있고 릴레이 R3의 b접점도 닫혀 있으므로 릴레이 코일 R2가 여자되며, 릴레이 R2의 a접점이 닫히므로 솔레노이드 코일 SOL1이 여자된다. 따라서 밸브의 제어 위치가 전환되어 실린더는 전진한다.

실린더가 전진 완료되면 전진 끝단에 설치되어 있는 리밋 스위치 LS2가 닫히므로 릴레이 R3가 여자되고, 릴레이 R3의 a접점이 닫힌다. 따라서 솔레노이드 코일 SOL2가 여자되고, 밸브의 제어 위치가 전환되어 실린더는 후진한다.

실린더가 후진을 시작하면 리밋 스위치 LS2의 a접점은 열리고, 실린더가 완전히 후진하여 리밋 스위치 LS1를 누르면 다시 릴레이 R1이 여자되어 자기 유지되고 실린더가 전진한다.

즉 릴레이 R1이 자기 유지되어 있는 동안은 실린더가 전진과 후진을 반복하고, 릴레이 R1의 자기유지를 해제하는 푸시버튼 스위치 PB2를 누르면 실린더가 정지한다.

7-7-2 실험순서 및 결과

① 실험 목적을 이해하고 공압 및 전기 모듈을 선택한다.
② [그림 7-16]의 회로도와 같이 실습대에 공압 모듈을 배관한다.
③ [그림 7-17]의 회로도와 같이 실습대에 전기 모듈을 배선한다.
④ 공압원을 열고, 직류전원장치를 on시키고 전압을 24V로 조절한다.
⑤ 푸시버튼 스위치 PB1을 조작하여 5포트 2위치 전자 밸브에 의하여 복동 실린더가 연속 왕복 동작되는지 확인한다.
⑥ 푸시버튼 스위치 PB2를 조작하여 실린더의 동작을 정지시킨다.

7-7-3 검토 보고

양측 전자 밸브를 이용한 복동 실린더의 왕복제어 적용 예를 알아본다.

7-8 단동 및 연동 사이클 제어회로 1(유지접점 스위치 이용)

목 적	1. 유지형 스위치를 이용한 복동 실린더의 사이클 제어 원리를 이해한다. 2. 유지형 스위치를 이용한 복동 실린더의 사이클 제어 적용 예를 알아본다.		

사용기재, 공구, 소모재료	규 격	수 량	비 고
복동 실린더		1	
편측 전자 밸브	5포트 2위치	1	
리밋 스위치		2	
푸시버튼 스위치		1 set	유지접점/복귀접점
릴레이		1 set	
직류전원장치		1 set	
케이블		1 set	
공압 튜브, 피팅	4ϕ	약간	

7-8-1 관련 지식

[그림 7-18]은 푸시버튼 스위치와 셀렉터 스위치를 사용한 단동 사이클과 연동 사이클을 선택 제어하는 공압회로의 초기 상태이며, [그림 7-19]는 공압회로를 제어하는 전기회로이다. 여기서 PB1은 단동 사이클 기동 스위치이고 PB2는 연동 사이클 기동 스위치이다.

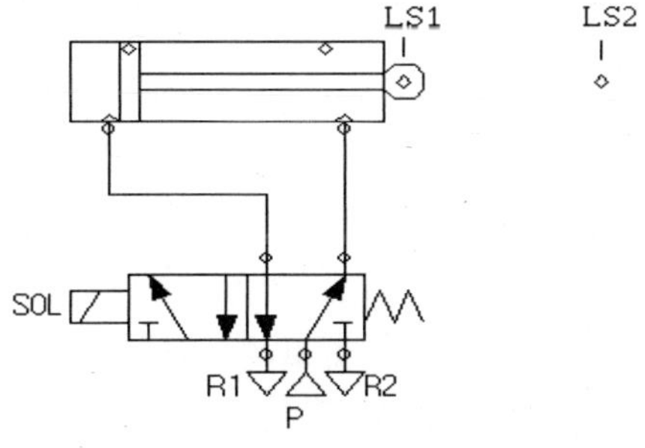

[그림 7-18] 공압회로

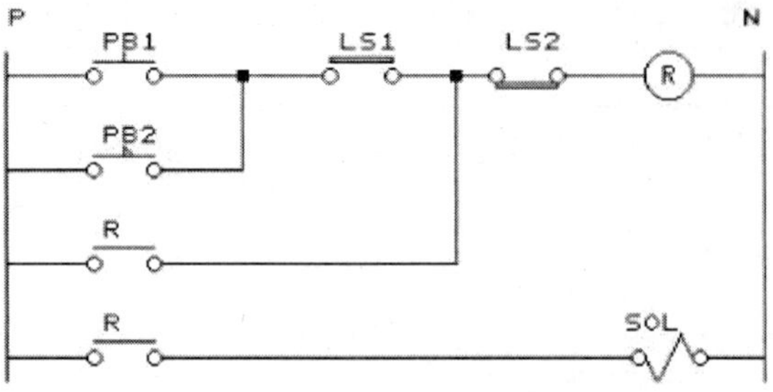

[그림 7-19] 제어회로

■ 동작 원리

1) 단동 사이클

초기 상태에서 실린더는 후진되어 있어 리밋 스위치 LS1은 닫혀 있으며, 푸시버튼 스위치 PB1을 누르면 리밋 스위치 LS2의 b접점이 닫혀 있으므로 릴레이 코일 R이 여자되고, 릴레이 R의 a접점이 닫히므로 자기유지된다. 따라서 솔레노이드 코일 SOL이 여자되고 밸브의 제어 위치가 전환되어 실린더는 전진한다.

실린더가 전진 완료되면 선신 끝난에 설지되어 있는 리밋 스위치 LS2의 b접점은 열리므로 릴레이 R의 자기유지가 해제된다. 따라서 솔레노이드 코일 SOL이 소자되고, 스프링의 힘에 의하여 밸브의 제어 위치가 전환되어 실린더는 후진하여 1사이클이 종료되므로 이러한 사이클을 단동 사이클이라 한다.

2) 연동 사이클

유지형 스위치인 PB2를 누르면 유지형 스위치를 off시킬 때까지 실린더는 전진과 후진을 계속적으로 반복하므로 이러한 사이클을 연속 사이클이라 한다.

7-8-2 실험순서 및 결과

① 실험 목적을 이해하고 공압 및 전기 모듈을 선택한다.
② [그림 7-18]의 회로도와 같이 실습대에 공압 모듈을 배관한다.
③ [그림 7-19]의 회로도와 같이 실습대에 전기 모듈을 배선한다.

④ 공압원을 열고, 직류전원장치를 on시키고 전압을 24V로 조절한다.
⑤ 푸시버튼 스위치 PB1을 조작하여 5포트 2위치 전자 밸브에 의하여 복동 실린더가 1회 왕복 동작되는지 확인한다.
⑥ 푸시버튼 스위치 PB2를 조작하여 5포트 2위치 전자 밸브에 의하여 복동 실린더가 연속 왕복 동작되는지 확인한다.
⑦ 푸시버튼 스위치 PB3를 조작하여 실린더의 연속 왕복 동작을 정지시킨다.

7-8-3 검토 보고

[그림 7-19]에서 유지형 스위치 PB2의 작용을 설명한다.

7-9 단동 및 연동 사이클 제어회로 2(자동복귀접점 스위치 이용)

목 적	1. 자동 복귀 접점 스위치를 이용한 복동 실린더의 사이클 제어 원리를 이해한다. 2. 자동 복귀 접점 스위치를 이용한 복동 실린더의 사이클 제어 적용 예를 알아본다.

사용기재, 공구, 소모재료	규 격	수 량	비 고
복동 실린더		1	
편측 전자 밸브	5포트 2위치	1	
리밋 스위치		2	
푸시버튼 스위치	자동 복귀 접점	1 set	
릴레이		1 set	
직류전원장치		1 set	
케이블		1 set	
공압 튜브, 피팅	4ϕ	약간	

7-9-1 관련 지식

[그림 7-21]은 [그림 7-19]의 제어회로와 기능은 같지만 단동 사이클 및 연동 사이클 선택 스위치에 푸시버튼 스위치를 사용한 제어회로이다. 여기서 PB1은 단동 사이클 및 제어계의 기동 스위치이고 PB2는 연동 사이클 기동 스위치이며, PB3는 연동 사이클 정지 스위치이다.

■ 동작 원리

1) 단동 사이클

푸시버튼 스위치 PB1을 누르면 릴레이 R1의 코일이 여자되어 릴레이 R1의 a접점이 닫힌다. 그리고 초기 상태에서 실린더는 후진되어 있어 리밋 스위치 LS1은 닫혀 있고, 리밋 스위치 LS2의 b접점도 닫혀 있으므로 릴레이 R3 코일이 여자되어 릴레이 R3의 a접점이 닫히고 자기 유지된다. 따라서 솔레노이드 코일 SOL이 여자되고, 밸브의 제어 위치가 전환되어 실린더는 전진한다.

실린더가 전진 완료되면 전진 끝단에 설치되어 있는 리밋 스위치 LS2의 b접점은 열리므로 릴레이 R3의 자기유지가 해제된다. 따라서 솔레노이드 코일 SOL이 소자되고, 스프링의 힘에 의하여 밸브의 제어 위치가 전환되어 실린더는 후진하여 단동 사이클이 완료된다.

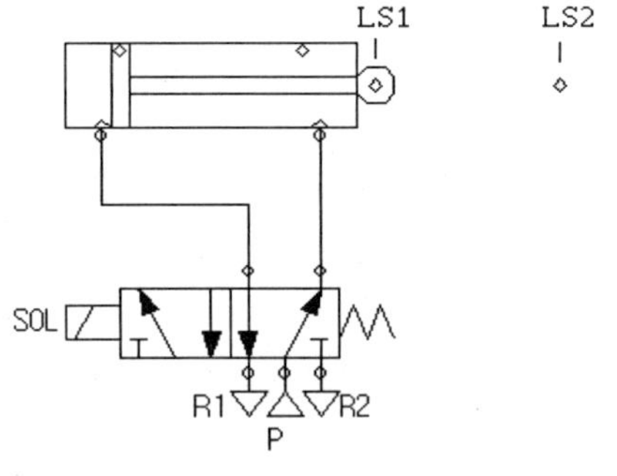

[그림 7-20] 공압회로

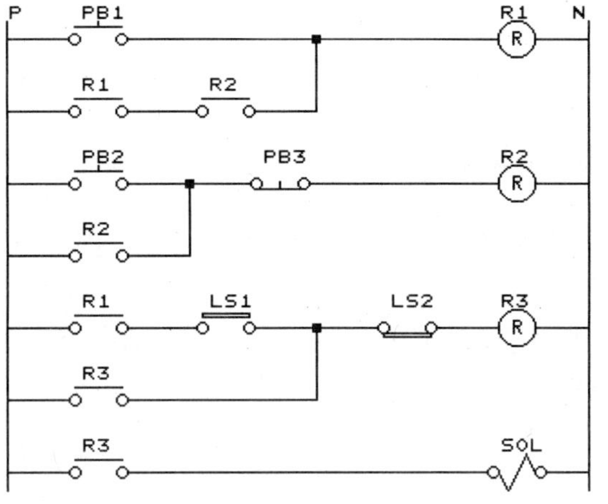

[그림 7-21] 제어회로

2) 연동 사이클

푸시버튼 스위치 PB2를 누르면 푸시버튼 스위치 PB3가 닫혀 있으므로 릴레이 R2의 코일이 여자되어 릴레이 R2의 a접점이 닫히고 자기유지된다. 그러나 릴레이 R3의 코일이 소자되어 있어 릴레이 R3의 a접점이 열려 있으므로 실린더는 기동되지 않는다.

즉 푸시버튼 스위치 PB2는 연동 사이클 선택 스위치일뿐 제어계의 기동 스위치는 아니다. 이 상태에서 푸시버튼 스위치 PB1을 누르면 비로소 릴레이 R3가 자기 유지되어 실린더는 전진과 후진을 반복하고 푸시버튼 스위치 PB3을 누르면 실린더가 후진하여 정지한다.

7-9-2 실험순서 및 결과

① 실험 목적을 이해하고 공압 및 전기 모듈을 선택한다.
② [그림 7-20]의 회로도와 같이 실습대에 공압 모듈을 배관한다.
③ [그림 7-21]의 회로도와 같이 실습대에 전기 모듈을 배선한다.
④ 공압원을 열고, 직류전원장치를 on시키고 전압을 24V로 조절한다.
⑤ 푸시버튼 스위치 PB1을 조작하여 5포트 2위치 전자 밸브에 의하여 복동 실린더가 1회 왕복 동작되는지 확인한다.
⑥ 푸시버튼 스위치 PB2를 조작하여 5포트 2위치 전자 밸브에 의하여 복동 실린더가 연속 왕복 동작되는지 확인한다.

⑦ 푸시버튼 스위치 PB3를 조작하여 실린더의 연속 왕복 동작을 정지시킨다.

7-9-3 검토 보고

① 자동복귀 접점 스위치를 이용한 복동 실린더의 사이클 제어 적용 예를 알아본다.

② [그림 7-21]에서 푸시버튼 스위치 PB1 · PB2 및 PB3의 작용을 설명한다.

7-10 계수회로

목 적	1. 카운터를 이용한 복동 실린더의 계수제어 원리를 이해한다 2. 카운터를 이용한 복동 실린더의 계수제어 적용 예를 알아본다 3. 카운터의 구성, 원리 및 사용 방법을 이해한다		
사용기재, 공구, 소모재료	**규 격**	**수 량**	**비 고**
복동 실린더		1	
편측 전자 밸브	5포트 2위치	1	
리밋 스위치		2	
푸시버튼 스위치	자동 복귀 접점	1 set	
릴레이		1 set	
카운터		1 set	
직류전원장치		1 set	
케이블		1 set	
공압 튜브, 피팅	4φ	약간	

7-10-1 관련 지식

[그림 7-23]은 카운터를 사용하여 기계의 동작 횟수 계수를 위한 제어회로이다.

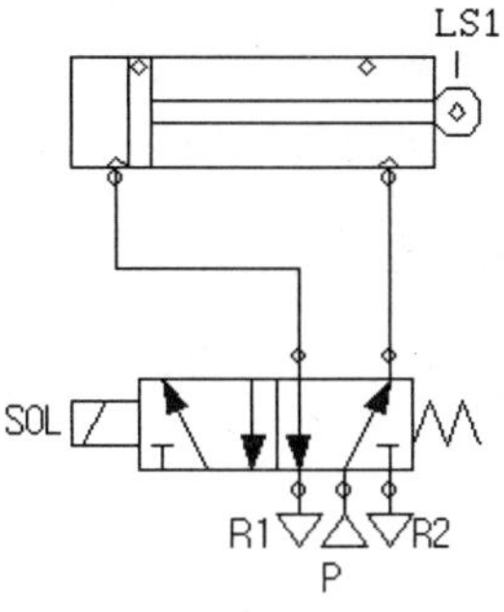

[그림 7-22] 공압회로

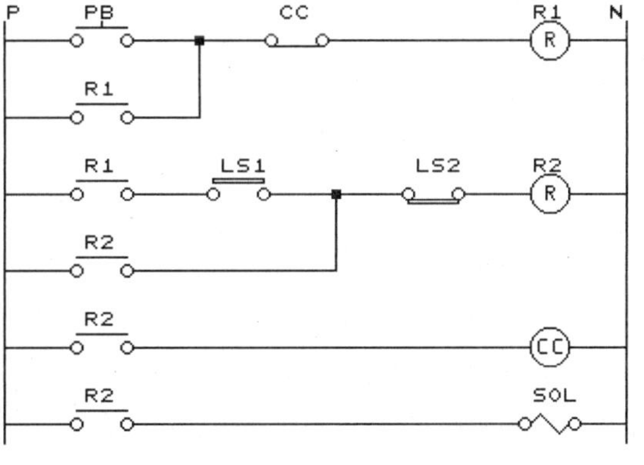

[그림 7-23] 제어회로

■ 동작 원리

푸시버튼 스위치 PB를 누르면 릴레이 R1의 코일이 여자되어 릴레이 R1의 a접점이 닫힌다. 그리고 초기 상태에서 실린더는 후진되어 있어 리밋 스위치 LS1은 닫혀 있고, 카운터 셋 접점 CC도 닫혀 있으므로 릴레이 R2 코일이 여자되어 릴레이 R2의 a접점이 닫히고 자기유지된다. 따라서 솔레노이드 코일 SOL이 여자되고, 밸브의 제어 위치가 전환되어 실린더는 전진한다.

실린더가 전진 완료되면 전진 끝단에 설치되어 있는 리밋 스위치 LS2의 b접점은 열리므로 릴레이 R2의 자기 유지가 해제된다. 따라서 솔레노이드 코일 SOL이 소자되고, 스프링의 힘에 의하여 밸브의 제어 위치가 전환되므로 실린더는 후진하여 1사이클을 완료하고 카운터의 계수가 증가한다.

이와 같이 푸시버튼 스위치 PB를 누르면 실린더가 전진과 후진을 반복하고 실린더를 제어하는 릴레이 R2의 a접점에 의하여 카운터가 계수를 하고 카운터의 설정치만큼 실린더가 동작하면 카운터 셋 접점 CC가 기동 신호인 릴레이 R1의 자기유지를 해제하므로 스스로 정지하는 회로이다.

7-10-2 실험순서 및 결과

① 실험 목적을 이해하고 공압 및 전기 모듈을 선택한다.
② [그림 7-22]의 회로도와 같이 실습대에 공압 모듈을 배관한다.
③ [그림 7-23]의 회로도와 같이 실습대에 전기 모듈을 배선한다.
④ 공압원을 열고, 직류전원장치를 on시키고 전압을 24V로 조절한다.
⑤ 카운터 셋을 적당하게 설정한다.
⑥ 푸시버튼 스위치 PB를 조작하여 실린더의 동작 횟수를 확인한다.

7-10-3 검토 보고

① 카운터를 이용한 복동 실린더의 계수제어 적용 예를 알아본다.
② [그림 7-23]에서 카운터 CC 접점의 작용을 설명한다.
③ 카운터의 구성 · 원리 및 사용 방법을 설명한다.

CHAPTER 08 PLC 제어

8-1 기본 명령어 활용 1

<table>
<tr><td>목 적</td><td colspan="4">1. PLC 프로그램 작성방법을 이해한다
2. 다음 기본 명령어를 이해하고 활용할 수 있도록 교육한다
회로의 시작과 끝 회로의 직렬접속(AND) 및 병렬접속(OR), 논리의 반전
3. 래더 및 명령어 모니터링 방법을 이해한다</td></tr>
<tr><td colspan="2">사용기재, 공구, 소모재료</td><td>규 격</td><td>수 량</td><td>비 고</td></tr>
<tr><td colspan="2">컴퓨터</td><td>IBM 호환</td><td>1</td><td></td></tr>
<tr><td colspan="2">PLC 실습장치</td><td>GLOFA GM</td><td>1</td><td></td></tr>
<tr><td colspan="2">통신 케이블 어댑터</td><td>RS485/RS232C</td><td>1</td><td></td></tr>
<tr><td colspan="2">프로그램 작성 툴</td><td></td><td></td><td>사용 PLC 전용 툴</td></tr>
<tr><td colspan="2">휴대용 저장장치</td><td></td><td>1</td><td>USB</td></tr>
</table>

8-1-1 관련 지식

유접점 제어방식의 입력 스위치, 릴레이의 코일과 접점 그리고 출력을 직·병렬로 접속하여 제어하기 위하여 다음과 같은 PLC 명령어가 필요하다.

본 교재에서 설명하는 PLC는 LS산전의 GLOFA GM6 기종을 주 대상으로 한다.

(1) 회로의 시작

유접점 제어방식의 각종 스위치와 센서 신호의 a 또는 b접점의 입력(조건부)에 해당하는 PLC 명령어이다. 일반적으로 a접점은 LOAD 또는 LD (LoaD), 그리고 b접점은 LOAD NOT, LDN(LoaD Not(Negated)), 또는LDI (LoaD Inverted) 등으로 표기하며, 회로가 시작되는 좌측 모선과 연결한다.

a접점 시작 LOAD는 1개 회로의 선두에서 a접점으로 작용하며(동작신호를 발생), 지정 접점의 on/off 정보를 연산결과로 출력하므로 기동신호로 이용한다. 그리고 b접점 시작 LOAD NOT은 1개 회로의 선두에서 b접점으로 작용하며(복귀신호를 발생), 지정 접점의 on/off 정보를 연산결과로 출력하므로 정지신호로 이용한다.

(2) 회로의 끝(출력, 코일)

유접점 제어방식의 각종 표시등, 릴레이 코일 및 모터 구동의 출력(실행부)에 해당하는 PLC 명령어이다. 일반적으로 출력은 ST(STore), OUT, 역출력은 STN(STore Not)으로 표기하며, 회로가 끝나는 우측 모선과 연결한다.

- 내·외부 출력 및 정전유지 등에 대한 구동명령어로서 출력 명령까지의 연산결과를 지정한 접점에 출력한다.
- 병렬사용이 가능하고, 다른 코일을 구동하는 입력조건으로 사용할 수 있다. 그리고 입력조건이 없이 좌측 모선에 출력을 지정할 수 없고, 동일한 출력 명령은 두 번 이상 사용할 수 없다.

(a) LOAD/LOAD NOT　　　(b) ST/STN

[그림 8-1] 회로의 시작, 끝 명령어와 래더도 기호

예제 1

[그림 8-2](a)에서 푸시버튼 스위치 PB가 on 되면 릴레이 R의 a접점 Ra는 on, b접점 Rb는 off되어 녹색등 GL은 점등하고 적색등 RL은 소등한다. 이러한 릴레이 제어회로에 해당하는 PLC 래더도와 타임차트는 [그림 8-2](b) 및 [그림 8-2](c)와 같다. 여기서 PB→LOAD(%IX0.0.0) Ra → LOAD(%MW0.0), Rb → LOAD NOT(%MW0.0), GL → ST(%QX0.2.0), RL → ST(%QX0.2.1)로 고려한다.

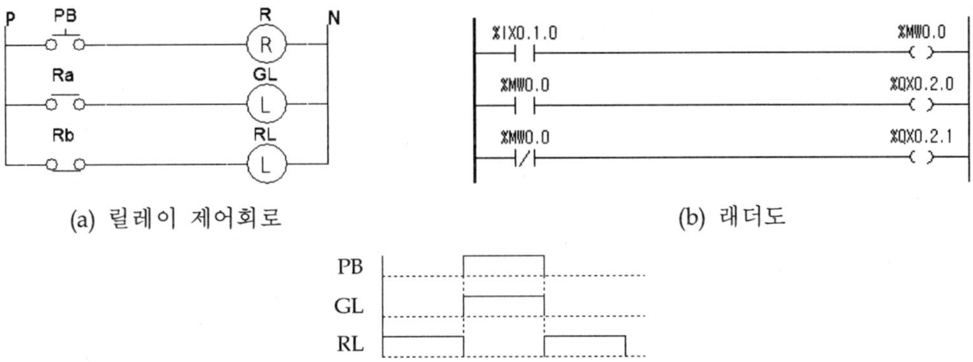

(a) 릴레이 제어회로 (b) 래더도

(c) 타임차트

[그림 8-2] 회로의 시작과 끝 명령어 활용

■ 프로그램 종료 명령어

PLC 제조회사에 따라 프로그램의 종료를 나타내는 명령어를 사용하며, 일반적으로 END로 표기한다. 그리고 END 명령을 처리한 후 'step 0000'으로 복귀한다. 이와 같은 명령어를 사용하는 PLC에서 프로그램 종료 명령이 없을 때는 PLC 내부에 저장된 프로그램 내용에 따라 출력을 처리하므로 오동작의 원인이 된다.

프로그램 종료명령은 프로그램의 스텝 수가 많을 때 부분적으로 사용하여 그 이전까지의 프로그램이 정확하게 실행되는지 여부를 확인할 수가 있다.

(3) 회로의 직렬접속

1개의 다른 접점과 직렬접속이 되도록 작용하여 AND 논리가 성립하며, 지정 접점의 on/off 정보와 그 전까지의 연산결과를 출력한다. 그리고 사용하는 개수에 제한이 없으며, 다음 스텝에서 접점을 분기하여 OUT 명령을 사용함으로써 출력상태를 유지할 수 있다.

a접점 직렬접속은 이전 스텝 접점이 a, b접점에 관계없이 다음 스텝 a접점을 직렬접속하며, 일반적으로 AND로 표기한다. 그리고 b접점 직렬접속은 이전 스텝 접점이 a, b접점에 관계없이 다음 스텝 b접점을 직렬접속하며, 일반적으로 AND NOT 또는 ANDN(AND Not) 등으로 표기한다.

(a) AND　　(b) ANDN

[그림 8-3] 회로의 직렬접속 명령어와 래더도 기호

예제 2

[그림 8-4](a)에서 푸시버튼 스위치 PB1 및 PB2가 on되고, PB3가 off된 경우만 적색등 RL이 점등하고, PB1이나 PB2가 off되거나 PB3가 on되면 적색등 RL은 소등한다. 이러한 릴레이 제어회로에 해당하는 PLC 래더도와 타임차트는 [그림 8-4](b) 및 [그림 8-4](b)와 같다. 여기서 R1a→LOAD(%MW0.1), R2a→AND(%MW0.2), R3b→AND NOT (%MW0.3), RL→ST(%QX0.2.2)로 고려한다.

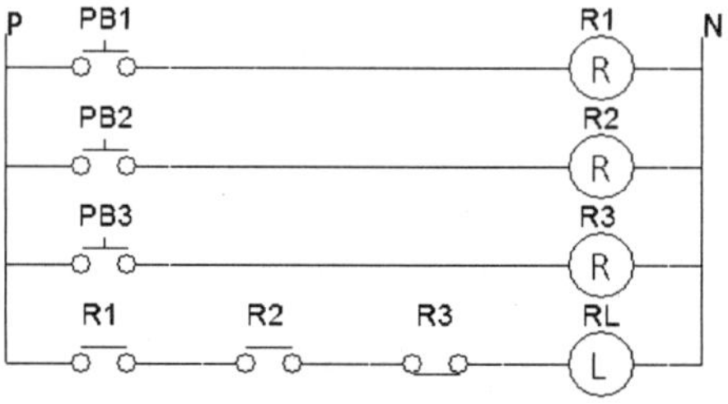

(a) 릴레이 제어회로

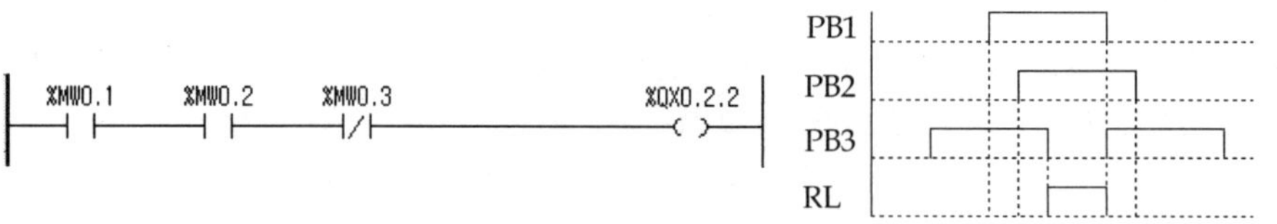

(b) 래더도　　(c) 타임차트

[그림 8-4] 회로의 직렬접속 명령어 활용

(4) 회로의 병렬접속

1개의 다른 접점과 병렬접속이 되도록 작용하여 OR 논리가 성립하며, 지정 접점의 on/off 정보와 그 전까지의 연산결과를 출력한다. 그리고 사용하는 개수에 제한이 없다.

a접점 병렬접속은 이전 스텝 접점이 a, b접점에 관계없이 다음 스텝 a접점을 병렬접속하며, 일반적으로 OR로 표기한다. 그리고 b접점 병렬접속은 이전 스텝 접점이 a, b접점에 관계없이 다음 스텝 b접점을 병렬접속하며, 일반적으로 OR NOT 또는 ORN(OR Not) 등으로 표기한다.

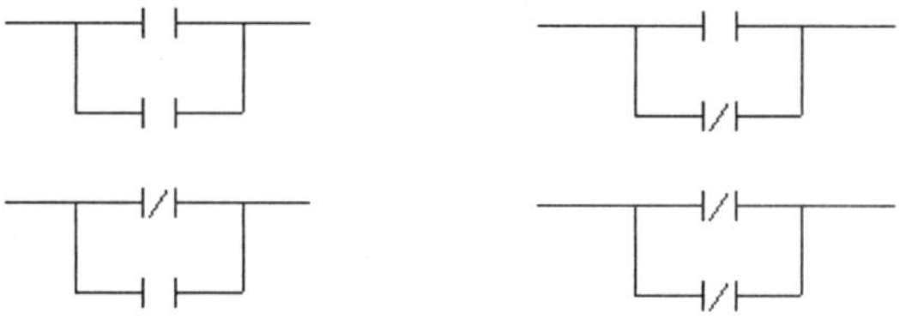

(a) OR (b) ORN

[그림 8-5] 회로의 병렬접속 명령어와 래더도 기호

예제 3

[그림 8-6]에서 푸시버튼 스위치 PB1이나 PB2가 on되거나, PB3가 off된 경우 적색등 RL이 점등하고 경보기 BZ가 동작하며, PB1과 PB2가 off되고 PB3가 on되면 적색등 RL은 소등되고 경보기 BZ는 동작을 멈춘다. 이러한 릴레이 제어회로에 해당하는 PLC 래더도와 타임차트는 [그림 8-7]과 같다. 일반적으로 릴레이 제어회로에 대한 타임차트는 특별하게 지정하지 않으면 코일에 인가된 전기신호의 on(여자)/off(소자) 상태를 나타낸다. 여기서 R1a→LOAD(%MW0.4), R2a→OR(%MW0.5), R3b→OR NOT(%MW0.6), RL→ST(%QX0.2.2)로 고려한다.

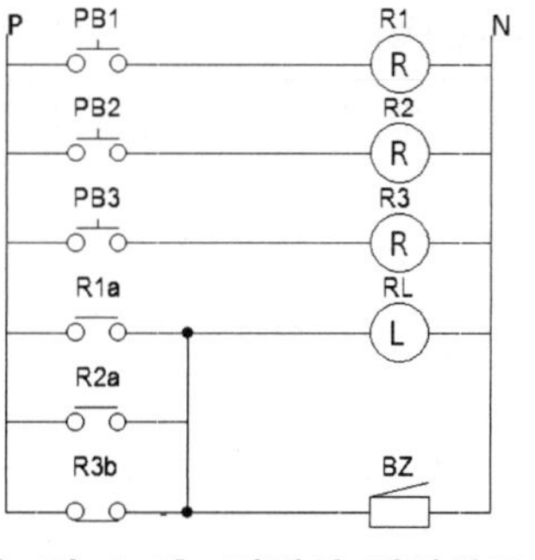

[그림 8-6] 릴레이 제어회로

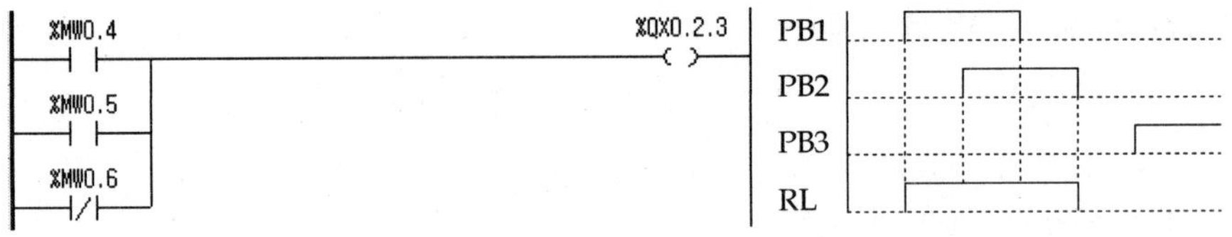

(a) 래더도 (b) 타임차트

[그림 8-7] 회로의 병렬접속 명령어 활용

■ 직렬 접속과 병렬 접속 차이

PLC내부 알람 프로그램 등을 작성할 때 병렬로 접속하여 출력을 발생하는 것보다 직렬로 접속하고 역출력이 발생하도록 하는 것이 한 줄로 보기 편하다. 그러나 병렬 접속 경우보다 스텝 수가 증가한다.

예제 4

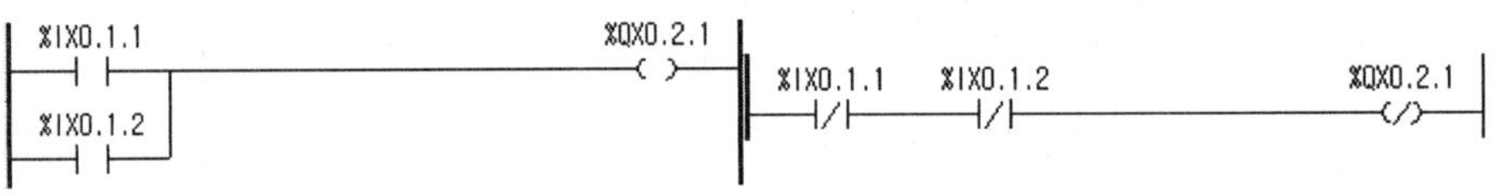

(a) 병렬 접속 (b) 직렬 접속

[그림 8-8] 출력과 역출력 비교

[그림 8-8]에서 병렬 접속 래더도와 직렬 접속 래더도는 동일한 출력을 나타낸다.

$$\overline{(\overline{\%IX0.1.1} \cdot \overline{\%IX0.1.2})} = \%IX0.1.1 + \%IX0.1.2 = \%QX0.2.1$$

■ 렁(rung)과 회로(circuit)의 차이

1개의 렁마다 1개의 출력을 가지며, 1개의 렁은 1개 이상의 회로에 의하여 구성될 수 있다.

8-1-2 실험순서 및 결과

(1) 회로의 시작과 끝 : LOAD, LOAD NOT

① [그림 8-2](a)의 유접점 릴레이 제어회로에 대한 입·출력 번지를 지정한다.

② PLC 프로그램을 실행하여 환경설정을 확인하고 래더도 편집 모드를 선택한다.

③ 편집할 파일명을 LDLDN으로 지정하여 편집하고 저장 변환한다.

④ 스위치를 조작하여 래더도 모니터 결과를 [그림 8-2](c)의 타임차트와 비교한다.

(2) 회로의 직렬접속 : AND, AND NOT

① [그림 8-4](a)의 유접점 릴레이 제어회로에 대한 입·출력 번지를 지정한다.

② PLC 프로그램을 실행하여 환경설정을 확인하고 래더도 편집 모드를 선택한다.

③ 래더도 편집기에서 편집할 파일명을 ANDANDN으로 지정하여 편집하고 저장 변환한다.

④ 스위치를 조작하여 래더도 모니터 결과를 [그림 8-4](c)의 타임차트와 비교한다.

(3) 회로의 병렬접속 : OR, OR NOT

① [그림 8-6]의 유접점 릴레이 제어회로에 대한 입·출력 번지를 지정한다.

② PLC 프로그램을 실행하여 환경설정을 확인하고 래더도 편집 모드를 선택한다.

③ 래더도 편집기에서 편집할 파일명을 ORORN으로 지정하여 편집하고 저장 변환한다.

④ 스위치를 조작하여 래더도 모니터 결과를 [그림 8-7](b)의 타임차트와 비교한다.

(4) 회로의 반전

① PLC 프로그램을 실행하여 환경설정을 확인하고, 래더도 편집 모드를

선택한다.

② [그림 8-8]에 대하여 래더도 편집기에서 편집할 파일명을 NOTOUT으로 지정하여 편집하고 저장 변환한다.

③ 스위치를 조작하여 래더도 모니터 결과를 설명하고, 타임차트를 작성한다.

8-1-3 검토 보고

실습 프로젝트 파일에서 래더도와 명령어 방식의 결과를 비교 검토한다.

8-2 기본 명령어 활용 2

목 적	1. 자기유지회로 및 우선(인터록)회로의 개념을 이해하여 PLC 프로그램을 작성할 수 있도록 교육한다 2. SET, RESET 명령어를 이해하여 활용할 수 있도록 교육한다 3. 휘발성과 불휘발성 출력동작을 이해하여 활용할 수 있도록 교육한다 4. 래더선도 모니터링 방법을 이해한다

사용기재, 공구, 소모재료	규 격	수 량	비 고
컴퓨터	IBM 호환	1	
PLC 실습장치	GLOFA GM	1	
통신 케이블 어댑터	RS485/RS232C	1	
프로그램 작성 툴			사용 PLC 전용 툴
휴대용 저장장치		1	USB

8-2-1 관련 지식

(1) 개 요

제어회로에는 인간의 판단기능에 해당하는 논리회로(AND, OR, NOT)와 인간의 기억기능에 해당하는 기억(자기유지 : latch)회로가 매우 중요한 역할을 한다.

일반적으로 수동조작 자동복귀 접점을 갖는 푸시버튼 스위치를 눌렀다가 떼어도 신호흐름(제어동작)을 계속하기 위하여 자기유지회로가 필요하다.

그리고 자기유지 회로는 2개 이상의 입력이 있을 때 먼저 입력한 신호가 우선하고, 그 입력에 대한 출력이 종료하기 전에는 다른 입력신호를 무시하는 회로로서 기기의 보호와 작업자의 안전을 위하여 광범위하게 활용된다. 예를 들어, 자동문을 열고 닫기 위한 신호는 동시에 존재할 수 없다.

회로의 동작에 우선도를 갖게 하는 방법은 우선도가 높은 쪽의 회로를 on 조작했을 때 우선도가 낮은 다른 쪽의 회로는 동작하지 않도록 우선도가 낮은 쪽을 조작하기 위한 릴레이의 b접점을 직렬로 삽입한다. 이러한 것을 '인터록을 건다'라고 하며, 그와 같은 회로를 인터록 회로라고 한다. 그리고 인터록을 걸기 위한 b접점을 인터록 접점이라 한다.

PLC에서는 입력조건의 a접점 신호만으로 우측 모선에 접속된 해당 출력접점을 자기유지(SET) 또는 해제(RESET) 상태가 되도록 작용하고, SET/RESET 조건이 동시 성립하는 경우 프로그램 스캔 과정에서 RESET 스캔이 SET 스캔보다 뒤에 실행되므로 RESET이 우선되어 유접점 정지우선 자기유지회로 작용을 한다. 그리고 SET 명령으로 자기유지된 접점은 필히 RESET 명령으로 해제하여야 한다. 즉 SET 명령어와 RESET 명령어는 항상 함께 사용한다.

자기유지 SET은 입력조건의 a접점이 on되면 지정 출력접점을 on 상태로 자기유지 시키며, 입력이 off되어도 출력이 on 상태를 유지한다. 그리고 해제 RESET은 입력조건의 a접점이 on되면 지정 출력접점을 off 상태로 자기유지 시키며, 입력이 off되어도 출력이 off 상태를 유지한다.

(a) SET　　　　(b) RESET

[그림 8-9] SET/RESET 명령어 비교

예제 5

푸시버튼 스위치 PB1이 on되면 경보기가 계속 울리고, 푸시버튼 스위치 PB2가 on되면 경보기 울림이 정지한다. 이러한 릴레이 제어회로에 해당하는 SET/RESET 명령어를 이용한 PLC 래더도와 타임차트는 [그림 8-10]과 같다. 여기서 PB1 → LOAD(%IX0.1.0), PB2 → LOAD(%IX0.1.1), BZ → SET(%MW1.0), BZ → RESET(%MW1.0)으로 고려한다.

[그림 8-10]에서 두 개의 푸시버튼 스위치가 동시에 on되는 경우에 출력의 자기유지 상태는 다음과 같이 스캔 과정을 고찰하여 off 상태가 되는 것을 이해할 수 있다.

① 스캔의 처음 과정에서 PLC는 두 개의 입력조건이 동시에 on된 것을 인식하고, PLC 프로그램을 실행한다.
② 첫째 회로에서 입력 %IX0.1.0가 on이면 출력 %QX0.2.0은 set(on)으로 유지된다.
③ 둘째 회로에서 입력 %IX0.1.1가 on되면 출력 %QX0.2.0은 reset(off)으로 유지된다. 마지막 과정에서 출력 %QX0.2.0이 off 상태이므로 출력은 off 상태로 유지된다.

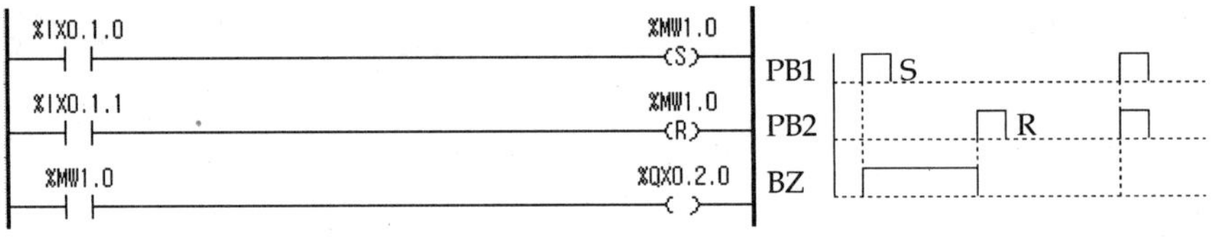

(a) 래더도　　(b) 타임차트

[그림 8-10] SET/RESET 명령어 활용

(2) 휘발성 출력과 불휘발성 출력동작의 비교

SET/RESET 명령은 자기유지 및 해제 기능을 갖고 있으므로 출력이 1회 SET(on)되면 RESET 신호가 입력될 때까지 그 상태가 계속 유지된다. 그러나 출력이 on 상태에서 정전되면 휘발성 출력(외부 입·출력 및 내부 메모리)는 복전 후에 정전 전의 상태를 유지하지 못하지만 불휘발성 출력(무정전 내부 메모리, 특수 내부 접점 및 카운터 계수값)은 정전 전의 상태를 [그림 8-11]과 같이 계속 유지한다.

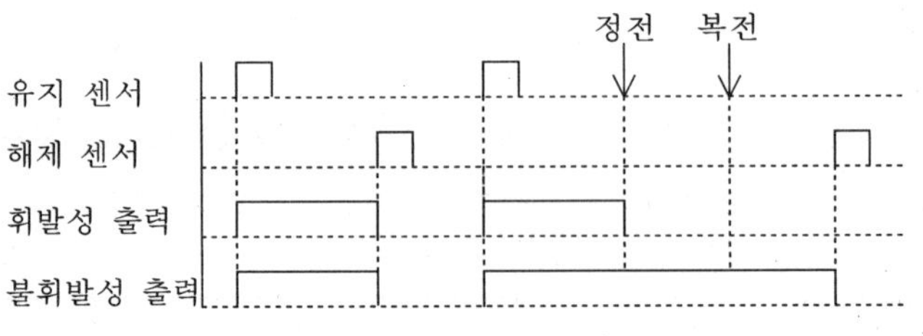

[그림 8-11] 휘발성 출력과 불휘발성 출력의 동작 비교

LS산전에서 생산되는 GLOFA GM 계열에서 특정된 내부메모리를 정전 유지 영역으로 설정하는 방법은 GMWIN 프로젝트 메이크 옵션에서 '%M 영역 크기' 설정한 후 'M영역 리테인' 영역 크기를 설정하거나 또는 새 프로젝트 변수 추가/수정 과정에서 변수 종류를 VAR_RETAIN(정전유지)으로 설정한다.

예제 6

다음 [그림 8-12]에서 정전 후 복전되면 휘발성 보조 출력을 사용한 출력 %QX0.2.0과 %QX0.2.1은 off되지만 불휘발성 보조 출력을 사용한 출력 %QX0.2.8과 %QX0.2.9는 정전 전의 상태를 유지한다. 여기서 %MW0.0과 %MW0.1의 변수 종류는 'VAR', %MW1000.0과 %MW1000.1의 변수 종류는 'VAR_RETAIN'로 설정된 것으로 한다.

(a) SET/RST 명령어 활용

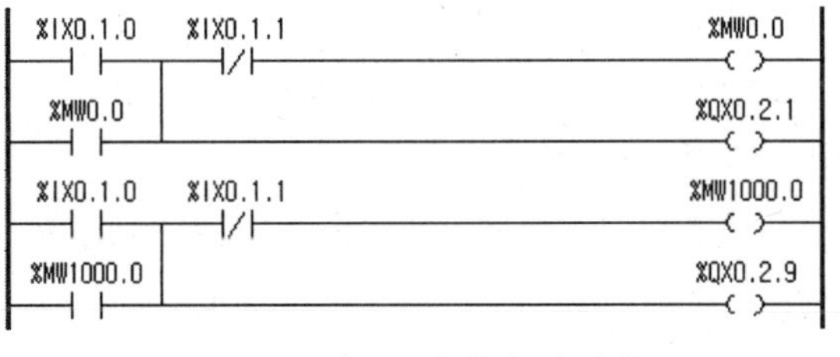

(b) SET/RST 명령어 비활용

[그림 8-12] 휘발성 · 불휘발성 출력 동작

8-2-2 실험순서 및 결과

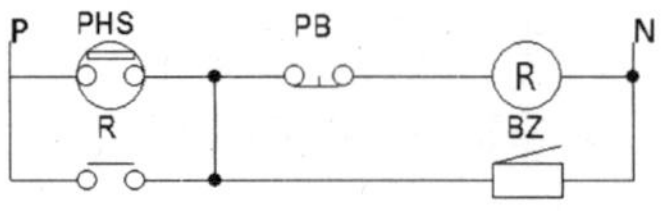

(a) 정지우선

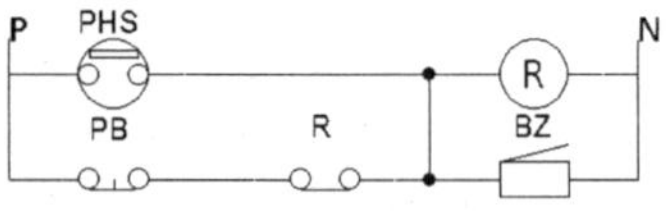

(b) 기동우선

[그림 8-13] 경보기 제어회로

(1) 정지우선 자기유지회로

① [그림 8-13](a)에 대한 입·출력 번지를 지정한다.

② 파일명을 SELF1로 지정하여 편집하고 저장 변환한다.

③ 스위치를 조작하여 모니터(래더도와 타임차트) 결과를 설명한다. 단, PHS 광전스위치는 푸시버튼 스위치로 대체하여 실험한다.

④ 래더도를 명령어 방식으로 변환된 결과를 기록한다.

⑤ 두 입력을 동시에 on 상태로 조작 후에 모니터 결과를 기록한다.

⑥ 회로의 분기점을 코일 앞으로 교정한 경우 동작결과를 설명한다.‘

(2) 기동우선 자기유지회로

① [그림 8-13](b)에 대한 입·출력 번지를 지정하고, 파일명을 SELF2로 지정하여 편집하고 실험 (1)의 순서를 반복한다.

② 실험 (1)과 (2)의 결과를 비교하여 설명한다.

(3) 휘발성 출력과 불휘발성 출력, SET/RESET 자기유지 및 해제

① [그림 8-12]의 래더도에 대하여 파일명을 KEEP1, KEEP2로 지정하여 편집하고 저장 변환한다.

② 스위치를 조작하여 모니터(래더도와 타임차트, IO 모듈) 결과를 비교 설명한다.

- 모니터 순서
  - 두 입력 %IX0.1.0과 %IX0.1.1 스위치를 조작 전 결과
  - 두 입력 %IX0.1.0과 %IX0.1.1 스위치를 조작 후 결과
  - 정전 후 복전시 %QX0.2.0(%QX0.2.1)과 %QX0.2.8(%QX0.2.9) 동작 결과

(4) 인터록 회로

① [그림 8-14]에 대한 입·출력 번지를 지정한다.

② 파일명을 INTERLOCK으로 지정하여 편집하고 저장 변환한다.

③ 스위치를 조작하여 모니터(래더도와 타임차트) 결과를 설명한다. 여기서 PB1은 상승, PB2는 하강, PB3은 비상정지, MC1과 MC2는 모터 정역 운전용 전자개폐기로 고려한다.

④ 래더도를 명령어 방식으로 변환된 결과를 기록한다.

⑤ 두 입력 PB1, PB2을 동시에 on 상태로 조작 후에 모니터 결과를 기록한다.

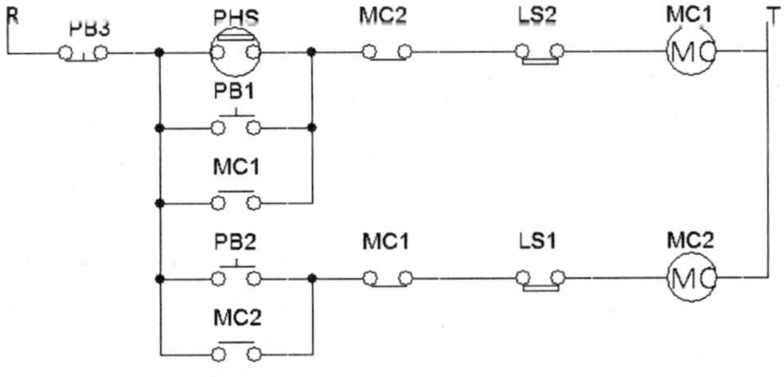

[그림 8-14] 셔터 개폐제어회로

8-2-3 검토 보고

(1) 음식 운반기 제어

식당 음식 운반기를 제어하는 프로그램을 다음 사양에 맞추어 작성한다.

① 1층에서 버튼을 누르면 1층 호출표시등이 점등하고, 운반기를 하강시킨다. 운반기의 하강과 표시등의 점등은 1층의 리밋 스위치 위치에 운반기가 도착할 때까지 계속된다.

② 3층에서 버튼을 누르면 3층 호출표시등이 점등하고, 운반기를 상승시킨다. 운반기의 상승과 표시등의 점등은 3층의 리밋 스위치 위치에 운반기가 도착할 때까지 계속된다.

③ 1층과 3층에서 먼저 호출 버튼을 누른 층으로 운반기가 우선적으로 운전된다. 단, 표시등은 호출 버튼을 누를 때 점등하여 운반기가 도착할 때까지 점등한다.

(2) 수위 제어

3개의 물 탱크 수위를 제어하는 프로그램을 다음 사양에 맞추어 작성한다.

① 만수신호를 감지하는 3 개의 FLOAT SW

② 갈수신호를 감지하는 3 개의 FLOAT SW

③ 탱크에 물을 공급하는 밸브의 동작은 비워진 탱크 순서로 오직 1개만 성립한다.

8-3 기본 명령어 활용 3

목 적	1. 미분 펄스 명령어를 이해하여 활용할 수 있도록 교육한다 2. 블록 명령어(ANB, ORB)를 이해하여 활용할 수 있도록 교육한다 3. 공통 접점제어 명령어(MCR/MCS)와 공정제어 명령어를 이해하여 활용할 수 있도록 교육한다 4. 타임차트 모니터링 방법을 이해하여 활용할 수 있도록 교육한다		
사용기재, 공구, 소모재료	규 격	수 량	비 고
컴퓨터	IBM 호환	1	
PLC 실습장치	GLOFA GM	1	
통신 케이블 어댑터	RS485/RS232C	1	
프로그램 작성 툴			사용 PLC 전용 툴
휴대용 저장장치		1	USB

8-3-1 관련 지식

릴레이 제어회로는 전원이 on되면 모든 시퀀스가 동시에 병렬처리되지만, PLC 제어회로는 전원이 on되면 메모리에 저장된 제어 프로그램을 처음 스텝에서 마지막 스텝까지 상→하(프로그램 흐름), 좌→우(신호흐름) 방향으로 직렬처리하고 다시 처음 스텝으로 돌아와 주기적으로 반복 처리한다. 따라서 PLC 제어방식은 릴레이 제어방식과 달리 스캔 순서를 바꾸어 프로그램을 작성하면(reverse flow programming) 정상적인 동작과 달리 여러 가지 고기능(스캔 펄스 발생, 래치나 시프트 등)을 실현할 수 있다.

스캔 과정은 시스템의 모든 입·출력을 조사하는 I/O 스캔과 사용자 메모리 영역에 저장된 모든 프로그램 명령어를 조사하여 사용자 프로그램을 논리 변환하는 프로그램 스캔으로 분류된다.

(1) 스캔 타임 Flicker

[그림 8-15]에서 스위치 PB를 투입하면 최초 스캔에서 릴레이 b접점은 on 상태이므로 릴레이 코일은 여자되고, 다음 스캔에서는 릴레이 코일이 여자되면서 b접점은 off 상태이므로 릴레이 코일이 소자된다.

이러한 동작이 1스캔마다 반복되므로 Flicker 릴레이처럼 동작되며, 이 Flicker 신호를 이용하여 PLC의 스캔을 진단하거나 타이머를 만들 수 있다.

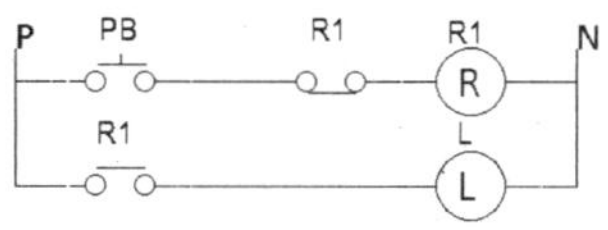

(a) 릴레이 제어회로

PB · R1b= R1

(b) 논리식

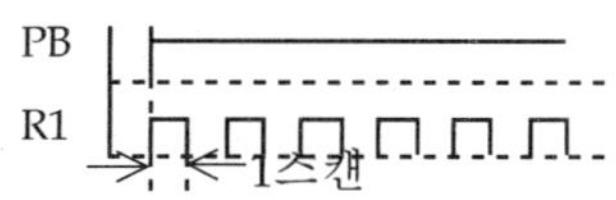

(c) 타임차트

[그림 8-15] 스캔 타임 Flicker

(2) 1스캔 펄스 발생회로(채터링 방지회로)

[그림 8-16](a)에서 스위치 PB를 투입하면 최초 스캔에서 릴레이 R1의 b접점이 on 상태이므로 릴레이 R2가 여자되고, 이어서 릴레이 R1도 여자된다.

이 상태에서 스캔이 일순하고 다음 스캔에서 릴레이 R1이 여자되면 R1의 b접점은 off 상태이므로 릴레이 R2가 소자되며, 이후 스위치 PB가 차단될 때까지 이 상태가 지속되므로 1스캔의 미분 펄스를 발생한다. 그러나 R2 코일을 스캔하는 동안 스위치 PB가 재투입되면 릴레이 R1 b접점이 off 상태이므로 릴레이 R2가 소자되어 스캔 펄스가 발생되지 않는다.

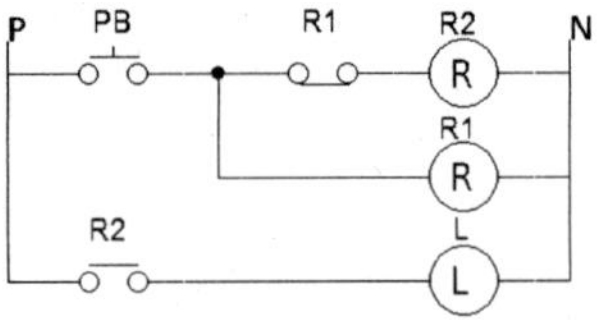

(a) 릴레이 제어회로

PB · R1b= R2
PB = R1

(b) 논리식

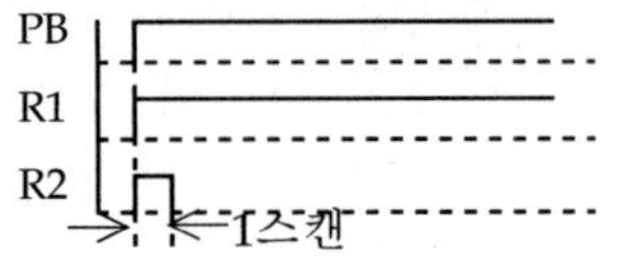

(c) 타임차트

[그림 8-16] 1스캔 펄스 발생회로

따라서 3개의 릴레이를 사용하여 [그림 8-17]과 같이 도미노 방식(R1→R2→R3) 순서로 동작을 하면 R2가 먼저 동작하는 경우는 없다.

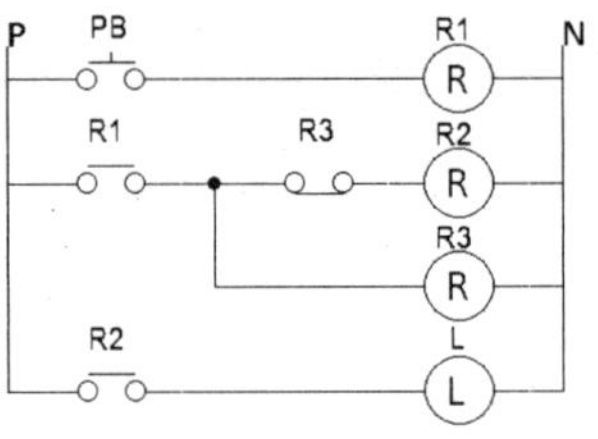

(a) 릴레이 제어회로

PB = R1
R1 · $R3_b$ =R2
R1 = R3

(b) 논리식

[그림 8-17] 개선된 1스캔 펄스 발생회로

(3) 펄스 입력 명령어

위에서 설명한 1스캔 펄스 발생회로는 스캔 원리를 응용한 것이지만, 입력이 on/off 변화하는 그 순간만 [그림 8-18]과 같이 1스캔 펄스 신호를 발생하여 자기유지회로의 기동신호나 산술·응용·전송 명령어의 기동조건 등에 사용하는 명령어가 펄스 명령어이다. 즉 펄스 명령어는 PLC에 내장된 1스캔 펄스 신호로서 매 스캔마다 입력의 on/off가 자주 변화하여 외부 출력이 오동작하거나 판독이 불가능한 문제점을 방지하며, 회사에 따라 에지(edge) 명령어 또는 변환 검출 명령어라고도 한다.

(a) 래더도 기호

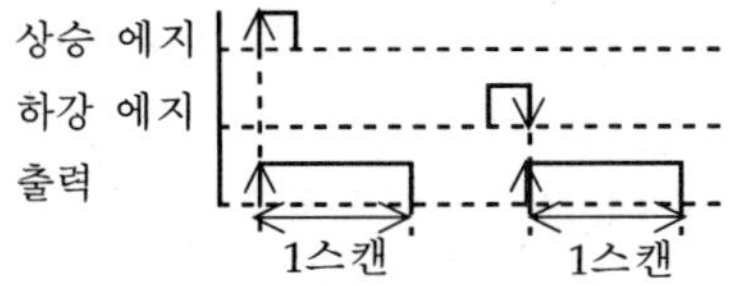

(b) 타임차트

[그림 8-18] 펄스 입력 명령어

상승 에지(양 변환)은 검출 입력이 off에서 on으로 변화한 상승 에지 시점부터 지정한 접점을 1스캔 on하며, 그 이후는 off된다. 일반적으로 LOADP 또는 DIF 등으로 표기한다. 그리고 하강 에지(음 변환)은 검출 입력이 on에서 off로 변화한 하강 에지 시점부터 지정한 접점을 1스캔 on하며 그 이후는 off된다. 일반적으로 LOADN 또는 DFN 등으로 표기한다.

제조 회사에 따라 펄스 입력 신호 검출뿐만 아니라 펄스 출력 신호를 발생하는 기능도 제공하며, 일반적으로 상승 에지 출력은 D(Differential) 또는 OUTP, 하강 에지 출력은 D NOT(Differential Not) 또는 OUTN 등으로 표기한다(TV나 PC의 경우 전원을 on에서 off로 조작 즉시 리셋 된다).

예제 7

센서 신호 %IX0.0.0이 off→on되는 시점에서 출력 %QX0.2.0을 1 스캔 동안 유지하고, 센서 신호 %IX0.0.1이 on→off되는 시점에서 출력 %QX0.2.8을 1 스캔 동안 유지한다. 그리고 타임차트는 [그림 8-18(b)]를 참고하며, 프로그램에는 출력 변화를 판별하기 쉽게 자기유지 기능을 포함하였다.

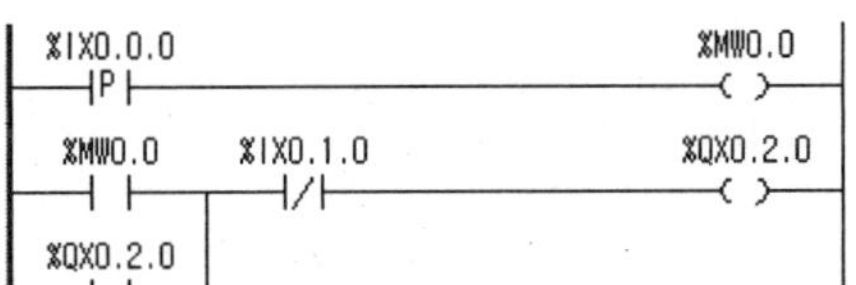

(a) 상승 에지(양 변환) 검출

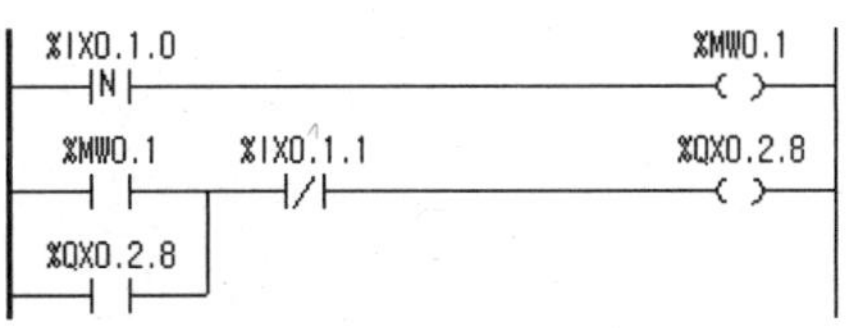

(b) 하강 에지(음 변환) 검출

[그림 8-19] 펄스 입력 검출 명령어 비교

■ 사용자 플래그(flag)

PLC에는 PLC의 운전상태, 고장 종류와 모듈 번호, 시스템과 사용자 클록 접점을 포함한 불휘발성 특수 내부 접점 플래그 입력을 사용하여 다른 접점을 조작할 수 있다. 그러나 PLC 내부에서 그 용도가 결정되므로 프로그램 과정에서 on/off가 불가능하다.

LS산전 GLOFA PLC에서 이용하는 특수 내부 접점 플래그(예약 변수) 중 사용자가 이용할 수 있는 사용자 플래그는 {표 8-1}과 같다. 그리고 예약 변수 이름으로 변수 선언을 할 수는 없고, 예약 변수를 사용할 때에는 변수 선언 없이 사용한다.

{표 8-1} GLOFA PLC 사용자 플래그

예약 변수	데이터	타입 내용
_ERR	BOOL	연산 에러 접점
_LER	BOOL	연산 에러 래치 접점
_T20MS	BOOL	20 ms 클럭 접점
_T100MS	BOOL	100 ms 클럭 접점
_T200MS	BOOL	200 ms 클럭 접점
_T1S	BOOL	1 초 클럭 접점
_T2S	BOOL	2 초 클럭 접점
_T10S	BOOL	10 초 클럭 접점
_T20S	BOOL	20 초 클럭 접점
_T60S	BOOL	60 초 클럭 접점
_ON	BOOL	항시 On 접점
_OFF	BOOL	항시 Off 접점
_1ON	BOOL	1 스캔 On 접점
_1OFF	BOOL	1 스캔 Off 접점
_STOG	BOOL	스캔마다 반전
_INIT_DONE	BOOL	초기화 프로그램 완료
_RTC_DATE	DATE	RTC 의 현재 날짜
_RTC_TOD	TOD	RTC 의 현재 시간
_RTC_WEEK	UINT	RTC 의 현재 요일

(4) 공통접점(다중출력, MASTER CONTROL) 제어명령어

공통접점 제어명령어는 비상시에 시스템의 동작을 중지시키거나 자동과 수동 운전을 선택적으로 실행하는 일종의 스위치와 같다. 그리고 소프트웨어적으로 모선을 이동하여 그 기능을 실현할 수 있으며, 래더도 방식보다는 명령어 방식으로 프로그램을 작성하는 경우 유용하다.

명령어를 사용하는 방법은 공통접점의 제어를 개시하는 명령과 해제하는 명령을 함께 사용하여야 하며, 일반적으로 MCS/MCR(Master Control Set/Master Control Reset), MC/MCR(Master Control/Master Control Reset) 또는 MCS/MCSCLR(Master Control Set/Master Control Set CLeaR)로 표기한다. 그리고 명령어를 사용하는 방법은 다음과 같다.

① MCS의 입력조건이 on이면 MCS 번호와 동일한 MCSCLR까지의 프로그램을 실행하고, 연산결과를 유지하면서 스캔을 실행한다.

② MCS의 입력조건이 off이면 프로그램을 실행하지 않고, MCS에서 MCSCLR 간의 연산결과를 다음과 같이 실행한다.
- 타이머, 카운터, SET/RESET : 계수값이나 상태유지
- 출력 명령 : 모두 off 상태

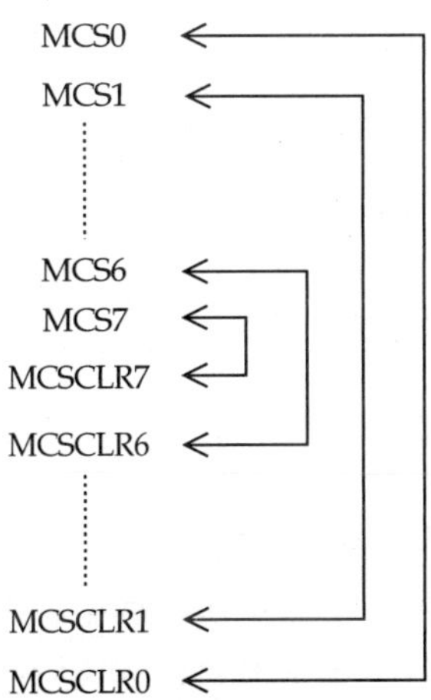

(a) 내포(nesting)

번호	명령어	입력 파라미터	변수
1	LOAD		%IX0.0.0
2	MCS		
3		EN:=	^LINEIN
4		NUM:=	0
5		ENO=>	^EMPTY
6	LOAD		%IX0.0.1
7	OR		%IX0.1.1
8	AND NOT		%IX0.0.2
9	OUT		%QX0.2.10
10	LOAD_ON		
11	MCSCLR		
12		EN:=	^LINEIN
13		NUM:=	0
14		ENO=>	^EMPTY
15	LOAD		%IX0.0.0
16	MCS		
17		EN:=	^LINEIN
18		NUM:=	1
19		ENO=>	^EMPTY
20	LOAD		%IX0.1.3
21	OR		%IX0.1.2
22	AND NOT		%IX0.1.4
23	OUT		%QX0.2.11
24	LOAD_ON		
25	MCSCLR		
26		EN:=	^LINEIN
27		NUM:=	1
28		ENO=>	^EMPTY

(b) 적용 예

[그림 8-20] MCS/MCSCLR

③ MCS 명령 다음은 회로시작 접점 명령을 사용한다.

④ MCS/MCSCLR 명령은 [그림 8-20]과 같이 최대 8개까지 내포(Nesting : 연산 과정 모습이 새 둥지와 유사)하여 사용하고, 내포하지 않으면 무제한 사용할 수 있다.

⑤ MCS 명령은 낮은 번호부터 MCSCLR 명령은 높은 번호부터 사용하며, 가장 낮은 번호의 MCSCLR를 사용하면 모든 MCS 명령이 해제된다(TV 속의 TV, WINDOWS 프로그램 창 닫기).

[그림 8-20(b)]는 MCS/MCSCLR 명령을 불연속적으로 2번 사용한 예이다.

■ 다중분기 명령

LS산전 Master-K PLC에서는 다중 분기를 목적으로 [그림 8-21]과 같이 MPUSH, MLOAD, MPOP을 결합한 명령어가 사용되며, MPUSH ~ MPOP는 8단까지 가능하다. 여기서 MPUSH는 현재까지 연산결과를 저장하는 기능이며, MLOAD는 다음 연산을 위해 이전의 연산결과를 읽어 오기만 하고 저장 영역에 유지하며, MPOP은 분기점에서 저장된 이전 연산결과를 읽어 온 후 저장된 이전 결과를 삭제한다.

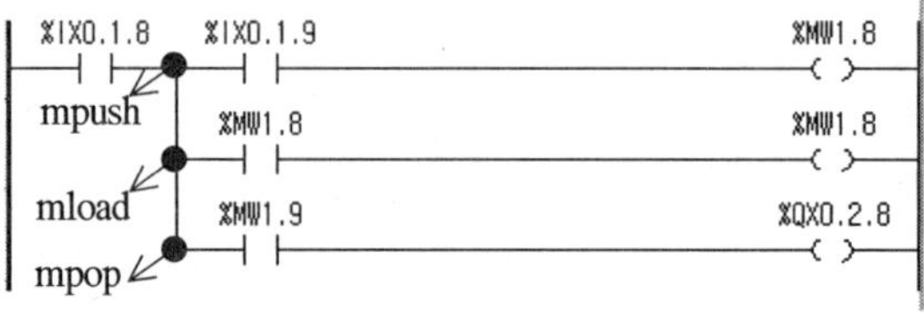

(a) 래더도 방식

번호	명령어	입력 파라미터	변수
1	LOAD		%IX0.1.8
2	MPUSH		
3	AND		%IX0.1.9
4	OUT		%MW1.8
5	MLOAD		
6	AND		%MW1.8
7	OUT		%MW1.9
8	MPOP		
9	AND		%MW1.10
10	OUT		%QX0.2.8

(b) 명령어 방식

[그림 8-21] 다중 분기

(5) 회로 블록 접속 명령어

1개 이상의 접점이 병렬접속된 회로를 병렬회로 블록이라 하고, 1개 이상의 접점이 직렬접속된 회로를 직렬회로 블록이라 한다.

이와 같은 회로 블록을 직렬접속(AND 연산)하거나 병렬접속(OR 연산)하기 위하여 [그림 8-22]와 같이 블록 명령어가 필요하며, 래더도 방식보다는 명령어 방식으로 프로그램을 작성하는 경우 유용하다. 그러나 블록 접속 명령어를 불연속으로 사용하면 정보 스토커가 1개만 필요하지만 연속으로 사용하는 경우 블록 접속 명령어 사용 횟수만큼 정보스토커가 필요하므로 정보 스토커 용량이 증대하고, PLC 기종에 따라 7회~8회로 제한되며 제한 횟수를 초과하면 정상적으로 연산이 되지 않는다. 따라서 블록 접속 명령어는 불연속으로 사용하는 것이 바람직하다.

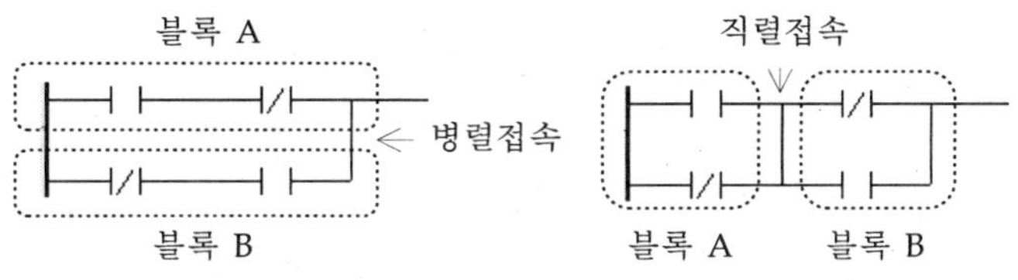

(a) AND LOAD (b) OR LOAD

[그림 8-22] 회로 블록 명령어의 래더도 기호

1) 직렬접속

[그림 8-23(a)]와 같이 병렬회로 블록을 직렬접속하는 명령어이며, 일반적으로 AND LOAD 또는 ANB(AND Block) 으로 표기한다. 그리고 회로시작 접점명령어로 분기를 개시하며, 직렬접속 명령어로 분기를 종료한다.

다수의 병렬회로 블록을 접속하는 경우 각 회로 블록마다 순차적으로 AND LOAD 명령어로 앞의 회로 블록과 접속하며, 연속하여 사용하지 않으면 횟수는 제한이 없다.

2) 병렬접속

[그림 8-24(a)]와 같이 직렬회로 블록을 병렬접속하는 명령어이며, 일반적으로 OR LOAD 또는 ORB(OR Block)으로 표기한다. 그리고 회로시작 접점 명령어로 분기를 개시하며, 병렬접속 명령어로 분기를 종료한다.

다수의 직렬회로 블록을 접속하는 경우 각 회로 블록마다 순차적으로 OR LOAD 명령어로 앞의 회로 블록과 접속하며, 연속하여 사용하지 않으면 횟수는 제한이 없다.

예제 8

[그림 8-23(a)]와 같은 직렬접속 래더도를 명령어 방식으로 작성하는 경우 블록 명령어을 불연속적으로 사용하는 방법은 [그림 8-23(b)]와 같다. 그리고 [그림

8-24(a)]와 같은 병렬접속 래더도를 명령어 방식으로 작성하는 경우 블록 명령어을 사용하는 방법은 [그림 8-23(b)]와 같다.

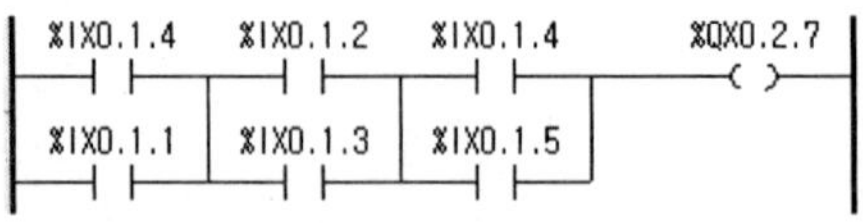

(a) 래더도 방식

번호	명령어	입력 파라미터	변수
1	LOAD		%IX0.1.0
2	OR		%IX0.1.1
3	LOAD		%IX0.1.2
4	OR		%IX0.1.3
5	AND LOAD		
6	LOAD		%IX0.1.4
7	OR		%IX0.1.5
8	AND LOAD		
9	OUT		%QX0.2.7

(b) 명령어 방식

[그림 8-23] 직렬접속

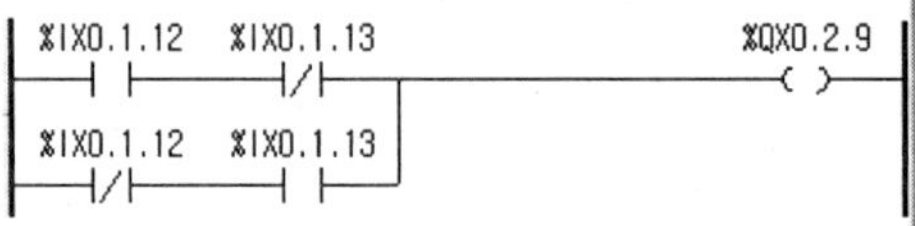

(a) 래더도 방식

번호	명령어	입력 파라미터	변수
1	LOAD		%IX0.1.12
2	AND NOT		%IX0.1.13
3	LOAD NOT		%IX0.1.12
4	AND		%IX0.1.13
5	OR LOAD		
6	OUT		%QX0.2.9

(b) 명령어 방식

[그림 8-24] 병렬접속

8-3-2 실험순서 및 결과

(1) 스캔 방식의 활용

① [그림 8-15](a)의 유접점 회로에 대한 입·출력 번지를 지정한다.

② 파일명을 SCAN1~SCAN3로 지정하여 편집하고 저장 변환한다.

③ 스위치를 조작하면서 모니터 결과를 설명한다. 단, 스위치 조작 시간을 신속하게 하여 출력 모듈 릴레이를 보호하면서 결과를 이해한다.

④ 래더도를 명령어 방식으로 변환된 결과를 기록한다.

⑤ [그림 8-16](a) 및 [그림 8-17](a)에 대하여 실험을 반복한다.

(2) 1주기 펄스 회로(2분주)

① 상승 에지 명령을 사용하여 [그림 8-25]와 같이 동작하는 1주기 펄스 회로에 대한 래더도를 파일명 LOADP로 편집하여 저장 해석한다. 단, 출력 변화를 쉽게 관측하기 위하여 유지회로를 적용하도록 편집한다.

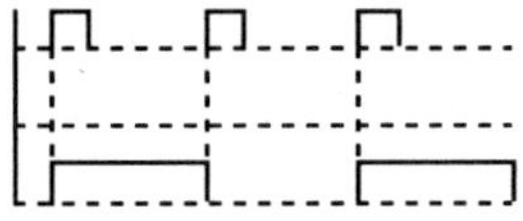

[그림 8-25] 1주기 펄스

② 스위치를 조작하면서 래더도 방식으로 모니터하고 결과를 기록한다.
③ 하강 에지 명령을 사용하여 파일명 LOADN으로 지정하여 편집하고 실습을 반복하고, 상승 에지 명령을 사용한 경우와 비교한다.
④ 래더도를 명령어 방식으로 변환된 결과를 기록한다.
⑤ 1초 클록 펄스(_T1S) 사용자 플래그를 사용하여 파일명 T1S로 지정하고 실습을 반복한다.

(3) 직렬접속 회로

① [그림 8-23]과 같은 PLC 회로에 대한 래더도를 파일명 ANDB으로 지정하여 편집하고 해당하는 스위치를 조작하면서 모니터 결과를 설명한다.
② 래더도를 명령어 방식으로 변환된 결과를 기록한다.

(4) 병렬접속 회로

① [그림 8-24]와 같은 PLC 회로에 대한 래더도를 파일명 ORB로 편집하여 해당하는 스위치를 조작하면서 모니터 결과를 설명한다.
② 래더도를 명령어 방식으로 변환된 결과를 기록한다.

(5) 공통접점 제어명령어

① [그림 8-26] 및 [그림 8-27]과 같은 회로를 파일명 MCSMCR1과 MCSMCR2로 지정하여 편집하고 모니터 결과를 비교 설명한다(MCS/MCSCLR 사용).
② 명령어 방식으로 변환한 결과를 기록한다.

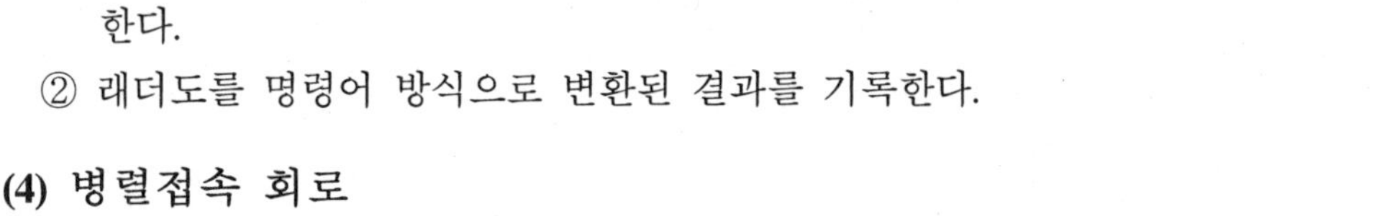

[그림 8-26] 일반 접점 적용

[그림 8-27] 공통 접점 적용

- 모니터 순서

  %IX0.0.0을 off한 상태

  %IX0.0.0와 %IX0.0.1을 on한 상태(%IX0.0.2는 off한 상태)

  %IX0.1.0을 on한 상태

8-3-3 검토 보고

(1) 절단기 제어

[그림 8-28]과 같은 절단기에서 다음과 같이 동작하는 프로그램의 타임차트 및 래더도를 작성하고 모니터 결과를 설명한다(펄스 입력 적용).

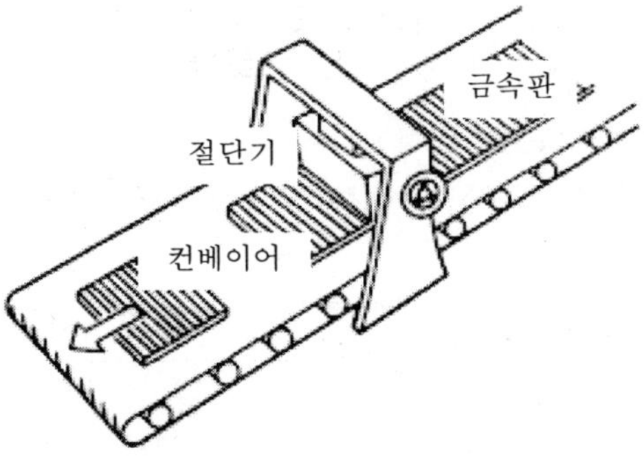

[그림 8-28] 절 단 기

① 시동 스위치를 누르면 절단기 시스템이 동작하고, 비상 스위치를 누르면 정지한다.
② 시동 스위치의 고장으로 절단기가 동작하는 동안에도 비상 스위치를 누르면 정지하여야 한다.

(2) 모터 제어

시동 스위치 PB1을 조작할 때마다 다음과 같이 모터 세 대가 순차적으로 구동되고, 정지 스위치 PB2를 누르면 모든 모터의 구동이 중지되는 프로그램의 타임차트와 래더도를 작성하고 모니터 결과를 설명한다(펄스 출력 적용).

① 첫 번째 누르면 모터 1이 구동한다.
② 두 번째 누르면 모터 1, 2가 구동한다.
③ 세 번째 누르면 모터 세 대가 모두 구동한다.

(3) 자동/수동 운전 선택 제어

[그림 8-29]에서 R0 조건이 만족되면 수동운전을 선택 실행하고, R1 조건이 만족되면 자동운전을 선택 실행하는 릴레이 제어회로이다. PLC의 공통 접점 명령어를 이용하여 래더도를 작성하고 MCS/ MCSCLR 명령어 방식으로 변환한다. 단, 수동운전과 자동운전은 인터록을 적용하여 선택한다.

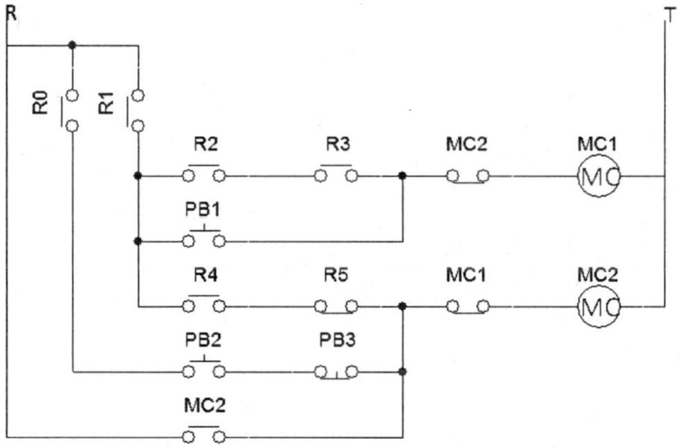

[그림 8-29] 릴레이 제어회로

8-4 타이머 명령어 기초

목 적	1. ON DELAY, OFF DELAY 및 SST 타이머 명령을 이해하여 활용할 수 있도록 교육한다 2. 특수 타이머 명령을 이해하여 활용할 수 있도록 교육한다

사용기재, 공구, 소모재료	규 격	수 량	비 고
컴퓨터	IBM 호환	1	
PLC 실습장치	GLOFA GM	1	
통신 케이블 어댑터	RS485/RS232C	1	
프로그램 작성 툴			사용 PLC 전용 툴
휴대용 저장장치		1	USB

8-4-1 관련 지식

지금까지 설명한 자기유지회로에서 자기유지되는 시간은 일정하게 설정할 수 없다. 따라서 릴레이와 스위치만으로 구성된 릴레이 제어회로에 정하여진 시간차를 이용하여 출력의 구동을 지연시키거나 시간간격을 조절하여 출력의 구동주기를 일정하게 반복시키는 타이밍 동기제어가 필요하다.

PLC에서 적용되는 타이머 명령어를 이해하기 위하여 먼저 릴레이 제어회로에서 적용되는 유접점 타이머를 이해하여야 한다. 그리고 PLC 내부에는 하드웨어적으로 타이머가 존재하는 것이 아니고 CPU의 클록 펄스를 이용하여 소프트웨어적으로 타이머 기능을 실현하며, 일반적으로 ON-DELAY 타이머가 가장 많이 적용된다.

LG산전 GLOFA GM 계열 PLC에서 타이머와 카운터 기능을 프로그램에 적용하기 위하여 펑션(Function)과 펑션 블록(Function Block) 개념을 이해하여야 한다.

■ 펑션(Function)과 펑션 블록(Function Block)

GLOFA-GM 시리즈 PLC 에서 사용되는 언어 구성체는 크게 펑션과 펑션 블록으로 구분된다.

펑션은 1스캔에 입력을 받아 동일 스캔에 연산을 실행하여 그 결과를 만들어 내는 응용 명령어이며, 1개 이상의 입력에 대하여 오직 하나의 결과만을 출력한다. 대표적인 펑션은 전송, 형 변환, 산술 연산 및 비교 펑션 등이 해당된다. 그리고 펑션 블록은 여러 스캔에 걸쳐 입력을 받고 연산을 해서 결과를 출력하므로, 연산 중 누계되는 데이터를 보관하기 위하여 내부 메모리가 필요하다. 따라서 펑션 블록은 사용하기 전에 인스턴스 변수를 선언하여야 한다.

펑션 또는 펑션 블록 사용 시 여러 개의 입·출력 변수가 있어도 좌측 모선과 우측 모선에 연결한 수 있는 입력 단자는 1 개만 가능하고, 펑션과 펑션 블록은 차이점을 표로 나타내면 {표 8-2}와 같다

{표 8-2} 펑션과 펑션 블록 비교

구분	펑션	펑션 블록
입력 개수	1개 이상(최대 8개)	2개 이상
출력 개수	오직 1개	1개 이상
연산 시간	1 스캔에 결과 출력	여러 스캔에 누계 결과 출력
데이터 지정	입·출력 데이터 반드시 지정	입력 데이터는 반드시 지정하고, 출력 데이터는 생략 가능
데이터 타입	입·출력 변수의 모든 데이터 타입이 동일	변수의 기능에 따라 데이터 타입 다양
예제	전송 펑션, 형 변환 펑션, 비교 펑션, 산술 연산 펑션	타이머, 카운터, 응용 펑션 블록, 특수 모듈 초기화 펑션 블록

■ 타이머 시간 설정

GLOFA-GM 시리즈 PLC에서 타이머 시간 설정은 접두어 'T#'을 사용하여 뒤에 날짜 D, 시간 H, 분 M, 초 S, 1/1000초는 MS단위를 추가한다. 그리고 데이터 타입은 'TIME', 데이터 크기는 2워드(32비트)이다. 따라서 시간 범위는 1ms 단위로 0.001 초 ~ 4,294,967.295초(1,193 시간)까지이며, 최대 시간 범위는 T# 49D 17H 2M 47S 295MS로 표시한다. 예를 들어 '1일 2시간 3분 4초 567밀리초'는 'T#1D2H3M4S567MS'와 같이 입력한다.

타이머는 펑션 블록이므로 연산 중 누계되는 정보를 잠시 보관하기 위하

여 인스턴스 변수를 반드시 선언(예: T1, T2, T3 등)하여야 하며, 인스턴스 변수를 선언하면 인스턴스 이름.Q (타이머 출력 접점), 인스턴스 이름. ET (타이머 경과 시간) 변수가 자동으로 생성된다.

기본적인 타이머의 종류와 타임차트는 [그림 8-30]과 같으며, LG산전 GLOFA GM 계열 PLC에서 기본 타이머의 출력(코일)과 접점은 [그림 8-31]과 같다. 그리고 [그림 8-31]에서 IN은 타이머의 기동 조건, PT는 설정 시간, Q는 타이머 접점 출력이며, ET는 경과 시간, TP.Q는 타이머 접점을 나타낸다.

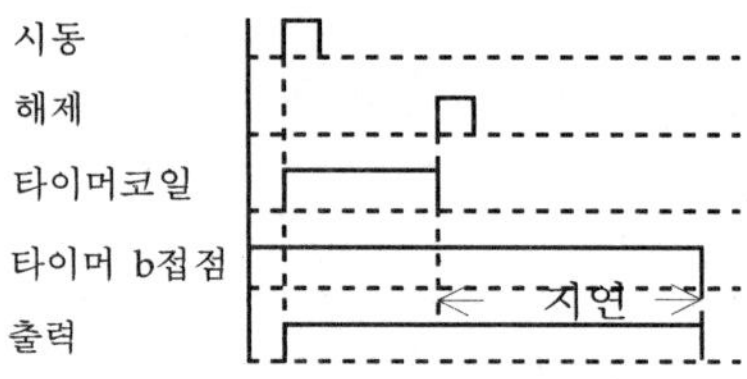

(a) ON DELAY

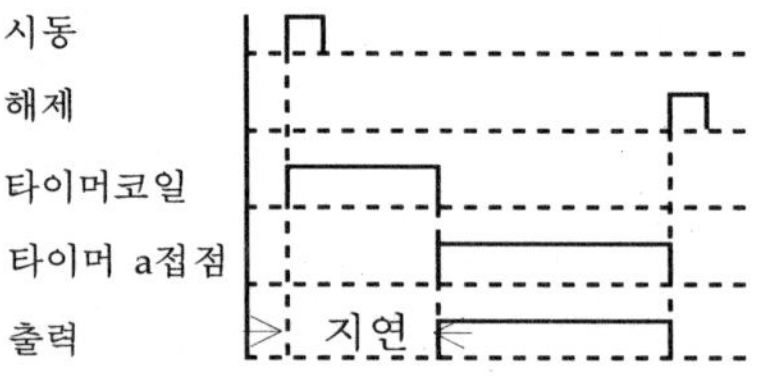

(b) OFF DELAY

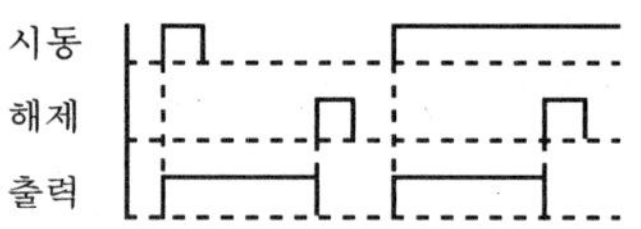

(c) SST

[그림 8-30] 타이머 타임차트

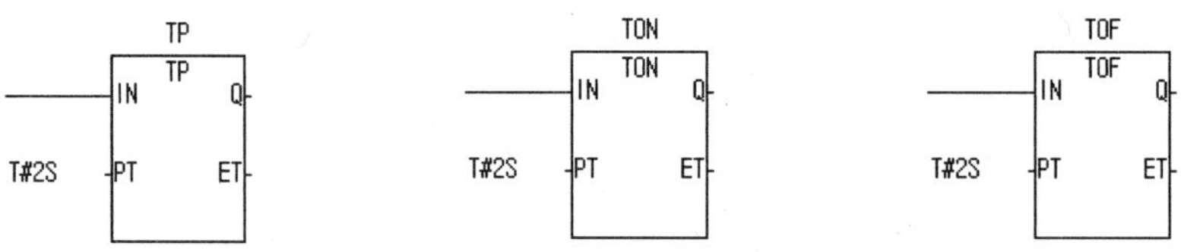

(a) 출력과 시간 설정

(b) 접점

[그림 8-31] 타이머 펑션 래더도 기호

(1) ON-DELAY 타이머

입력이 인가된 후 일정시간 지연되어 [그림 8-30](a)의 타임차트와 같이 출력을 발생하며, 일반적으로 TON(TIMER-ON DELAY), TIM(TIMER) 또는 TMR(TIMER)로 표기한다.

① 타이머 명령 전까지의 연산결과가 on이면 타이머의 코일에 전기신호가 인가되어 설정 시간까지 가산 계수한다. 그리고 설정 시간 PT(Preset time) $\le$ 경과 시간 ET(elapse time)이 되면 타이머 접점을 on하고, 입력신호가 계속 인가되면 경과 시간은 계속 증가하므로 타이머 b접점을 사용하여 자기유지를 해제한다.
② 타이머의 코일에 전기신호가 차단되면 경과 시간은 0으로 되고 타이머 접점 스위치를 off한다.

(2) OFF-DELAY 타이머

입력이 차단된 후 일정시간 지연되어 [그림 8-30](b)의 타임차트와 같이 출력을 차단하며, 일반적으로 TOF(TIMER OFF-DELAY)로 표기한다.

① 타이머 명령 전까지의 연산결과가 on이면 타이머의 코일에 전기신호가 인가되어 설정 시간까지 감산 계수하고, 경과 시간이 0이 되면 타이머 접점을 off한다.
② 일반적으로 ON-DELAY 타이머보다 사용빈도가 낮으며, ON-DELAY 타이머를 응용하여 동일한 기능을 발생할 수 있다.
③ 기타 내용은 ON-DELAY 타이머와 동일하게 적용된다.

(3) SST(Single Shot Timer : 펄스 타이머, One Shot 회로)

컨베이어 벨트 위를 통과하는 병을 감지하는 센서의 신호는 불안정하므로 안정화하여 병에 음료를 투입하여야 한다. 따라서 불안정한 입력신호가 인가되는 순간부터 [그림 8-30](c)의 타임차트와 같이 설정된 시간 동안만 안정된 출력(단발 펄스)을 발생하여 유지하는 기능이며, 펄스 타이머라고도 한다.

① 설정한 시간이 경과하기 전에 타이머 입력이 off 되면 off 되는 시점부터 타이머의 경과 시간 및 출력이 off된다. 타이머 입력이 다시 on

되면 그 시점부터(off→on) 설정한 시간까지 출력이 on되고 타이머의 경과 시간은 처음부터 갱신된다.

② 일반적으로 ON-DELAY 타이머보다 사용빈도가 낮으며, ON- DELAY 타이머를 응용하여 동일한 기능을 발생할 수 있다.

③ 기타 내용은 ON-DELAY 타이머와 동일하게 적용된다.

(4) 특수 타이머

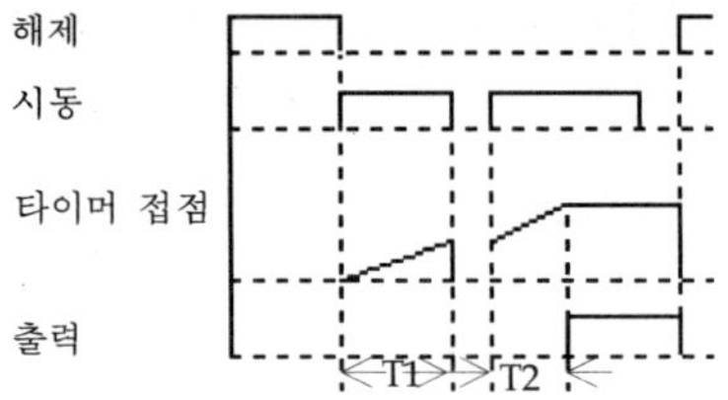

(a) 적산 타이머

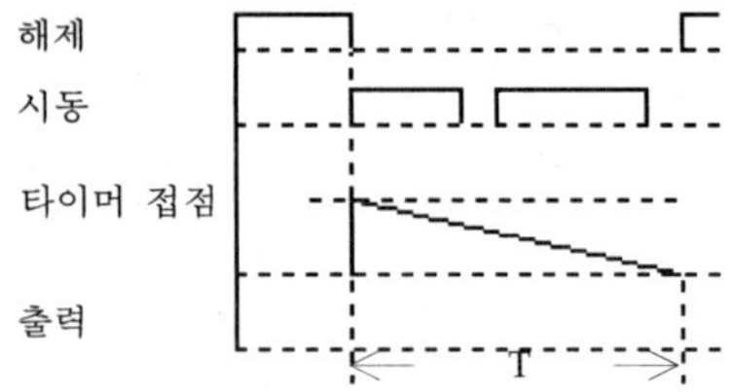

(b) 단안정 타이머

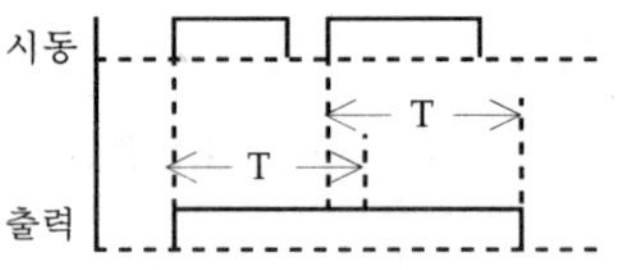

(c) 재트리거 타이머

[그림 8-32] 특수 타이머의 타임차트

1) 적산 타이머

[그림 8-32](a)의 타임차트와 같이 입력조건이 성립하는 동안 가산 계수하고, 타이머 설정 시간과 경과 시간이 일치하면 타이머의 접점을 on한다.

리셋 입력조건이 성립하면 타이머 접점을 off하여 적산하며, 가산 카운터와 ON-DELAY 타이머를 결합하여 적용할 수도 있다. 예를 들어 머시닝 센터 등의 공구 사용 시간을 측정하여 공구 교환을 위한 경보 등을 출력할 때 적용된다.

2) 단안정 타이머(monostable timer)

[그림 8-32](b)의 입력이 타임차트와 같이 입력조건이 on되는 순간부터 타이머 출력이 발생하고 도중에 on, off 상태가 변하여도 무시한다. 그리고 리셋 입력조건이 성립하면 타이머 접점을 off한다. 예를 들어 속도가 일정

치 않은 물체의 통과신호(리미트 스위치)의 떨림을 방지하여, 안정된 신호를 출력할 때 적용된다.

3) 재트리거 타이머(Retriggerable timer)

단안정 타이머와 동작이 유사하지만 [그림 8-32](c)의 타임차트와 같이 경과 시간이 0이 되기 이전에 입력신호가 0FF→on되면 경과 시간은 설정 시간으로 재 설정된다. 예를 들어 사람이 자동문 앞에 접근하면 자동문이 열리고 3 초간 대기 후 닫히는 자동문 제어에 적용된다.

8-4-2 실험순서 및 결과

(1) ON-DELAY 타이머

① [그림 8-30](a)의 타임차트와 같이 동작하는 프로그램을 파일명 ONDELAY로 지정하여 편집하고 모니터 결과를 설명한다. 단, 지연시간 설정은 임의로 설정한다.
② 명령어 방식으로 변환한 결과를 기록한다.

(2) OFF-DELAY 타이머

① [그림 8-30](b)의 타임차트와 같이 동작하는 프로그램을 파일명 OFFDELAY로 지정하여 편집하고 모니터 결과를 설명한다. 단, 지연시간 설정은 임의로 설정하고, ON-DELAY 타이머 명령을 사용한다.
② 명령어 방식으로 변환한 결과를 기록한다.
③ OFF-DELAY 명령어를 사용하여 실험과정을 반복하고 ②의 결과와 비교한다.

• 주의사항 : 순간접점 스위치를 사용하면 TIME UP 후 경과 시간은 0으로 되면서 소등이 유지되고, 유지접점 스위치를 사용하면 TIME UP 후 경과 시간은 0에서 다시 증가하면서 설정 시간마다 순간적으로 소등이 된 후 점등한다.

(3) SST(ONE SHOT) 타이머

① [그림 8-30](c)의 타임차트와 같이 동작하는 프로그램을 파일명 SST로 지정하여 편집하고 모니터 결과를 설명한다. 단, 지연시간 설정은 임의로 설정하고, ON-DELAY 타이머 명령을 사용한다.
② 명령어 방식으로 변환한 결과를 기록한다.
③ SST 명령어를 사용하여 실험과정을 반복하고 ②의 결과와 비교한다.

8-4-3 검토 보고

(1) 배수 펌프장 제어

배수 펌프장에서 동작하는 펌프 대수에 따라 경고등의 점멸속도를 제어하는 프로그램을 작성하고 모니터 결과를 설명한다.

① 펌프 1, 2, 3
② 2대가 동작하면 점멸속도 완만(3초 on, 4초 off)
③ 1대만 동작하면 점멸속도 급속(1초 on, 0.5초 off)

(2) 건조기 제어

[그림 8-33]과 같은 구조의 건조기와 컨베이어 벨트를 다음과 같이 제어하기 위한 프로그램을 작성한다.

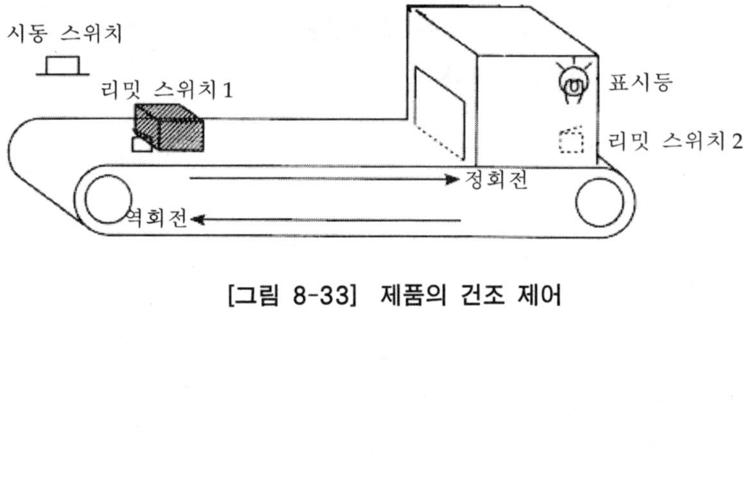

[그림 8-33] 제품의 건조 제어

8-5 타이머 명령어 응용

목 적	타이머를 이용한 각종 응용 PLC 회로를 이해하여 활용할 수 있도록 교육한다. **1.** 장시간 지연 타이머 **2.** 1개의 표시등 점멸회로 **3.** 2개의 표시등 플립플롭 회로 **4.** 3개의 표시등을 순차점멸 제어회로 **5.** 온풍기 제어회로 **6.** 컨베이어 벨트 제어회로		
사용기재, 공구, 소모재료	**규 격**	**수 량**	**비 고**
컴퓨터	IBM 호환	1	
PLC 실습장치	GLOFA GM열	1	
통신 케이블 어댑터	RS485/RS232C	1	
프로그램 작성 툴			사용 PLC 전용 툴
휴대용 저장장치		1	USB

8-5-1 관련 지식

PLC 제어에서 많이 적용되는 타이머의 응용을 이해하기 위하여 실제 적용되는 응용 부분을 타임차트를 이용하여 설명한다. 그리고 실습을 통하여 동작과정을 이해하도록 한다.

(1) 종속 타이머

1개의 타이머로 설정할 수 있는 시간보다 확대하여 시간제어가 필요한 경우에는 여러 개의 타이머를 종속으로 접속하여 [그림 8-34]의 타임차트와 같이 장시간 지연된 임의의 출력을 발생할 수 있다.

(2) 상호교차 타이머

두 개의 타이머를 이용하여 두 번째 타이머 출력으로 첫 번째 타이머를 초기화하면 [그림 8-35]의 타임차트와 같이 교대로 점멸하는 출력을 발생할 수 있다(대차운전에서 전 · 후진시 점멸, 교통신호등).

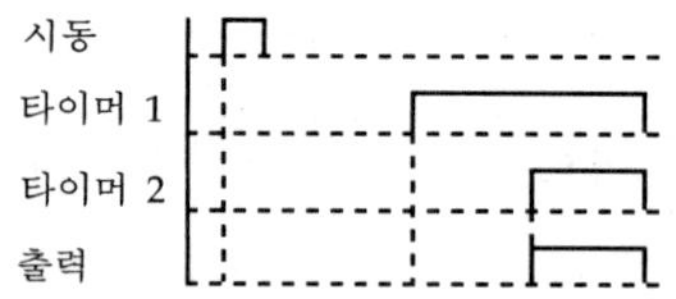

[그림 8-34] 장시간 지연 타임차트

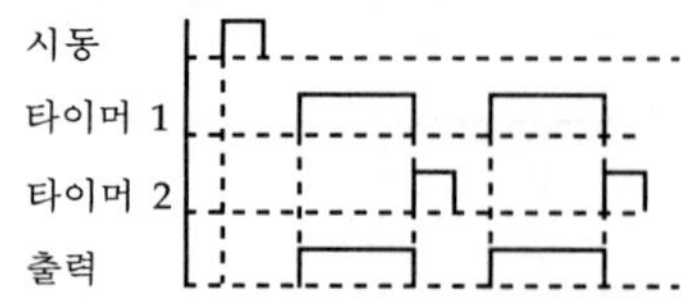

[그림 8-35] 1개 표시등 점멸 타임차트

(3) 2개 표시등의 플립플롭 회로

두 개의 타이머를 이용하여 설정한 시간으로 [그림 8-36]의 타임차트와 같이 동작하는 플립플롭 출력을 발생할 수 있다.

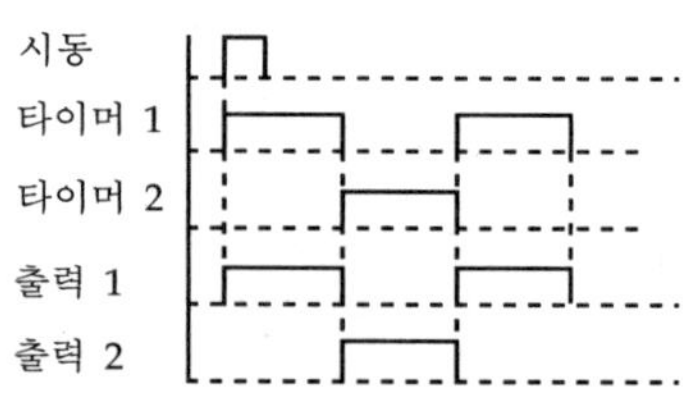

[그림 8-36] 플립플롭 타임차트

(4) 여러 표시등의 순차점등 제어회로

[그림 8-37]의 타임차트와 같이 여러 부하를 타이머를 이용하여 일정한 시간 운전제어 등에 적용하며, 타이머 현재값에 비교명령을 적용하면 간단하게 프로그램이 작성된다.

(a) 연속 순차점등 (b) 1개씩 순차점등

[그림 8-37] 여러 표시등 타임차트

(5) 온풍기 제어

[그림 8-38]의 타임차트와 같이 유지형 접점 스위치를 on하면 히터가 작동한 후 일정시간이 경과하면 팬이 작동하고, 유지형 접점 스위치를 off하

면 히터가 정지한 후 일정 시간이 경과하면 팬이 정지하는 제어방식이다.

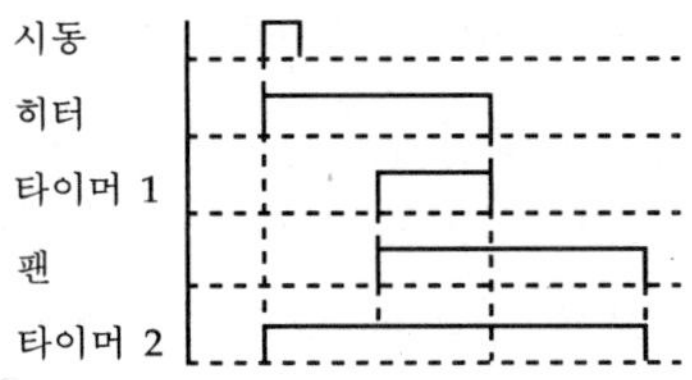

[그림 8-38] 온풍기 제어 타임차트

(6) 컨베이어 벨트 운전

[그림 8-39]의 타임차트와 같이 여러 대의 컨베이어 벨트를 A→B→C 순서로 기동하고, C→B→A의 순서로 정지한다.

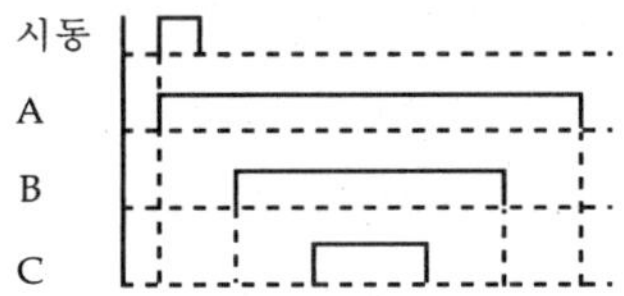

[그림 8-39] 컨베이어 제어 타임차트

8-5-2 실험순서 및 결과

(1) 장시간 ON-DELAY 타이머

① [그림 8-34]의 타임차트와 같이 동작하는 프로그램을 파일명 LONG으로 지정하여 편집하고 모니터 결과를 설명한다.

② 명령어 방식으로 변환한 결과를 기록한다.

(2) 1개 표시등의 점멸회로

① [그림 8-35]의 타임차트와 같이 동작하는 프로그램을 파일명 FLICK로 지정하여 편집하고 모니터 결과를 설명한다.

② 명령어 방식으로 변환한 결과를 기록한다.

(3) 2개 표시등의 플립플롭 회로

① [그림 8-36]의 타임차트와 같이 동작하는 프로그램을 파일명 FF로 지정하여 편집하고 모니터 결과를 설명한다.

② 명령어 방식으로 변환한 결과를 기록한다.

(4) 여러 표시등의 순차점멸 제어회로

① [그림 8-37]의 타임차트와 같이 동작하는 프로그램을 각각 파일 LAMP1, LAMP2로 지정하여 편집하고 모니터 결과를 설명한다.
② 명령어 방식으로 변환한 결과를 기록한다.

(5) 온풍기 제어

① [그림 8-38]의 타임차트와 같이 동작하는 프로그램을 파일명 FAN으로 지정하여 편집하고 모니터 결과를 설명한다.
② 명령어 방식으로 변환한 결과를 기록한다.

(6) 컨베이어 제어

① [그림 8-39]의 타임차트와 같이 동작하는 프로그램을 파일명 CON으로 지정하여 편집하고 모니터 결과를 설명한다.
② 명령어 방식으로 변환한 결과를 기록한다.

8-5-3 검토 보고

절전대책용 에스컬레이터를 다음과 같이 제어하기 위한 프로그램을 작성한다.

① 사람이 올 때까지 에스컬레이터 모터가 정지한다.
② 센서가 통과하는 사람을 감지하면 에스컬레이터 모터가 동작한다.
③ 마지막 사람이 통과한 후 1분이 지나면 에스컬레이터 모터가 정지한다.

8-6 카운터 명령어 활용

목 적	1. 가산 카운터를 이해하여 활용할 수 있도록 교육한다. 2. 감산 카운터를 이해하여 활용할 수 있도록 교육한다. 3. 가감산 카운터를 이해하여 활용할 수 있도록 교육한다. 4. 타이머와 카운터가 포함된 각종 응용 PLC 회로를 이해하여 활용할 수 있도록 교육한다.

사용기재, 공구, 소모재료	규 격	수 량	비 고
컴퓨터	IBM 호환	1	
PLC 실습장치	GLOFA GM	1	
통신 케이블 어댑터	RS485/RS232C	1	
프로그램 작성 툴			사용 PLC 전용 툴
휴대용 저장장치		1	USB

8-6-1 관련 지식

카운터는 단순히 외부에서 인가되는 규칙적이거나 불규칙적인 신호를 계수(생산개수, 적산, 동작 횟수)하여 제어하기 위한 간단한 장치이다. 제조업체에서는 컨베이어 벨트를 통하여 전달되는 생산품의 수량, 생산품의 길이, 공구수명경보 또는 회전기기의 회전수를 계수하는 데 이용한다.

PLC에서 적용되는 카운터 명령어를 이해하기 위하여 먼저 릴레이 제어회로에서 적용되는 유접점 카운터를 이해하여야 한다.

PLC 내부에 하드웨어적으로 카운터가 존재하는 것이 아니고 외부입력 펄스를 소프트웨어적으로 계수하며, 일반적으로 가산·감산 및 가감산 계수기능을 가진다. 그러나 입력 펄스가 스캔 타임의 2배보다 빠른 경우는 계수가 불가능하므로 하드웨어적인 고속 카운디(HSC : High Speed Counter) 모듈을 이용하며, 기본적인 카운터 종류와 타임차트는 [그림 8-40]과 같다.

LG산전 GLOFA GM 계열 PLC에서 기본 카운터의 출력(코일)과 접점은 [그림 8-41]과 같다. [그림 8-41]에서 CU는 펄스 신호 가산 입력, CD는 펄스 신호 가산 입력, R은 리셋 신호 입력, LD는 현재값을 설정값으로 입력, PV(Preset Value)는 설정값, Q는 카운터 접점 신호 출력, QU와 QD는 각각 가감산 카운터 접점 신호 출력, CV(Current Value)는 카운터 현재값 출력을 나타낸다. 그리고 CU.Q, CD.Q, CUD.QU와 CUD.QD는 각 카운터의 접점을 나타낸다.

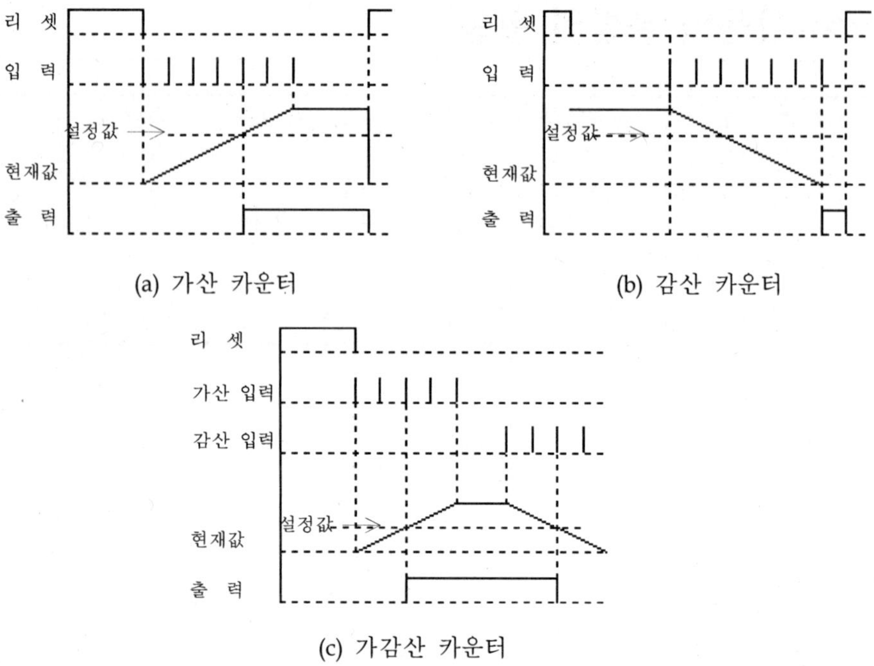

[그림 8-40] 카운터 타임차트

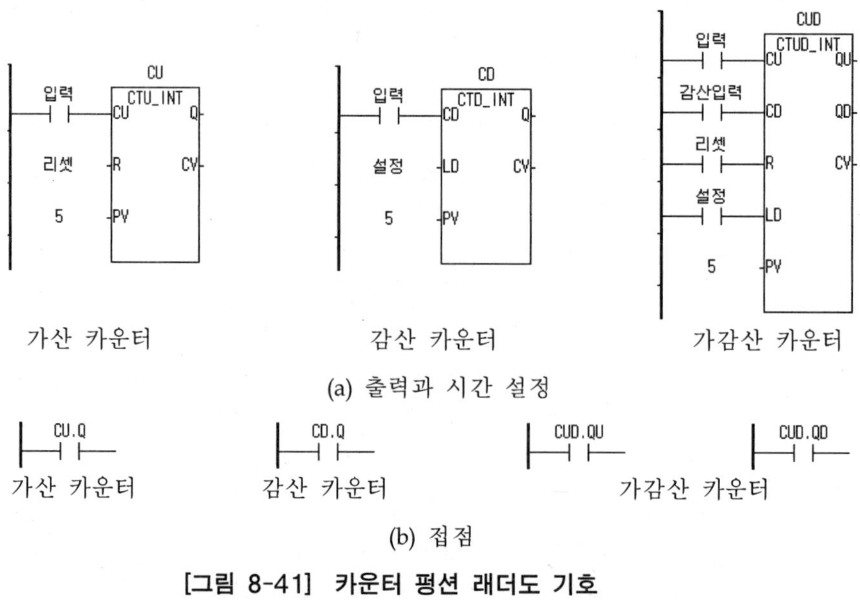

[그림 8-41] 카운터 펑션 래더도 기호

■ 카운터 최대 계수속도

스캔 타임에 의하여 결정되고 입력 조건의 on/off 시간이 스캔 타임보다 클 경우만 계수가 가능하고, 최대 계수속도는 다음과 같이 결정된다. 여기서 N[%]는 Duty비이고, Ts[sec]는 스캔 타임을 나타낸다.

최대 계수속도=(N / 100)*(1 / Ts)

(1) 가산 카운터

펄스가 입력될 때마다 현재값(계수값)이 증가되며, [그림 8-40](a)의 타임차트와 같이 출력을 발생한다. 일반적으로 CTU(CounT Up), CU(Count Up), UC(Up Count), CNT, C 또는 CTR로 표기한다.

① 프로그램은 가산 카운터 입력, 리셋, 설정값 순으로 입력하고, 프로그램 형식은 타이머와 같다
② 설정값≤현재값이면 카운터 접점이 on되고 카운터의 최대값까지 계수한다.
③ 리셋 신호가 on되면 카운터 접점은 off되고 현재값은 0으로 복귀한다. 숙련된 프로그래머는 출력이 발생한 다음 즉시 리셋 신호를 on하여 그 다음에 입력되는 신호가 적용될 수 있도록 프로그램을 작성한다.
④ 설정값 지정은 0~32767까지 가능하고, 설정값을 0으로 하면 입력이 인가됨과 동시에 계수 접점이 on된다.
⑥ 카운터 현재값은 정전시 기억되므로 필요가 없는 경우에는 작동 개시 후 최초 1 스캔 on되는 사용자 플래그(_1ON)을 사용하여 리셋한다.
⑦ 펄스 입력을 사용하면 1 스캔에 대한 에지를 읽어야 하므로 계수가 불가능하다.

(2) 감산 카운터

펄스가 입력될 때마다 계수값을 감소하며 [그림 8-40](b)의 타임차트와 같이 출력을 발생한다. 일반적으로 CTD(CounT Down), CD(Count Down), 또는 DC(Down Count)로 표기한다.

① 프로그램은 감산 카운터 입력, 설정값 LD 입력, 설정값 순으로 입력하며, LD 단자가 ON되면 현재값이 설정값으로 변환된다.

② 펄스 입력이 OFF에서 ON으로 변하면 현재값 CV가 이전 값보다 1만큼 감소하며, 현재값이 0이 되면 출력이 on된다. 그리고 현재값이 0보다 작으면 출력도 계속 on된다.
③ 리셋 신호가 on되기 전까지 현재값은 0을 유지하며 출력도 계속 on된다.
④ 기타 내용은 가산 카운터와 동일하게 적용된다.

(3) 가 · 감산 카운터

펄스가 입력되는 순간부터 [그림 8-40](c)의 타임차트와 같이 설정된 시간만 출력을 발생한다. 일반적으로 CTUD(Count Up-Down) 또는 UDC (Up-Down Count)로 표기한다.

① 입력조건 2개(가산, 감산)와 리셋 조건을 반드시 지정하여야 한다.
② CU 입력이 OFF에서 ON으로 변하면 현재값 CV가 이전 값보다 1만큼 증가하고, CD 입력이 OFF에서 0N되면 현재값 CV가 이전 값 보다 1만큼 감소한다. 단, 현재값 CV는 정수 범위 (-32768 ~ 32767) 사이에서 변화한다.
③ 가산 출력 QU는 CV가 PV 이상이면 O되고, 감산 출력 QD는 CV가 0 이하일 때 ON되며, 입력 우선 순위는 R > LD > CU > CD가 된다. 그리고가산 및 감산 카운터 입력이 동시에 인가되면 현재값은 변하지 않는다.
④ 가산 카운터와 감산 카운터 작용을 수행하며, 기타 내용은 가산 카운터와 동일하게 적용된다.

8-6-2 실험순서 및 결과

(1) 카운터 명령 이해

1) 외부입력을 계수하여 표시등 점등

입력신호가 10번 검출되면 표시등이 on 상태로 유지된 후 리셋 신호가 들어오면 off되는 프로그램을 작성하고, 모니터 결과를 설명한다.

2) 1초 클록 펄스(_T1S) 사용자 플래그를 계수하여 표시등 점등

센서가 on되고 5초가 되면 표시등이 on 상태로 유지된 후 리셋 신호가 들어오면 off되는 프로그램을 작성하고, 모니터 결과를 설명한다.

(2) 카운터 명령 응용

1) 분주회로

가산 카운터를 사용하여 입력 펄스가 5개 들어오면 출력이 순간적 또는 한시적으로 on되는 프로그램을 작성하고, 모니터 결과를 설명한다.

2) 장시간 타이머

가산 카운터를 다음과 같이 조합하여 5초마다 출력이 on되어 1초 동안 유지되는 프로그램을 작성하고, 모니터 결과를 설명한다.

- 가산 카운터와 1초 클록 펄스(_T1S) 사용자 플래그
- 가산 카운터와 ON-DELAY 타이머

3) 시계(초 · 분 · 시)

상기 ①과 ②의 실습내용을 참고하여 초 · 분 및 시간을 계수하는 프로그램을 작성하고, 모니터 결과를 설명한다.

(3) 가감산 카운터 응용(주차설비)

자동차 10대가 주차하면 만차표시등이 점등하고, 자동차가 주차장 밖으로 나오면 만차표시등이 소등하는 프로그램을 작성하고, 모니터 결과를 설명한다.

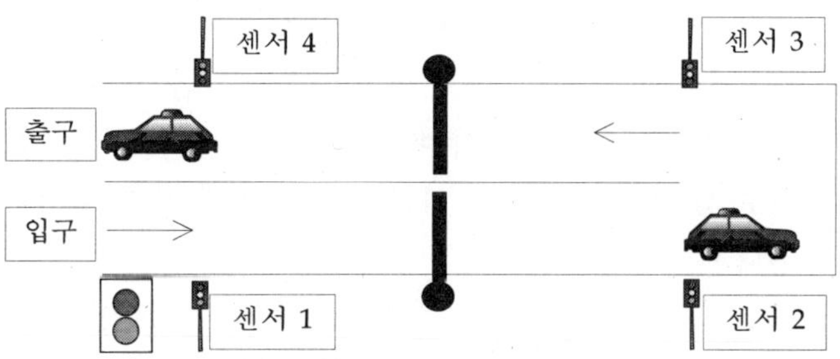

[그림 8-42] 주차설비

1) 입 구

- 첫 번째 센서가 on하면 입구 셔터를 올린다.
- 두 번째 센서가 on하면 입구 셔터를 내리고, 동시에 주차대수 표시는 증가한다.

- 첫 번째 센서와 만차표시등, 첫 번째 센서와 두 번째 센서는 인터록이 필요하다.

2) 출 구

- 세 번째 센서가 on하면 출구 셔터를 올린다.
- 네 번째 센서가 on하면 출구 셔터를 내리고, 동시에 주차대수 표시는 감소한다.
- 세 번째 센서와 네 번째 센서는 인터록이 필요하다.

3) 주차대수 표시

- 현재의 주차대수를 입구에 표시하고, 근무시간 외에는 주차대수 표시를 초기화한다.
- 만차가 되면 만차표시등은 자기유지되고 주차가 불가능하다.
- 자기유지된 만차 표시등은 네 번째 센서가 on되면 소등되고, 주차가 가능하다.

8-6-3 검토 보고

자동차 차고를 다음과 같이 제어하는 프로그램을 작성하고, 모니터 결과를 설명한다.

① 차량이 진입하면 셔터의 상승 동작이 유지된다.
② 차고 내·외부의 정지 스위치를 누르거나 셔터의 상한 위치를 검출하는 리밋 스위치가 동작하면 셔터는 상승 동작을 정지한다.
③ 차고 내·외부의 셔터 하강 스위치를 누르면 셔터의 하강동작이 유지된다.
④ 차고 내·외부의 셔터 정지 스위치를 누르거나 셔터의 하한 위치를 검출하는 리밋 스위치가 동작하면 셔터는 하강동작을 정지한다.
⑤ 셔터의 상승과 하강 동작은 동시에 이루어져서는 안 된다.
⑥ 차고 내부에 자동차의 진입이 완료되면 자동적으로 셔터가 하강하는 제어동작을 추가한다. 여기서 내·외부의 셔터 상승 스위치를 누른 경우도 차고 내부에 자동차가 있다면 셔터는 하강하여야 한다.
⑦ 5초 이내에 헤드라이트를 3회 점멸하면 셔터가 상승하는 제어동작을 추가한다.

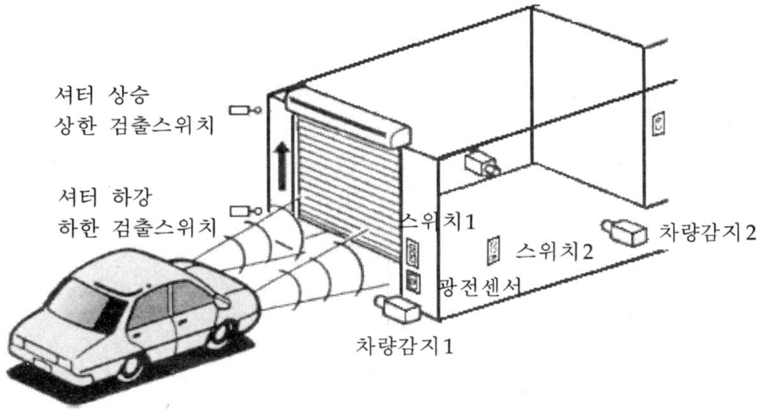

[그림 8-43] 자동차 차고

8-7 응용 명령어 활용 1

목　　적	1. 수치표현을 이해하여 PLC 프로그램을 작성할 수 있도록 교육한다. 2. 메모리 치환(MOVE) 펑션을 이해하여 PLC 프로그램을 작성할 수 있도록 교육한다. 3. 비교 및 데이터 변환(BCD, INT) 펑션을 이해하여 PLC 프로그램을 작성할 수 있도록 교육한다.		
사용기재, 공구, 소모재료	규　　격	수　　량	비　　고
컴퓨터	IBM 호환	1	
PLC 실습장치	GLOFA GM열	1	
통신 케이블 어댑터	RS485/RS232C	1	
프로그램 작성 툴			사용 PLC 전용 툴
휴대용 저장장치		1	USB

8-7-1 관련 지식

지금까지 종전의 릴레이 제어회로에서 적용한 접점을 대체하기 위한 기본 명령을 취급하였다. 그러나 생산수량, 온도 등의 수치 데이터나 그 데이터가 저장된 레지스터를 취급하기 위하여 기본 명령만 적용하면 매우 불편하다. 따라서 [그림 8-44]와 같이 별도의 응용 명령이 필수적이다.

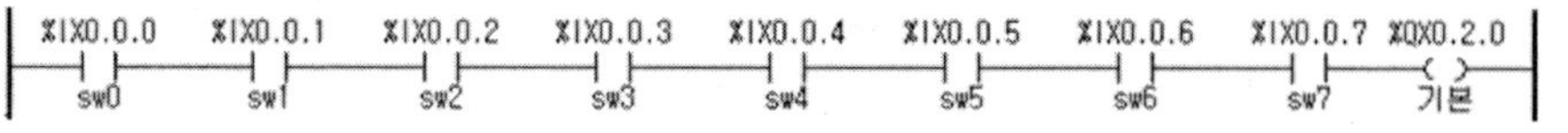

(a) 기본 명령

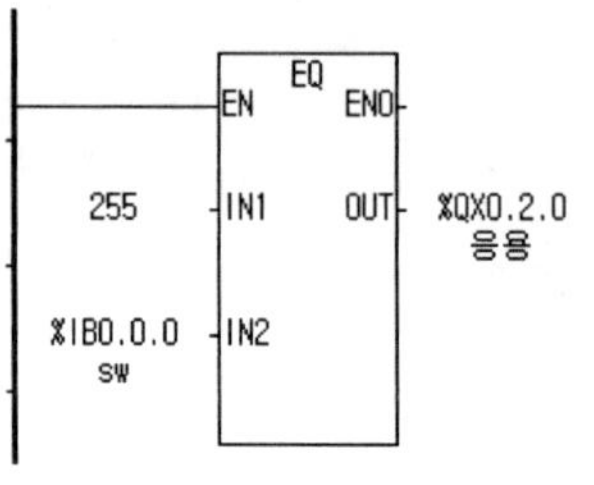

(b) 응용 명령

[그림 8-44] 기본 명령과 응용 명령의 비교 예제

(1) 기본 명령과 응용 명령의 비교

1) 기본(접점 : 비트) 명령

1개의 비트에 대하여 1개의 출력이 적용되므로 1개의 카드(모듈)를 제어하기 위하여 8개 또는 16개의 기본 명령이 필요하다.

- 프로그램 처리속도가 빠르고 접점별로 쉽게 모니터를 할 수 있다.
- 여러 경우의 입력조건을 판별할 경우 프로그램이 복잡하다.
- 접점별로 직접공정을 제어하므로 최초 공정설치 및 시운전할 경우 적용이 편리하다.

2) 응용(카드 : 워드) 명령

1개의 워드에 대하여 1개의 출력이 적용되므로 1개의 카드(모듈)를 제어하기 위하여 1개의 응용 명령만 필요하다. 그리고 래더 프로그램으로 작성할 경우 박스 속에 처리 명령 및 내용을 입력하므로 일명 박스 명령이라고도 한다.

- 복잡한 비트를 한 번에 워드 단위로 간단한 수식 및 값으로 변환하여 처리하므로 프로그램이 간단하다.
- 순차적인 비트 회전이나 대량 비트 전송 및 처리가 가능하다.
- 프로그램 처리속도가 느리고 접점별로 모니터링이 불편하다.

- 접점 입력조건일 경우 매 스캔마다 프로그램 내용을 처리하므로 해당 입력조건에 대하여 1 스캔만 프로그램 내용을 처리할 때는 미분명령을 이용한다.
- 사용자를 위한 워드 레지스터의 어드레스는 불휘발성이다.
- 1 워드나 더블 워드로 표시하며 10진수를 16진수로 처리하기 위하여 {표 8-3}과 같은 비트가 필요하다.

{표 8-3} 데이터 단위

10진	0~15	0~255	0~4095	0~65535
16진	4(digit)	8(byte)	12	16(word)

(2) 수치표현

PLC의 CPU에서는 모두 2진수(BIN)로 처리하지만 프로그램 작성과 연산 결과의 모니터를 편리하게 수행하기 위하여 {표 8-4}와 같은 여러 가지 수치표현 방법을 이용한다. 여기서 BCD(Binary Coded Decimal)는 2진수로 표시된 10진수를 의미한다.

■ 8421 코드

10 진수의 각 디지트를 4개의 비트를 이용하여 2진수로 처리하므로 10 진수 0~9까지의 BCD 부호 외에 1010~1111은 이용하지 않으며, BCD 코드의 기본 양식으로 널리 이용된다. 그리고 4개의 자리 중 MSB부터 2^3=8, 2^2=4, 2^1=2, 2^0=1의 자리값(가중값 : weight)을 가지므로 8421 코드라 한다.

예제 9

$1111\ 1111_{(2)} = 2^7+2^6 + 2^5 + 2^4 + 2^3 + 2^2 + 2^1 + 2^0 = 255_{(10)} = 0010\ 0101\ 0101_{(8421)}$

$FF_{(16)} = 15*16^1 + 15*16^0 = 255_{(10)}$

{표 8-4} 수치표현

십진수	16진수	2진수	BCD(8421)
00	0	0000	0000 0000
01	1	0001	0000 0001
02	2	0010	0000 0010
03	3	0011	0000 0011
04	4	0100	0000 0100
05	5	0101	0000 0101
06	6	0110	0000 0110
07	7	0111	0000 0111
08	8	1000	0000 1000
09	9	1001	**0000 1001**
10	A	1010	0001 0000
11	B	1011	0001 0001
12	C	1100	0001 0010
13	D	1101	0001 0011
14	E	1110	0001 0100
15	**F**	**1111**	0001 0101

(3) 응용명령어 이해

1) 메모리 치환

- **데이터 복사(이동) MOVE**

[그림 8-45]와 같은 펑션을 사용하며, 응용명령 중에서 가장 빈번하게 사용하는 명령이다.

입력부에서 EN이 1이면 펑션이 실행되며 IN에 입력된 데이터(정수나 변수)가 복사되어 OUT으로 이동한다. 그리고 ENO에는 EN값이 그대로 출력되며, IN과 OUT에 연결되는 데이터 형태는 동일하여야한다.

데이터 전송, 타이머나 카운터의 현재값 전송 및 변경, 외부정보의 일괄 전송, 내부정보의 일괄 출력 기능(일반명령으로 1 워드 길이의 데이터를 전송하려면 16번의 명령이 필요)을 수행한다. 일반적으로 디지털 스위치의 입력을 전송하거나 사용자를 위하여 제어반의 2진 표시기(7 세그먼트)에 내부 정보를 일괄하여 출력할 때 적용한다.

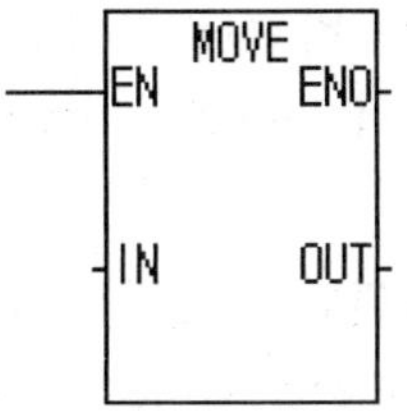

〔그림 8-45〕

예제 10

[그림 8-46]에서 'MOVE' 펑션의 IN에 1바이트 데이터(%IB0.0.0)가 입력되면 출력 OUT에 변수 M으로 전송한 후, 전송된 데이터를 다시 %QB0.2.0으로 출력된다. 즉 상시 ON 입력에 의하여 MOVE(데이터 복사) 펑션이 실행되면 첫 번째 'MOVE' 펑션에 의해 입력 데이터가 변수 M영역으로 옮겨지고 두 번째 'MOVE' 펑션에 의해 변수 M에 저장된 입력모듈의 상태가 출력모듈로 출력된다.

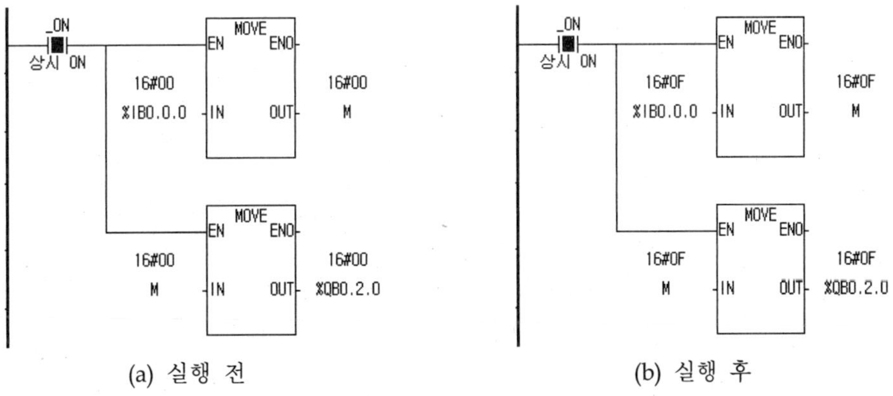

[그림 8-46] MOVE 펑션 예제

• **증가(INC)/감소(DEC)**

[그림 8-47]과 같은 펑션을 사용하며, EN이 1이면 펑션이 실행되어 IN에 입력된 데이터를 1만큼 증가/감소된 결과값을 OUT에 발생한다. 여기서 IN1은 비교될 값이며, IN2는 비교할 값이고, ENO에는 EN값이 그대로 출력된다. 그리고 입력에는 BYTE, WORD, DWORD, LWORD 타입의 데이터가 접속 가능하다.

'INC' 펑션 결과는 16# FFFF인 경우에 16#0000이 되고, 'DEC' 펑션 결과는 16#0000인 경우에 16#FFFF가 되며, 오버플로우가 발생해도 에러는 발생하지 않는다.

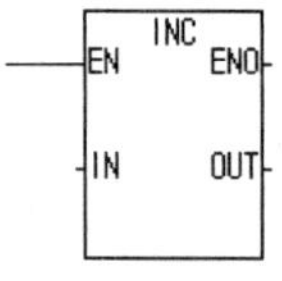

(a) INC

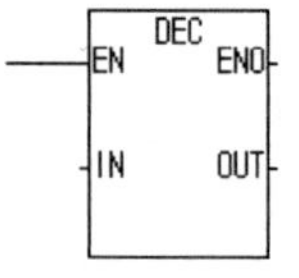

(b) DEC

[그림 8-47] INC/DEC 펑션 래더도 기호

예제 11

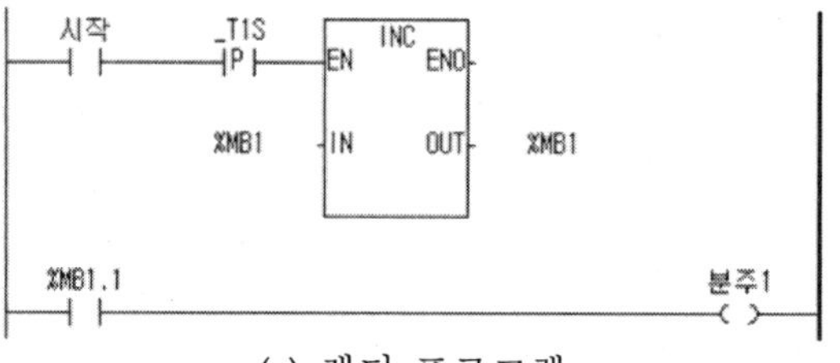

(a) 래더 프로그램

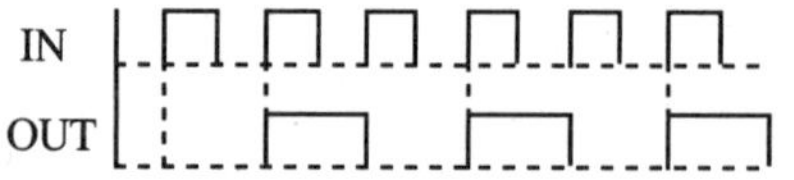

(b) 타임차트

[그림 8-48] INC 펑션 예제

[그림 8-48]에서 'INC' 펑션의 IN에 1바이트 데이터 %MB1이 입력되면 데이터가 1초마다(_T1S) 1만큼 증가하여 OUT에 출력된다. 즉 출력 데이터

%MB1의 첫 번째 비트 신호 %MB1.0을 이용하여 데이터를 증가시키면 출력 OUT에는 입력과 동일한 펄스 출력을 발생하고, 두 번째 비트 신호 %MB1.1을 이용하면 %MB1.1 비트가 입력 펄스 2번마다 1이 되므로 [그림 8-48](b)와 같이 입력 펄스 주기의 2배 주기가 되는 펄스 출력을 발생한다. 여기서 EN에 펄스 명령을 사용하지 않고 일반 접점 명령을 적용하면 1 스캔 동안에 여러 번 출력을 발생하므로 정상적인 펄스 출력을 발생하지 못한다.

---

2) 데이터 비교

레지스터와 레지스터, 레지스터와 상수의 비교결과를 이용하여 다른 명령의 입력조건으로 적용하는 데이터 연산 명령으로서 연산 결과에 따라 on/off 되는 a접점처럼 취급한다.

비교방법으로는 [그림 8-49]와 같은 펑션을 사용하며, 여기서 'LT'는 Less Than(미만, <), 'LE'는 Less Equal(이하, <=), 'EQ'는 EQual(동일, ==), 'GE'는 Greater Equal(이상, >=), 'GT'는 Greater Than(초과, >), 'NE'는 Not Equal(상이, ≠) 등의 부등호를 논리적으로 조합하여 적용한다.

공통적으로 입력은 8개까지 확장 가능하며, 데이터 타입은 모두 동일하여야하며, EN이 1이면 펑션이 실행되어 입력 조건이 성립하면 OUT으로 1이 출력된다. 여기서 IN1은 비교될 입력값이며 IN2는 비교할 입력값이고, 각각의 적용되는 입력값의 비교 조건은 {표 8-5}와 같다.

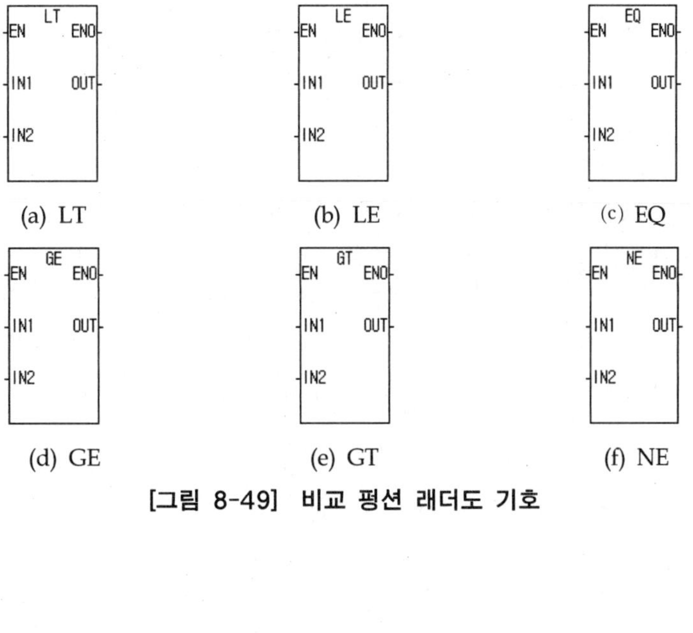

(a) LT (b) LE (c) EQ

(d) GE (e) GT (f) NE

[그림 8-49] 비교 펑션 래더도 기호

{표 8-5} 비교 펑션 입력 조건

구 분	조 건(n은 입력 개수)
LT	IN1<IN2<IN3...<INn
LE	IN1 ≤ IN2 ≤ IN3... ≤ INn
EQ	IN1=IN2=IN3...=INn
GE	IN1 ≥ IN2 ≥ IN3... ≥ INn
GT	IN1>IN2>IN3...>INn
NE	IN1 ≠ IN2

예제 12

[그림 8-50]에서 'GE' 펑션의 IN1에 입력된 비교될 값(카운터 현재값 ′비교CV′)이 IN2에 입력된 비교할 값(5)보다 같거나 크고, EN이 1이면 'GE' 펑션이 실행되어 OUT으로 1이 출력된다.

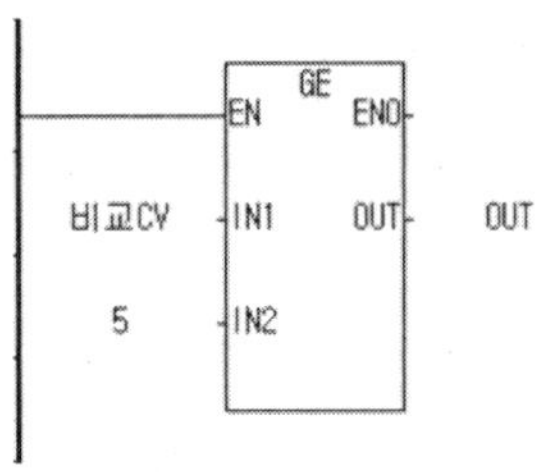

[그림 8-50] GE 펑션 예제

3) 데이터 변환

• **2진(INT : INTteger) 데이터 형태 변환**

[그림 8-51]과 같은 펑션을 사용하며, EN이 on되면 펑션이 실행되어 IN에 입력된 정수값이 지정된 '***' 데이터 형태로 변환되어 OUT으로 출력된다. 그리고 출력 ENO에는 에러 없이 실행되면 1을 출력하고, 'INT_TO_***' 펑션 별 데이터 형태, 크기 및 범위는 {표 8-6}과 같다.

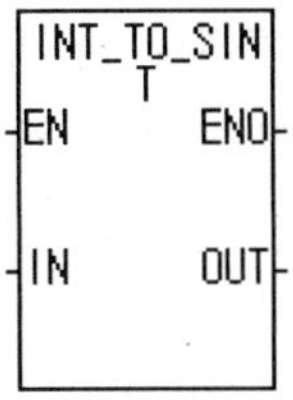

[그림 8-51]

{표 8-6} 2진 데이터 형태 변환 펑션 비교

펑 션	데이터 형태	동작 설명
INT_TO_SINT	SINT	입력이 -128 ~ 127 일 경우 정상 변환
INT_TO_DINT	DINT	DINT 타입으로 정상 변환
INT_TO_LINT	LINT	LINT 타입으로 정상 변환
INT_TO_USINT	USINT	입력이 0 ~ 255 일 경우 정상 변환
INT_TO_UINT	UINT	입력이 0 ~ 32767 일 경우 정상 변환
INT_TO_UDINT	UDINT	입력이 0 ~ 32767 일 경우 정상 변환
INT_TO_ULINT	ULINT	입력이 0 ~ 32767 일 경우 정상 변환
INT_TO_BOOL	BOOL	하위 1 비트를 취해 BOOL 형태로 변환
INT_TO_BYTE	BYTE	하위 8 비트를 취해 BYTE 형태로 변환
INT_TO_WORD	WORD	내부 비트 배열 변화 없이 WORD 형태로 변환
INT_TO_DWORD	DWORD	상위 비트를 0으로 채운 DWORD 형태로 변환
INT_TO_LWORD	LWORD	상위 비트를 0으로 채운 LWORD 형태로 변환
INT_TO_REAL	REAL	INT를 REAL 형태로 정상 변환
INT_TO_LREAL	LREAL	INT를 LREAL 형태로 정상 변환
INT_TO_STRING	STRING	INT를 STRING 형태로 정상 변환

{표 8-6}의 데이터 형태에서 접두어 S, D, L 및 U는 각각 short, double, long 및 unsigned를 의미하며, 'INT_TO_SINT' 펑션은 'SINT_TO_BCD_BYTE' 펑션과 직렬 접속하여 카운터 현재값을 BCD 바이트 데이터로 변환할 때 유용하다.

• BCD 데이터를 2진(INT : INTteger) 변환

[그림 8-52]와 같은 펑션을 사용하며, EN이 on되면 펑션이 실행되어 IN에 입력된 데이터가 지정된 '***' 데이터 형태(16#????)로 변환되어 OUT으로 출력된다.

'DECO(DECODE)_***' 펑션과 연결하여 적용하며, 'BCD_TO_***' 펑션별 데이터 형태, 크기 및 범위는 {표 8-7}과 같고, 부호 없는(Unsigned) 범위는 0부터 시작하여 해당 데이터 비트 크기 n의 2^n-1이 된다.

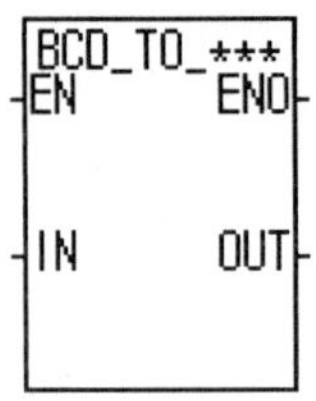

[그림 8-52]

{표 8-7} 2진 변환 펑션 출력

펑 션	데이터 형태	크기(비트)	범 위
BCD_TO_SINT	SINT	8	-128 ~ 127
BCD_TO_INT	INT	16	-32,768 ~ 32,767
BCD_TO_DINT	DINT	32	-2^{31} ~ 2^{31}-1
BCD_TO_LINT	LINT	64	-2^{63} ~ 2^{63}-1
BCD_TO_USINT	USINT	8	0 ~ 255
BCD_TO_UINT	UINT	16	0 ~ 65,535
BCD_TO_UDINT	UDINT	32	0 ~ 2^{32}-1
BCD_TO_ULINT	ULINT	64	0 ~ 2^{64}-1

예제 13

[그림 8-53]에서 'BCD_TO_***' 펑션의 IN에 8421 BCD 데이터(2709)가 입력되면 2진 데이터로 변환한 16#0A95가 OUT에 출력된다.

	8	4	2	1	8	4	2	1	8	4	2	1	8	4	2	1
IN	0	0	1	0	0	1	1	1	0	0	0	0	1	0	0	1
	15	14	13	12	11	10	9	8	7	6	5	4	3	2	1	0
OUT	0	0	0	0	1	0	1	0	1	0	0	1	0	1	0	1

[그림 8-53] BCD_TO_*** 펑션 예제

- **2진 데이터를 BCD로 변환**

[그림 8-54]와 같은 펑션을 사용하며, EN이 on되면 'INT_TO_BCD_WORD' 펑션이 실행되어 IN에 입력된 2진 데이터를 OUT으로 출력한다. 즉 입력 -32768~32767을 출력 16#0000~16#FFFF로 변환환다. 그리고 BCD 표시이지만 작업자가 인식하기 편리하며, 'ENCO' (ENCODE) 펑션이나 'SEG_WORD' 펑션과 연결하여 적용한다.

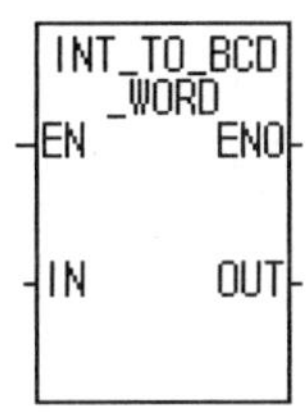

[그림 8-54]

예제 14

[그림 8-55]에서 'INT_TO_BCD_WORD' 펑션의 IN에 입력된 2진 데이터를 4비트씩 분리하여(16#1111)를 BCD 데이터로 변환한 4369가 OUT에 출력된다.

	15	14	13	12	11	10	9	8	7	6	5	4	3	2	1	0
IN	0	0	0	1	0	0	0	1	0	0	0	1	0	0	0	1
	8	4	2	1	8	4	2	1	8	4	2	1	8	4	2	1
OUT	0	1	0	0	0	0	1	1	0	1	1	0	1	0	0	1

[그림 8-55] INT_TO_BCD_WORD 펑션 예제

8-7-2 실험순서 및 결과

(1) 메모리 치환

1) 'MOVE' 펑션 응용

첫 번째 센서가 on되면 입력 카드의 데이터를 내부 레지스터와 출력 카드에 전송하고, 두 번째 센서가 on되면 내부 레지스터와 출력 카드를 초기화하도록 제어한다.

- 입 · 출력 번지를 지정한다.
- 래더 프로그램을 작성한다.
- 입력 카드를 이용하여 전송할 8 비트 데이터를 임의로 설정한다.
- 데이터를 변화시키면서 결과를 모니터하고 설명한다.

2) 'INC' 펑션 응용

1초 클록 펄스(_T1S) 사용자 플래그의 4배 주기마다 출력을 제어한다.

- 입 · 출력 번지를 지정한다.
- 래더 프로그램을 작성한다.
- 입력 카드를 이용하여 전송할 8 비트 데이터를 임의로 설정한다.
- 결과를 모니터하고 설명한다.
- 입력 펄스 주기의 2^n 주기마다 출력을 제어하는 방법을 반복한다.

(2) 데이터 비교

{표 8-8}과 같이 시간이 경과함에 따라 세 대의 모터 중에서 오직 1대만 선택하여 운전하는 동작이 반복되도록 제어한다.

{표 8-8}

경과시간	5초 이하	5초 초과 10초 이하	10초 초과
공정모터	첫 번째 모터	두 번째 모터	세 번째 모터

① 입 · 출력 번지를 지정한다.

② 1초 클록 펄스(_T1S) 사용자 플래그를 15초까지 가산 계수할 수 있도록 카운터를 설정하여 래더 프로그램을 작성한다.

③ 모터 구동조건이 성립하면 해당하는 모터가 운전된다.

④ 결과를 모니터하고 설명한다.

(3) 데이터 변환('INT_TO_*' / 'BCD_TO_***')**

1초 클록 펄스(_T1S) 사용자 플래그를 9번 가산 계수하여 CPU가 on 상태이면 출력 카드에 표시한다. 단, 실험순서 ③과 ④에서는 CPU의 운전상태를 제어하는 상시 on(_on) 사용자 플래그를 입력 조건으로 이용한다.

① 입·출력 번지를 지정한다.
② 클럭 펄스를 9초까지 가산 계수할 수 있도록 카운터를 설정하고, 카운터 현재값을 내부 메모리로 전송한다.
③ 내부 레지스터에 전송된 BCD 데이터를 2진 데이터로 변환하여 또 다른 내부 레지스터로 전송한다.
④ 카운터 현재값을 BCD 데이터로 변환하여 출력 카드에 전송한다.
⑤ 결과를 모니터하고 설명한다.

8-7-3 검토 보고

[그림 8-56]의 창고 재고표시를 제어하는 프로그램을 작성하고, 모니터 결과를 설명한다. 즉 입고 센서가 제품을 감지할 때마다 표시장치 내용이 증가하고 제품이 출고될 때마다 표시장치 내용이 감소된다.

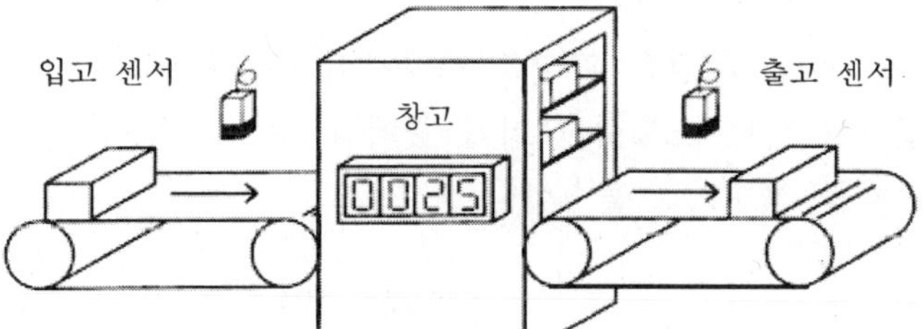

[그림 8-56] 창고의 재고표시

8-8 응용 명령어 활용 2

목 적	1. 데이터 처리(ENCODE, DECODE) 및 표시(SEG) 펑션을 이해하여 PLC 프로그램을 작성할 수 있도록 교육한다 2. 메모리 이동 및 회전(ROTATE_C, ROL, ROR, SHL, SHR) 펑션을 이해하여 PLC 프로그램을 작성할 수 있도록 교육한다

사용기재, 공구, 소모재료	규 격	수 량	비 고
컴퓨터	IBM 호환	1	
PLC 실습장치	GLOFA GM	1	
통신 케이블 어댑터	RS485/RS232C	1	
프로그램 작성 툴			사용 PLC 전용 툴
휴대용 저장장치		1	USB

8-8-1 관련 지식

데이터를 부호화(암호), 복호화(해독), 표시, 회전 및 이동을 위한 PLC 펑션은 제어계에서 많이 적용된다.

(1) 데이터 비트 처리

1) 부호화(encode)

[그림 8-57]과 같은 펑션을 사용하며, EN이 on되면 펑션이 실행되어 IN에 입력된 비트 스트링 데이터 중에서 1로 되어있는 비트 중 최상위 비트의 위치를 OUT으로 출력한다.

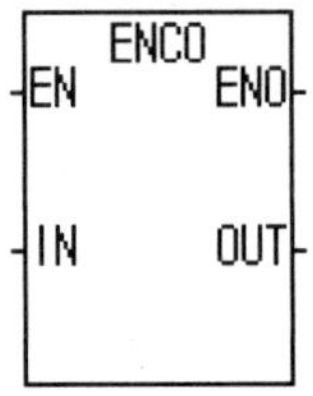

[그림 8-57]

즉 입력 16#0000 ~ 16#FFFF을 출력 -32768 ~ 32767로 변환한다. 그리고 접속 가능한 입력 데이터 형태는 B(BYTE), W(WORD), D (DWORD) 및 L(LWORD)이며, 입력 데이터 중에서 on된 비트가 2개 이상일 경우 최상위 비트 번호만 2진 데이터로 부호화하며, 0~9까지 10개의 10진수를 부호화 한다.

〔참고〕 10진수를 BCD로 부호화하는 인코더 IC → 74147

예제 15

[그림 8-58]에서 'ENCO' 펑션의 IN에 입력된 데이터 중에서 최상위 비트가 10진수로 7(2^6)번째(16#0040)이므로 부호화된 값 00000110(2^6의 6)이 OUT에 출력된다.

	7	6	5	4	3	2	1	0
IN	0	1	0	1	0	1	0	0

	8	4	2	1	8	4	2	1
OUT	0	0	0	0	0	1	1	0

[그림 8-58] ENCO 펑션 예제

2) 복호화(decode)

[그림 8-59]와 같은 펑션을 사용하며, EN이 on되면 펑션이 실행되어 IN에 입력된 2진 데이터에 따라서 지정된 위치의 비트만 1로 하여 OUT으로 출력한다. 즉 입력 -32768 ~ 32767을 출력 16#0000 ~ 16#FFFF로 변환한다. 그리고 접속 가능한 입력 데이터 형태는 BYTE, WORD, DWORD 및 LWORD이다.

〔참고〕 BCD 데이터를 10진수로 해독하는 디코더 IC → 7442

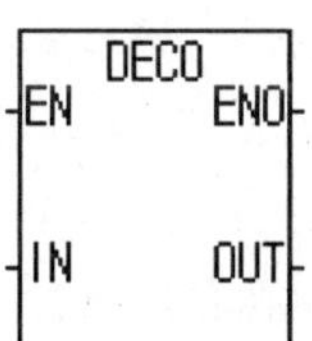

[그림 8-59]

예제 16

[그림 8-60]에서 'DECO' 펑션의 IN에 데이터 00000110(16#06)가 입력되면 해독된 데이터 00100000(16#40)이 OUT에 출력된다.

	8	4	2	1	8	4	2	1
IN	0	0	0	0	0	1	1	0

	7	6	5	4	3	2	1	0
OUT	0	1	0	0	0	0	0	0

[그림 8-60] DECO 펑션 예제

- **ASCII**(American Standard Code for Information Interchange)

컴퓨터에서 문자들은 8 비트(1 바이트)로 {표 8-9}와 같이 서로 다른 256개의 문자를 표시하여 특정 기기에 정보(문자)를 전송할 경우 기기가 문자를 인식하도록 16 진수 코드로 변환하여 전송한다.

{표 8-9}

10진수	16진수	문 자
0~31	0~1F	제어문자(NULL, SOH, … ,US)
32-127	20~7F	일반문자(#, $, … , DEL)
128~255	80~FF	특수문자(비표준)

(2) 데이터 디스플레이 표시(변환)

[그림 8-61]과 같은 펑션을 사용하며, EN이 on되면 펑션이 실행되어 IN에 입력된 BCD 또는 HEX(16#0000 ~ 16#FFFF) 데이터를 {표 8-10}와 같이 7 세그먼트 디스플레이를 위한 코드로 변환(16#00000000 ~ 16#FFFFFFF)하여 OUT으로 출력한다. 그리고 7 세그먼트가 큰 경우 전력용 TR를 사용하여 구동하지만 비경제적이므로 'SEG_WORD' 명령을 사용한다.

BCD 입력은 0000 ~ 9999(8421 BCD 코드)까지의 데이터가 4개의 7세그먼트에 표시 가능하며, HEX 입력은 0000 ~ FFFF의 값이 4개의 7세그먼트에 표시 가능하다.

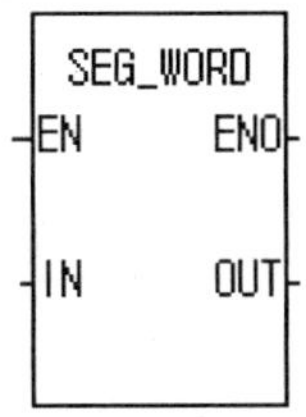

[그림 8-61]

{표 8-10} 세그먼트 변환표

입력	출력								표시
	h	*g*	*f*	*e*	*d*	*c*	*b*	*a*	
0000	0	0	1	1	1	1	1	1	0
0001	0	0	0	0	0	1	1	0	1
0010	0	1	0	1	1	o	1	1	2
0011	0	1	0	0	1	1	1	1	3
0100	0	1	1	0	0	1	1	0	4
0101	0	1	1	0	1	1	0	1	5
0110	0	1	1	1	1	1	0	1	6
0111	0	0	1	0	0	1	1	1	7
1000	0	1	1	1	1	1	1	1	8
1001	0	1	1	0	1	1	1	1	9
1010	0	1	1	1	0	1	1	1	A
1011	0	1	1	1	1	1	0	0	b
1100	0	0	1	1	1	0	0	1	C
1101	0	1	0	1	1	1	1	0	d
1110	0	1	1	1	1	0	0	1	E
1111	0	1	1	1	0	0	0	1	F

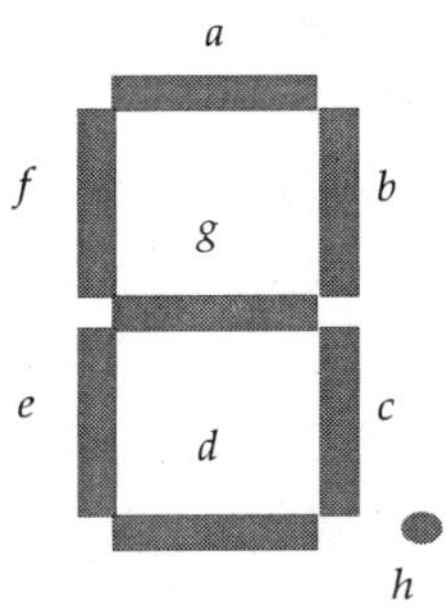

[그림 8-62] 7 세그먼트

정수를 4자리 BCD 형태의 7세그먼트 코드로 변환할 때는 'INT_TO_BCD_WORD' 펑션을 거쳐서 'SEG_WORD' 펑션을 사용하고, 정수를 4자리 HEX 형태의 7세그먼트 코드로 변환할 때는 'INT_TO_WORD' 펑션을 거쳐서 'SEG_WORD' 펑션을 사용한다. 그리고 정수를 8자리 BCD 형태의 7세그먼트 코드로 변환할 때는 정수를 10,000 으로 나누어 몫과 나머지를 각각 'INT_TO_BCD_ WORD' 펑션을 거쳐서 'SEG_WORD'을 사용하여 상위 4자리와 하위 4자리의 7세그먼트 코드를 생성한다.

〔참고〕 BCD 데이터를 7 세그먼트 데이터로 변환하는 IC → 7447(-), 7448(+).

예제 17

[그림 8-63]에서 'SEG_WORD' 펑션의 IN에 데이터 00000101(16#XXX5)이 입력되면 변환된 데이터 01101101(16#XX6D)가 OUT에 출력된다.

	15..8	7	6	5	4	3	2	1	0
IN	....	0	0	0	0	0	1	0	1

	15..8	7	6	5	4	3	2	1	0
OUT	....	0	1	1	0	1	1	0	1

[그림 8-63] SEG 펑션 예제

(3) 데이터 회전 및 이동

1) ROTATE_C

[그림 8-64]와 같은 펑션을 사용하며, EN이 on되면 펑션이 실행되어 SRC 변수의 비트열 중 STRT(start)와 뚱로 지정된 비트 범위의 원소들을 지정된 방향으로 회전하는 펑션이다.

회전할 비트 범위(STRT와 END)는 SRC 비트열보다 작아야하며, 이동할 횟수는 N으로 지정된다. 그리고 출력 데이터 결과는 SRC에 지정된 ANY_BIT에 바뀌어 저장되며, 회전동작으로 END위치에서 STRT로 다시 들어가는 비트 데이터는 OUT으로도 출력된다

이동 방향은 [그림 8-65]와 같이 STRT>END이면 비트열이 우측(상위 비트에서 하위 비트)으로 이동하고, STRT<END이면 비트열이 좌측(하위 비트에서 상위 비트)으로 이동한다. 〔참고〕 C 언어의 rlc/rrc(반복회전), rl/rr(1 회 회전) 명령과 비교

좌측 회전(STRT<END)은 SRC로 지정한 데이터를 상위 비트(좌측)로 N 비트(1～15)만큼 이동하며, 최상위 비트(MSB : Most Significant Bit)에 도달한 비트는 OUT과 최하위 비트(LSB : Least Significant Bit)로 동시에 이동

한다. 그리고 우측 회전(STRT>END)은 SRC로 지정한 데이터를 하위 비트(우측)로 N 비트(1~15)만큼 이동하며, 최하위 비트는 OUT과 최상위 비트로 동시에 이동한다.

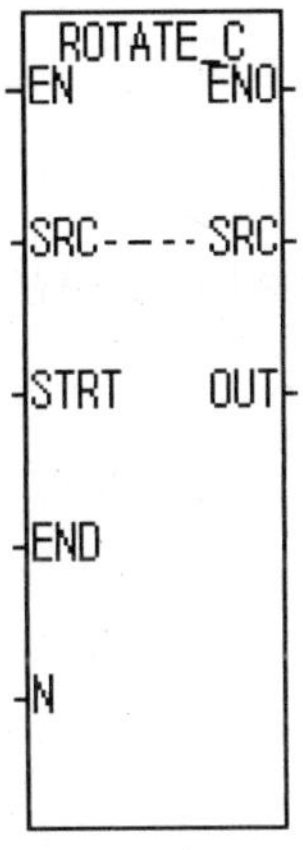

[그림 8-64]

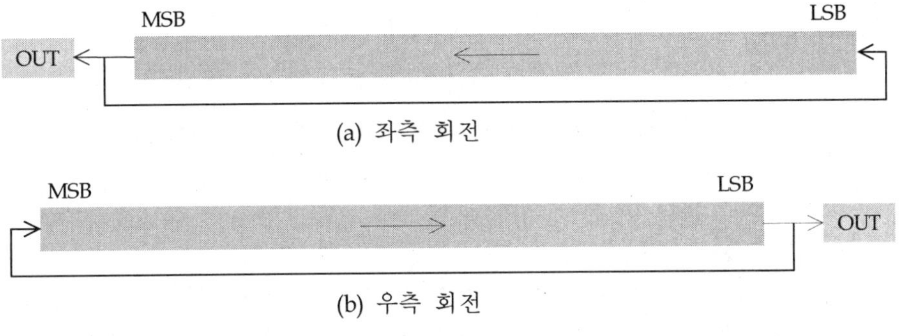

[그림 8-65] ROTATE_C

예제 18

■ 좌측 회전

[그림 8-66]에서 'ROTATE_C' 펑션의 SRC에 입력된 데이터 16#B595를 1비트 상위 비트로 이동하면 MSB "1"이 OUT과 LSB로 이동하므로 SRC는 16#6B2B가 된다.

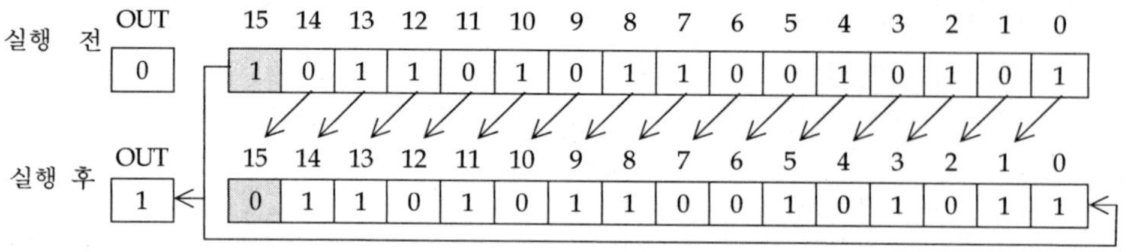

[그림 8-66] ROTATE_C 펑션 예제(좌측 회전)

■ 우측 회전

[그림 8-67]에서 'ROTATE_C' 펑션의 SRC에 입력된 데이터 16#B595를 1 비트 하위 비트로 이동하면 LSB "1"이 OUT과 MSB로 이동하므로 SRC는 16#DACD가 된다.

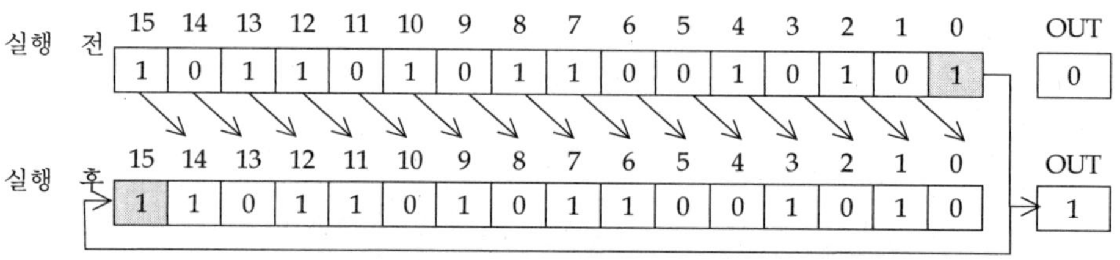

[그림 8-67] ROTATE_C 펑션 예제(우측 회전)

---

2) ROL/ROR

[그림 8-68]과 같은 펑션을 사용하며, EN이 on되면 펑션이 실행되어 IN에 입력된 데이터를 입력 IN을 N 비트 수만큼 왼쪽/오른쪽으로 회전하는 펑션이다. 단, 'ROTATE_C' 펑션과 달리 회전할 범위를 지정하지 않는다.

(a) ROL(좌측) 회전　　(b) ROR(우측) 회전

[그림 8-68] ROL/ROR 펑션 래더도 기호

좌측 회전(ROL)은 [그림 8-69](a)와 같이 ROL 펑션 IN에 입력된 데이터를 상위 비트(우측)로 N 비트(1～15)만큼 회전하여 최상위 비트는 최하위 비트로 회전한다. 그리고 우측 회전(ROR)은 [그림 8-69](b)와 같이 ROR 펑션 IN에 입력된 데이터를 하위 비트(좌측)로 N 비트(1～15)만큼 회전하여 최하위 비트는 최상위 비트로 회전한다.

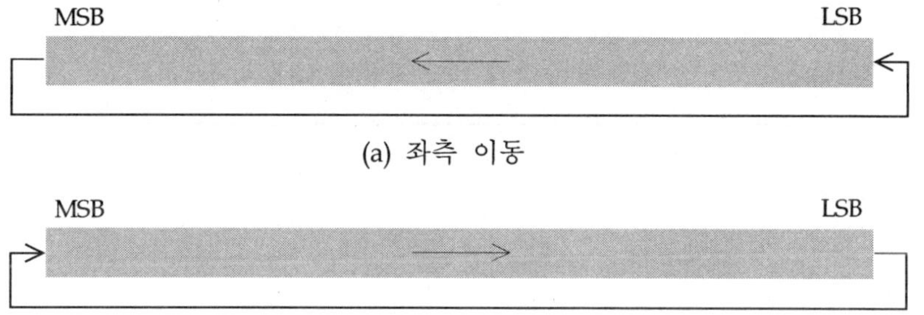

(b) 우측 이동

[그림 8-69] ROL/ROR 펑션

예제 19

■ **좌측 회전 ROL**

[그림 8-70]에서 'ROL' 펑션의 IN에 입력된 데이터 16#B595를 1비트 상위 비트로 이동하면 MSB "1"이 LSB로만 이동하고 SRC는 16#6B2B가 된다.

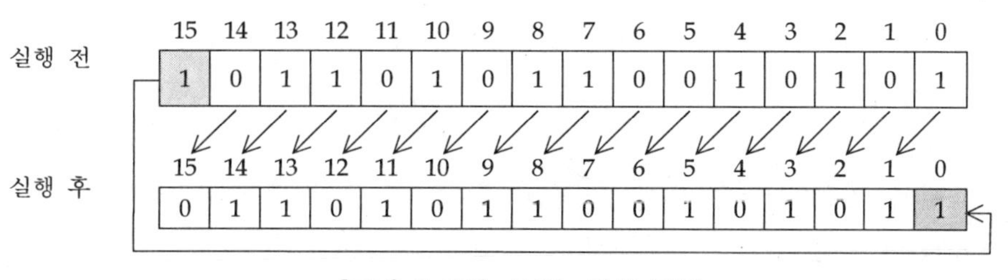

[그림 8-70] ROL 펑션 예제

■ **우측 회전 ROR**

[그림 8-71]에서 'ROR' 펑션의 IN에 입력된 데이터 16#B595를 1비트 하위 비트로 이동하면 LSB "1"이 MSB로만 이동하고 SRC는 16#DACD가 된다.

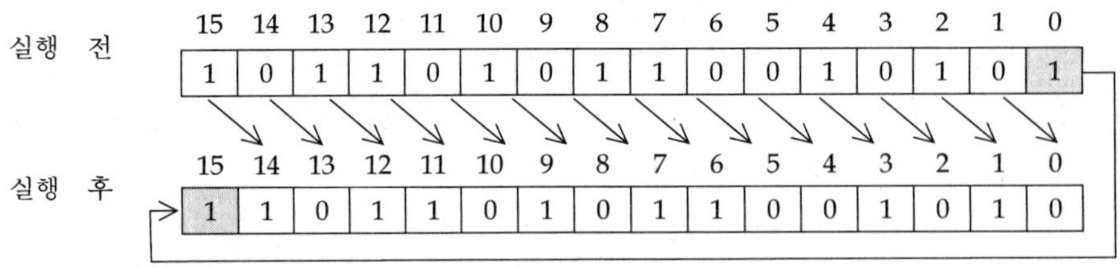

[그림 8-71] ROR 펑션 예제

3) SHL/SHR

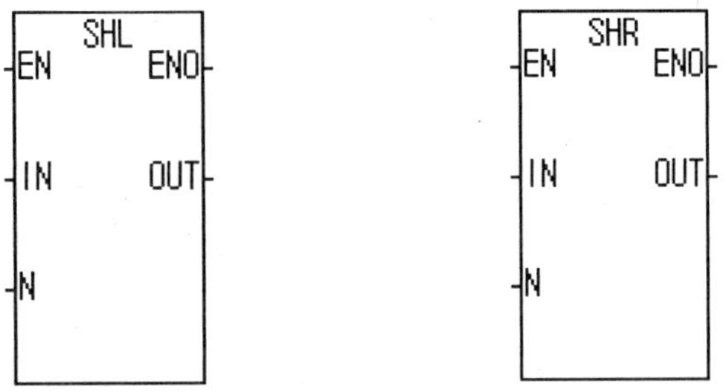

(a) SHL(좌측) 이동 (b) SHR(우측) 이동

[그림 8-72] ROL/ROR 펑션 래더도 기호

[그림 8-72]와 같은 펑션을 사용하며, EN이 on되면 펑션이 실행되어 IN에 입력된 데이터를 N 비트 수만큼 왼쪽/오른쪽으로 회전하는 펑션이며, ROL/ROR 펑션 기능과 달리 데이터는 LSB나 MSB까지 이동 후 모든 비트는 0으로 설정된다.

좌측 이동(SHL)은 IN에 입력된 데이터를 상위 비트(좌측)로 N 비트(1~15)만큼 이동하며, 최하위 비트는 항상 0으로 설정된다. 따라서 15 비트를 이동하면 모든 비트는 0 으로 설정된다. 그리고 우측 이동(SHR)은 IN에 입력된 데이터를 하위 비트(우측)로 N 비트(1~15)만큼 이동하며, 최상위 비트는 항상 0으로 설정된다. 따라서 15 비트를 이동하면 모든 비트는 0 으로 설정된다.

예제 20

■ 좌측 이동 SHL

[그림 8-73]에서 'SHL' 펑션의 IN에 입력된 데이터 16#B595를 7비트 상위 비트로 이동하면 6번째 비트 이하는 모두 "0"으로 채워진다.

	15	14	13	12	11	10	9	8	7	6	5	4	3	2	1	0
실행 전	1	0	1	1	0	1	0	1	1	0	0	1	0	1	0	1
실행 후	0	1	1	0	1	0	1	1	0	0	0	0	0	0	0	0

[그림 8-73] SHL 펑션

■ 우측 이동 SHR

[그림 8-74]에서 'SHL' 펑션의 IN에 입력된 데이터 16#B595를 6비트 하위 비트로 이동하면 10번째 비트 이상은 모두 "0"으로 채워진다.

	15	14	13	12	11	10	9	8	7	6	5	4	3	2	1	0
실행 전	1	0	1	1	0	1	0	1	1	0	0	1	0	1	0	1
실행 후	0	0	0	0	0	0	0	0	1	1	0	0	1	0	1	0

[그림 8-74] SHR 펑션

8-8-2 실험순서 및 결과

(1) 위치검출(ENCO/INT_TO_BCD_WORD/SEG)

컨베이어 벨트에 의하여 이동하는 가동부에 적외선 발광 다이오드를 부착하고, 고정부에는 포토 다이오드를 8개 부착하여 현재 공정위치를 1초마다 검출하여 7 세그먼트에 표시하도록 제어한다.

① 입·출력 번지를 지정하고 래더 프로그램을 작성한다.

② 입력 카드를 사용하여 공정 위치를 나타내는 8 비트 데이터를 임의로

설정한다.

③ 1초마다 위치를 인코드하여 워드 레지스터에 전송한다.

④ 워드 레지스터의 데이터를 BCD 코드로 변환하여 첫 번째 출력 카드에 표시한다.

⑤ 첫 번째 출력 카드의 데이터를 세그먼트 코드로 변환하여 두 번째 출력 카드에 표시한다.

⑥ 데이터를 변화시키면서 결과를 모니터하고 설명한다.

(2) 부하선택 구동(BCD_TO_***/DECO/MOVE)

디지털 스위치로 8개의 모터 중에서 오직 1대만 선택하여 운전하도록 제어한다.

① 입·출력 번지를 지정하고 래더 프로그램을 작성한다.

② 입력 카드를 사용하여 동작시킬 모터 번호를 나타내는 4 비트 데이터를 임의로 설정한다.

③ 선택한 모터 번호가 8 이하이면 BIN 코드로 변환하여 디코드하고, 출력 카드에 표시한다.

④ 선택한 모터 번호가 8을 초과하면 출력 카드를 초기화한다.

⑤ 데이터를 변화시키면서 결과를 모니터하고 설명한다.

(3) 데이터 회전·이동 명령어 이해

1초마다 좌·우로 회전·이동하도록 미니 네온사인을 제어한다. 단, 타이머나 1초 클록 펄스(_T1S) 사용자 플래그를 사용하고 접점은 펄스 명령을 사용하여야 정상적으로 제어된다.

1) ROTATE_C

① 순차 점등할 16개 표시등의 비트 패턴을 설정한다. 좌측 회전 패턴은 첫째 입력 카드를 사용하고, 우측 회전 패턴은 두 번째 입력 카드를 사용한다.

② 회전주기는 1초로 한다.

③ 클록 펄스의 상승 에지에서 첫 번째 표시등에서부터(LSB) 좌측으로 1개씩 이동하며 첫째 출력 카드에 순차 점등되도록 한다.

④ 클록 펄스의 하강 에지에서 마지막 표시등에서부터(MSB) 우측으로 1개씩 이동하며 둘째 출력 카드에 순차 점등되도록 한다.

⑤ 결과를 모니터하고 설명한다.

2) ROL/ROR, SHL/SHR

1)의 실험내용에 대하여 ROL/ROR 및 SHL/SHR 펑션을 사용하여 실험을 반복하고, 1)의 결과와 비교한다.

3) SHL/SHR

1)의 실험내용에 대하여 SHL/SHR 펑션을 사용하여 실험을 반복하고, 1)의 결과와 비교한다.

8-8-3 검토 보고

8개의 제품이 머물 수 있는 컨베이어 벨트 위를 지난 제품은 불량품 검출 센서에서 불량/양품 상태를 감지하여 선별된다.

① 불량품을 감지한 데이터를 저장할 레지스터를 초기화한다.
② 불량품을 검출하면 제품이 이동하는 스텝에 맞추어 불량 데이터를 좌측으로 이동한다. 여기서는 1초 클록 펄스를 사용한다.
③ 불량품을 제거할 위치에 도달하면 선별 솔레노이드를 동작하여 제품을 분리 공정을 시작한다.
④ 불량품 제거가 완료되면 솔레노이드는 정지한다.

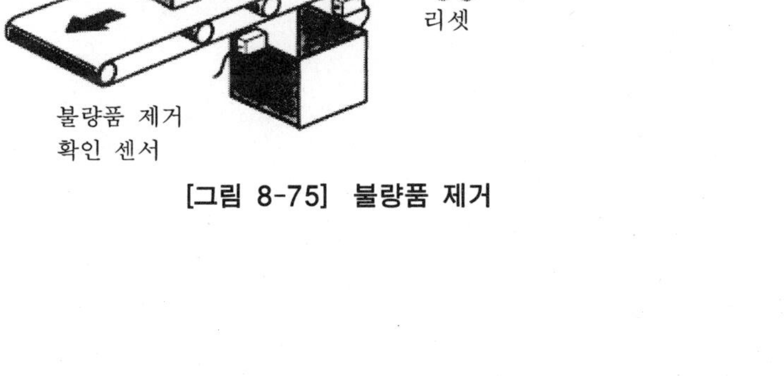

[그림 8-75] 불량품 제거

제 Ⅲ 편

부 록

APPENDIX

01 PLC(GLOFA GM6) 주요 사양

A1-1 구성기기

{표 A1-1}

항 목	품 명	사 양
CPU 모듈	GM6-CPUA	0.2～0.4 μS/step, RS232C, 메모리 68kByte
전원 모듈	GM6-PAFA	AC 85 ~ 264V
입력 모듈	G6I-D22A	DC 입력, 16점, DC 12～24V (8점 공통)
출력 모듈	G6Q-RY22A	릴레이 출력, 16점, AC 220V, DC24V(8점 공통)
주변 장치	소프트웨어	GMWIN 4.18
마더보드		4/6/8 모듈 장착

A1-2 CPU(중앙처리부)

{표 A1-2}

<table>
<tr><th colspan="2">항 목</th><th colspan="2">GM6-CPUA</th></tr>
<tr><td rowspan="2">제어 사양</td><td>처리 방식</td><td colspan="2">스캔동기 일괄처리 방식(리프레시 방식)</td></tr>
<tr><td>처리 속도</td><td colspan="2">기본 연산자 0.2 ~ 0.4 μS/step
IL 또는 LD 언어로 프로그램 작성시 처리속도는 동일</td></tr>
<tr><td rowspan="4">명령어 수</td><td>기본 연산자</td><td colspan="2">21종</td></tr>
<tr><td>기본 펑션</td><td colspan="2">194종</td></tr>
<tr><td>기본 펑션블록</td><td colspan="2">11 종</td></tr>
<tr><td>전용 펑션블록</td><td colspan="2">특수 모듈별</td></tr>
<tr><td colspan="2">외부 입·출력</td><td colspan="2">256점</td></tr>
<tr><td rowspan="13">메모리
(B=Byte)</td><td rowspan="2">프로그램 68kB</td><td>파라미터 영역</td><td>2kB</td></tr>
<tr><td>프로그램 영역</td><td>66kB</td></tr>
<tr><td rowspan="7">데이터 32kB</td><td>시스템 영역</td><td>1kB</td></tr>
<tr><td>시스템 플래그 영역</td><td>1.5kB</td></tr>
<tr><td>입력 이미지 영역</td><td>128B</td></tr>
<tr><td>출력 이미지 영역</td><td>128B</td></tr>
<tr><td>직접변수 영역</td><td>2 ~ 8kB</td></tr>
<tr><td>심볼릭 변수 영역</td><td>29kB에서 직접변수 영역 제외</td></tr>
<tr><td>스택 영역</td><td>3kB</td></tr>
<tr><td rowspan="3">타이머/카운터</td><td colspan="2">점수 제한 없슴</td></tr>
<tr><td>타이머 설정치</td><td>1 점당 심볼릭변수 영역의 20 바이트 점유
0.001 초~ 4,294,967.295 초(1,193 시간)</td></tr>
<tr><td>카운터 설정치</td><td>1 점당 심볼릭변수 영역의 8 바이트 점유
-32,768 ~ +32,767</td></tr>
<tr><td colspan="2">운전 모드</td><td colspan="2">RUN, STOP, PAUSE, DEBUG</td></tr>
<tr><td colspan="2">리스타트 모드</td><td colspan="2">콜드, 웜</td></tr>
<tr><td colspan="2">통신 기능</td><td colspan="2">RS232C, 9600bps</td></tr>
<tr><td colspan="2">내부 소비전류</td><td colspan="2">210mA</td></tr>
<tr><td colspan="2">메모리 백업</td><td colspan="2">배터리 백업: DC 3.0V, 5년</td></tr>
</table>

A1-3 전원장치부

PLC의 전원 외부출력으로 릴레이나 SV를 구동하면 정격을 초과하여 PLC를 소손할 우려가 있다.

{표 A1-3}

항 목	GM6-PAFA	
입 력	전 압	AC85 ~ 264V
	주파수	50 / 60 Hz (47 ~ 63 Hz)
	전 류	0.5 A (AC110V)/0.25 A(AC220V)
출 력	CH 1	DC 5V / 2.0A CPU 전원
	CH 2	DC 24V / 0.3A 외부 단자

A1-4 입력장치부

{표 A1-4}

형 식		GM6-G6I-D22A
입력 전압/전류		DC 24V, 7mA 이하
입력 임피던스		약 3.3kΩ
사용 전압 범위		DC 10.2 ~ 28.8V (리플율 5% 이내)
ON 전압 / 전류		DC 15V 이상 / 4.3mA 이상
OFF 전압 / 전류		DC 5V 이하 / 1.7mA 이하
응답 시간	OFF → ON	5mS 이하
	ON → OFF	5mS 이하
입력 점수		16점/장치, 8점 공통 (무극성, +, −)
절연 방식		Photo Coupler
내부 소비전류		70mA

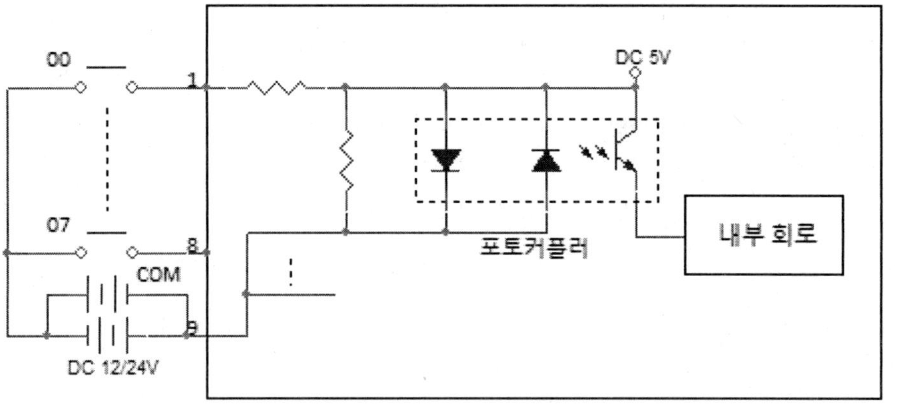

[그림 A1-1] 회로 구성

A1-5 출력장치부(릴레이 방식)

{표 A1-5}

형 식		GM6-G6Q-RY2A
정격 부하 전압 / 전류		DC24V/2A(저항부하), AC220V/2A
OFF 시 누설 전류		0.1mA (AC220V, 60Hz)
최대 개폐 빈도		1,200회/시간
접점 수명	기계적	2000만회 이상
	전기적	10만회 이상
응답 시간	OFF → ON	10mS 이하
	ON → OFF	12mS 이하
출력 점수		16점/장치, 8점 공통
절연 방식		릴레이 절연
내부 소비전류		400mA(DC 5V, 접점 ON 시)
서지보호회로		없슴

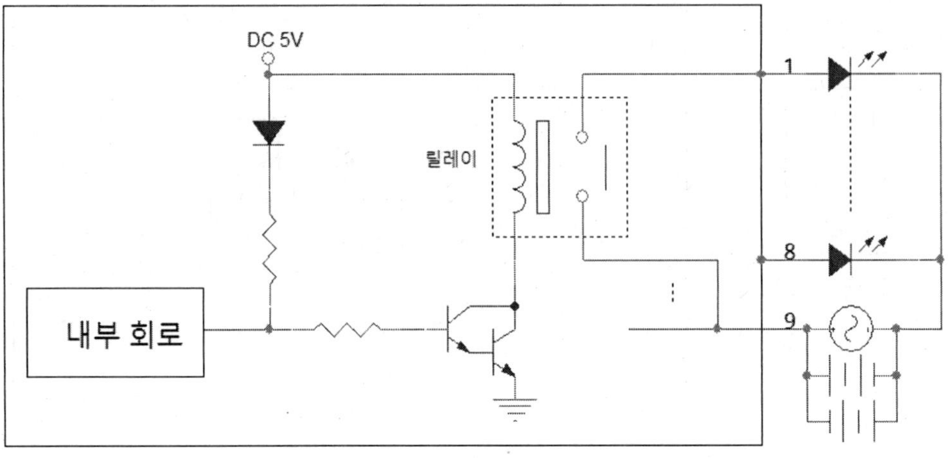

[그림 A1-2] 회로 구성

- 입력장치는 Photo Coupler를 사용하여 절연되므로 대부분의 잡음이나 과전압에 대하여 PLC를 보호하며, 출력장치는 접점을 사용하여 ON/OFF하므로 24V나 100V에 대하여 무관하다.

APPENDIX

02 GMWIN 따라하기

-GMWIN 4.18 특징-

GMWIN GLOFA PLC 전 기종에 대해서 프로그램을 작성하고 디버깅하는 소프트웨어 도구이며, 다음과 같은 특징과 장점을 갖고 있다.

1 국제 규격 언어 제공

1) LD, SFC,IL 등 국제 표준 언어를 제공하며, 시스템에 적용하기 쉬운 언어를 선택하여 사용할 수 있다.
2) 직접변수의 표현을 I,Q,M으로 규격화 하여 사용하고, 프로그램 작성이 편리하도록 심볼을 사용한 프로그램 작성이 가능하다.
3) 프로그램상의 변수 메모리 할당은 필요에 따라 자동이나 사용자 지정으로 할 수 있으며, 다양한 테이터 타입과 변수 종류를 선택할 수 있다. 그리고 초기값 설정이 가능하고, 변수에 한 설명문을 두어 프로그램 이해가 용이하다.

2 편리한 사용자 인터페이스 제공

1) 하나의 PLC 시스템에 여러 개의 프로그램을 포함시킬 수 있으므로 프로그램을 작성하고 테스트하기가 훨씬 쉬워졌다..
2) 직접 연결된 PLC 뿐만 아니라, 네트워크로 연결된 다른 국번 PLC 에 프로그램을 다운로드, 모니터 할 수 있다.
3) 다양한 PLC 정보를 읽어서 PLC 상태 모니터가 가능하고, 프로그램에서도 변수나 링크 파라미터 모니터가 가능하다.
4) 사용자가 작성한 프로그램을 라이브러리화 하여 다른 환경에서 사용할 수 있어 소프트웨어의 재사용이 가능하다. 그리고 기본 펑션, 펑션 블록 외에 자주 사용하거나 공개하고 싶지 않은 프로그램을 하나의 펑션 또는 펑션블록으로 정의하여 간편하게 사용할 수 있다.
5) PLC 와 직접 접속하지 않고 컴퓨터에서 PLC 를 운전하는 것 같은 기능을 수행하여 GMWIN으로 작성한 프로그램을 검증할 수 있다.
6) GMWIN은 다중 문서 인터페이스(MDI:Multiple Document Interface)방식으로 동시에 여러 개의 프로그램을 편집할 수 있다.
7) 새 프로젝트, 새 프로그램, 사용자 정의 라이브러리들을 만들 때 '위저드 기능'이 도입되어 사용자가 쉽게 따라 할 수 있도록 개선하였다.

A2-1 프로젝트 작성 순서도

{표 A2-1} 새 프로젝트 구성

새 프로젝트 구성

프로젝트 파일 이름	ex
프로젝트 파일 위치	GMWIN\ex
PLC 종류	GM6
작성자 이름	lsj
프로젝트 설명문	GMWIN 따라하기

↓

프로그램 정의 및 구성

프로그램 파일 이름	ex.src
인스턴스 이름	프로그램연습
수행 조건	스캔 프로그램
프로그램 사용 언어	LD(Ladder Diagram)
프로그램 종류	프로그램 블록
프로그램 설명문	GMWIN 사용법 안내

↓

프로그램 편집

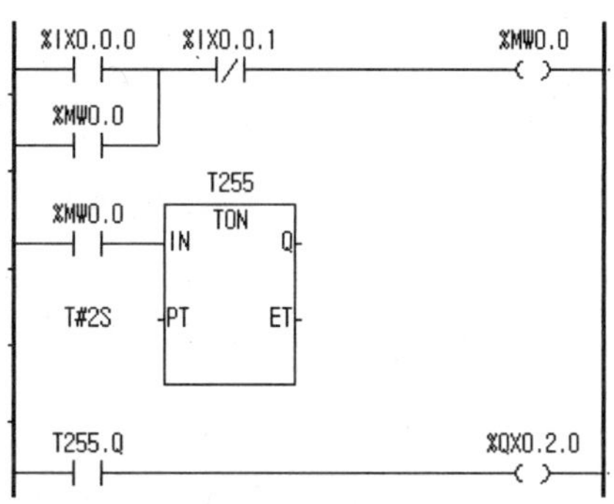

↓

컴파일/메이크하기	컴파일과 메이크를 통해 실행 파일을 생성
↓	
프로그램 쓰기	PLC에 프로그램을 입력
↓	
프로그램 운전하기	PLC 운전모드를 런으로 변경
↓	
프로그램 모니터하기	프로그램을 모니터하면서 동작 상태를 확인

A2-2 새 프로젝트 구성, 프로그램 정의 및 구성

GMWIN을 실행하고 프로젝트(P) -새 프로젝트(N)을 눌러 새 프로젝트 구성 대화상자에 아래와 같이 입력한다. 즉 '새 프로젝트 구성'를 구성하고, '프로그램 정의'를 한 후 마지막으로 프로그램 구성 과정을 수행한다.

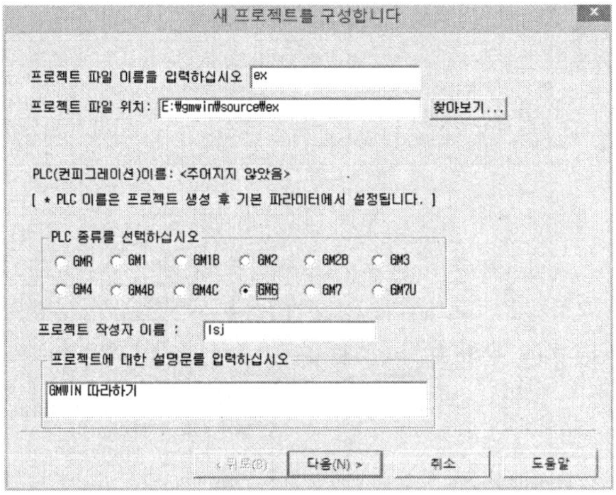

[그림 A2-1] 새 프로젝트 구성

'다음' 단추를 눌러 프로그램 정의 대화상자에 다음과 같이 입력한다.

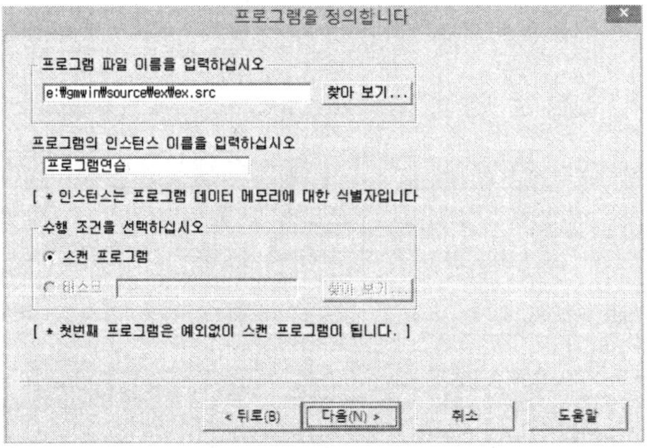

[그림 A2-2] 프로그램 정의

'다음' 단추를 눌러 프로그램 구성 대화상자에 다음과 같이 입력하고 '마침' 단추를 눌러 새 프로젝트 및 프로그램 구성을 종료하면 프로그램을 작성할 수 있는 창이 나타난다..

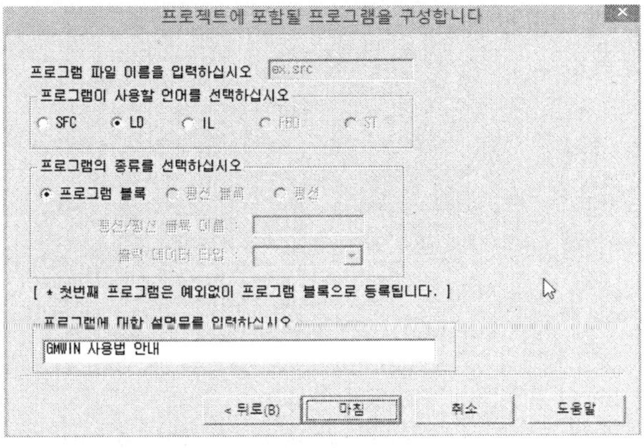

[그림 A2-3] 프로그램 구성

A2-3 프로그램 편집

(1) 기본 연산자 사용 프로그램

기본 연산자를 사용하여 프로그램을 하는 방법을 이해하기 위한 예제로 정지우선 자기유지회로 프로그램을 작성하도록 한다.

1) 새로운 변수 추가

프로그램 편집에 사용할 새로운 변수를 추가하기 위하여 프로젝트 편집창 상단의 '변수' 설정창에서 마우스 오른쪽 단추를 누르고 '새로운 변수 추가' 메뉴를 선택한다. 여기서는 '시작', '정지', '릴레이' 및 '표시등'에 대한 변수를 추가한다.

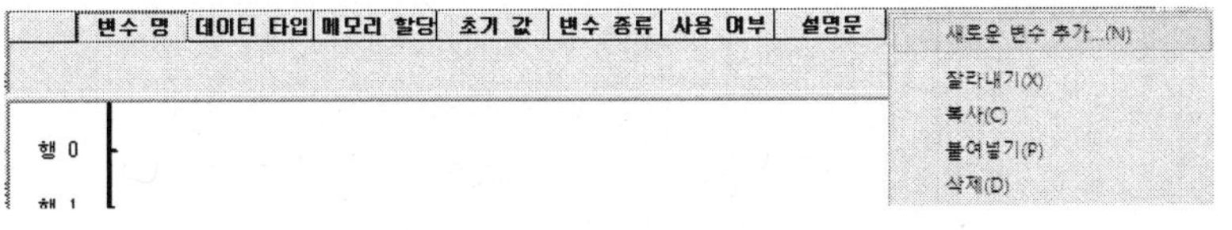

[그림 A2-4] 새로운 변수 추가

'변수 추가/수정' 대화상자에서 '변수 이름'과 '메모리 할당'을 하고 '확인' 단추를 누른다.

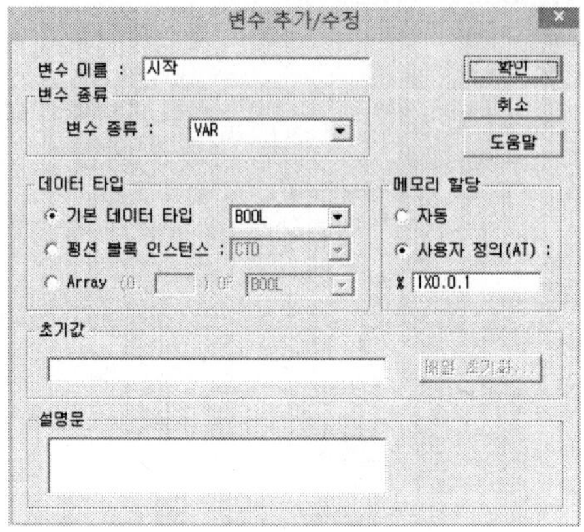

[그림 A2-5] 변수 추가/수정

'변수' 설정 창에 다음과 같이 추가되며,

	변수 명	데이터 타입	메모리 할당	초기 값	변수 종류	사용 여부	설명문
1	시작	BOOL	%IX0.0.1		VAR		

[그림 A2-6] 변수 추가 - 시작

같은 방법으로 나머지 변수를 추가한다.

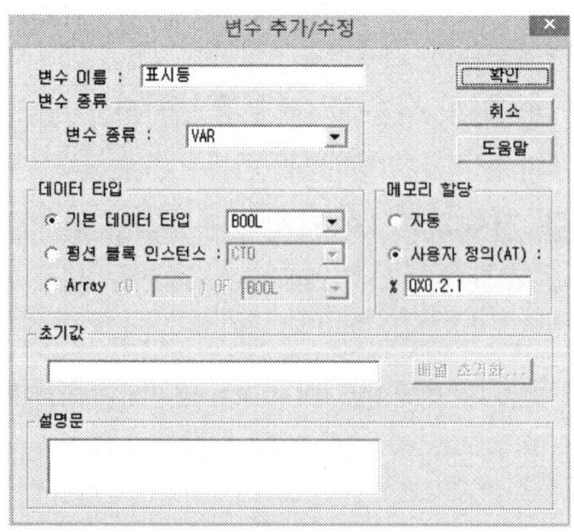

[그림 A2-7] 변수 추가 - 표시등

모든 변수가 다음과 같이 추가된 것을 알 수 있다.

	변수 명	데이터 타입	메모리 할당	초기 값	변수 종류	사용 여부	설명문
1	릴레이	BOOL	%MW0.1		VAR		
2	시작	BOOL	%IX0.0.1		VAR		
3	정지	BOOL	%IX0.0.2		VAR		
4	표시등	BOOL	%QX0.2.1		VAR		

[그림 A2-8] 변수 추가 결과

2) 설명문 입력

'행 0' 를 더블 클릭하여 대화상자에서 '설명문'을 선택하고 입력한다.

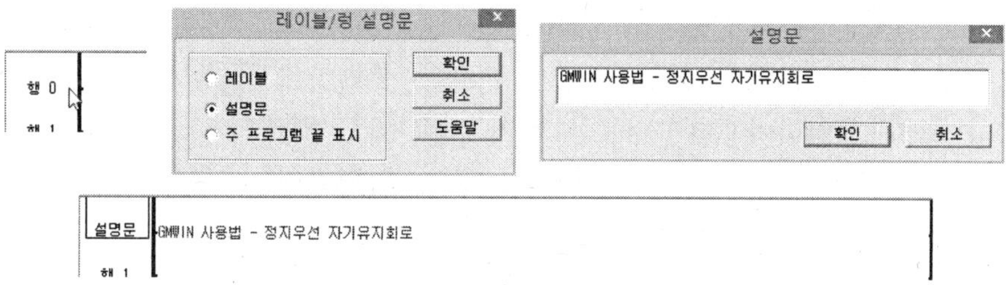

[그림 A2-9] 설명문 입력 과정

3) 접점 및 코일 입력

편집창 우측의 래더 입력 도구상자에서 '상시 개접점'을 클릭하고 프로그램 창에서 해당 영역을 클릭하여 '변수' 설정 창이 나타나면 '시작' 변수를 선택하고 '확인' 단추를 눌러 프로그램 창에 '상시 개접점'을 입력한다.

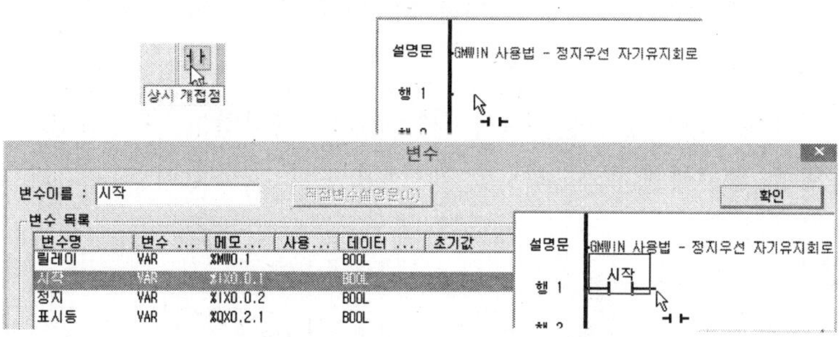

[그림 A2-10] 상시 개접점 입력 과정

래더 입력 도구상자에서 '상시 폐접점'을 클릭하고 프로그램 창에서 해당 영역을 클릭하여 '변수' 설정 창이 나타나면 '정지' 변수를 선택하고

'확인' 단추를 눌러 프로그램 창에 '상시 폐접점'을 입력한다.

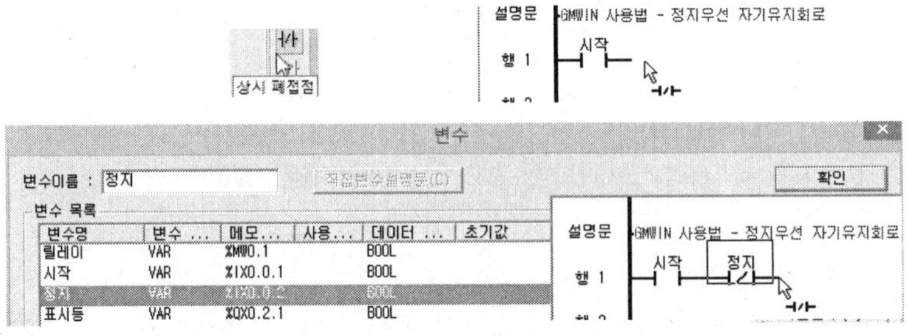

[그림 A2-11] 상시 폐접점 입력 과정

래더 입력 도구상자에서 '코일'을 클릭하고 프로그램 창에서 해당 영역을 클릭하여 '변수' 설정 창이 나타나면 '릴레이' 변수를 선택하고 '확인' 단추를 눌러 프로그램 창에 '코일'을 입력한다.

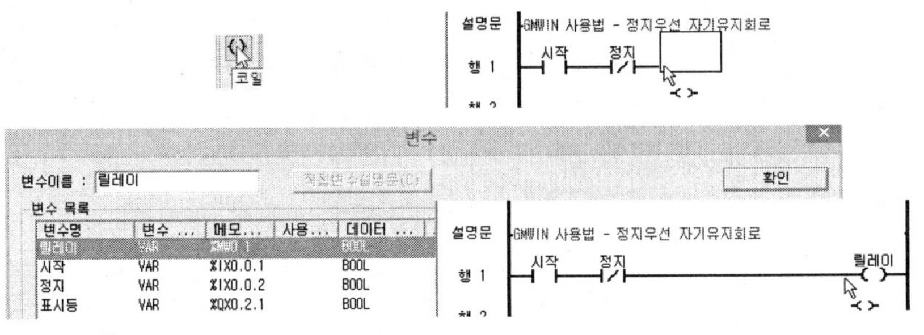

[그림 A2-12] 코일 입력 과정

래더 입력 도구상자에서 '세로선'을 클릭하고 프로그램 창에서 해당 영역을 클릭하여 프로그램 창에 '세로선'을 입력한다.

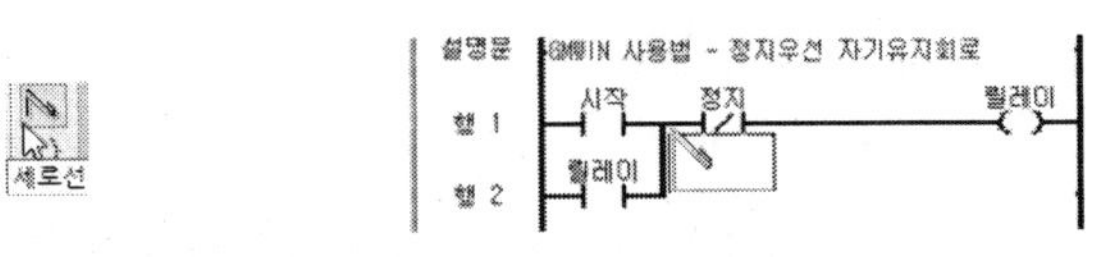

[그림 A2-13] 세로선 입력 과정

완성된 정지우선 자기유지회로 프로그램은 [그림 A2-14]와 같다.

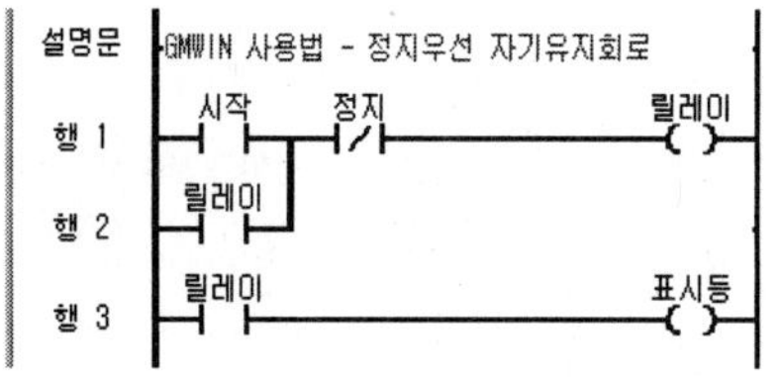

[그림 A2-14] 완성 프로그램

(2) 펑션블록 사용 프로그램

[그림 A2-14]에 펑션블록 타이머를 추가하여 일정시간 지연 후 표시등이 점등하도록 추가하는 프로그램을 작성하면서 펑션블록 사용법을 이해하도록 한다.

1) 타이머 선택 및 변수 추가

래더 입력 도구상자에서 '펑션블록 [FB]'을 클릭하고 프로그램 창에서 해당 영역을 클릭하여 '펑션블록 선택' 창이 나타나면 한시지연 타이머 'TON'을 선택한다. 그리고 '인스턴스 명'을 입력하고 '확인' 단추를 눌러 프로그램 창에 'TON'이 입력되면 [그림 A2-15]와 같이 '변수' 설정창에 'TON' 변수가 자동으로 추가된다.

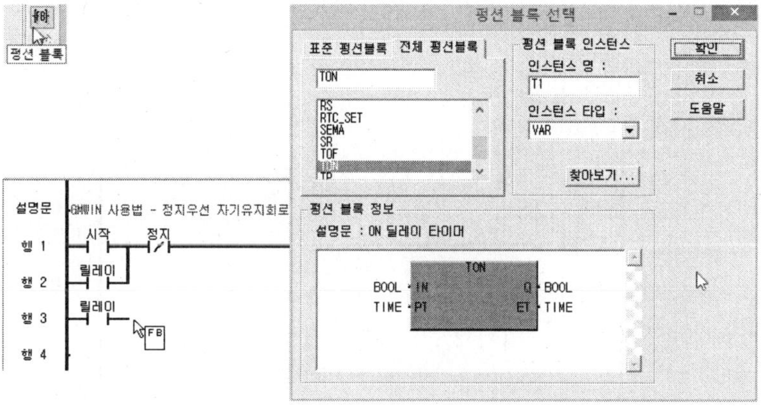

[그림 A2-15] 타이머 선택

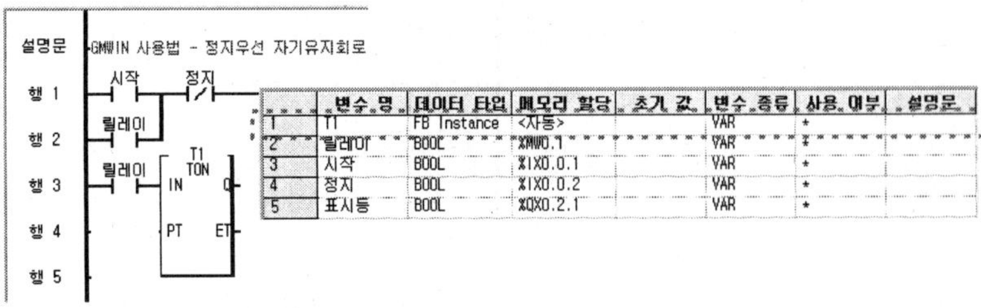

[그림 A2-16] 타이머 및 변수 추가

2) 타이머 설정시간 지정

펑션블록이 래더도에 추가되면 'TON' 펑션블록의 설정시간 'PT(Preset Time)' 입력 부분을 더블클릭하여 나타난 '변수' 대하상자의 '변수이름'에 2초 지연을 의미하는 'T#2S'을 입력하고 '확인' 단추를 누른다

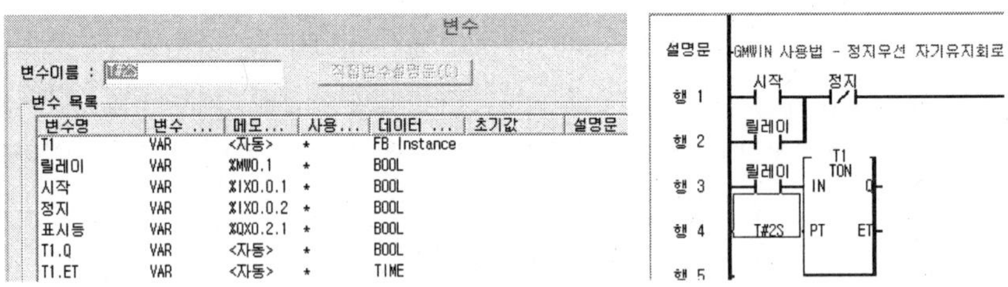

[그림 A2-17] 타이머 설정시간 지정

3) 타이머 접점 입력

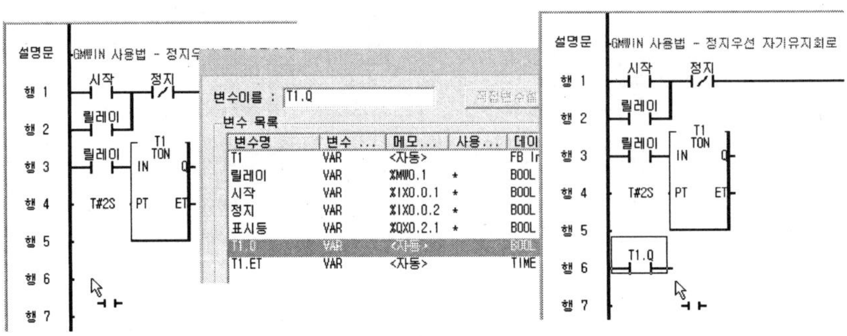

[그림 A2-18] 타이머 접점 입력

래더 입력 도구상자에서 '상시 개접점'을 클릭하고 프로그램 창에서 해

당 영역을 클릭하여 '변수' 설정 창이 나타나면 타이머 출력 'T1.Q' 변수를 선택하고 '확인' 단추를 눌러 프로그램 창에 '상시 개접점'을 입력한다.

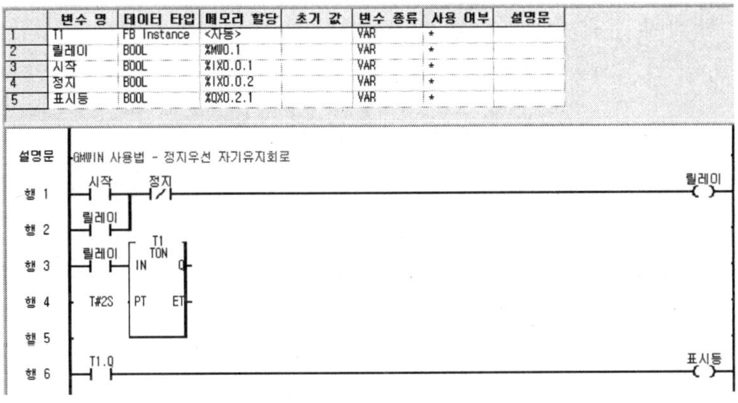

[그림 A2-19] 완성 프로그램- 타이머 추가

A2-4 프로그램 시뮬레이션

1) 기본 연산자 사용 예제

PLC와 직접 접속하지 않고 컴퓨터에서 PLC 를 운전하는 것 같은 기능을 수행하여 GMWIN으로 작성한 프로그램을 검증할 수 있다.

GMWIN을 사용하여 실행할 프로그램을 작성 저장한 후 메뉴 [컴파일]-[모두 컴파일]을 선택하여 실행 파일을 생성한다.. 여기서는 [그림 A2-14] 완성 프로그램을 사용한다.

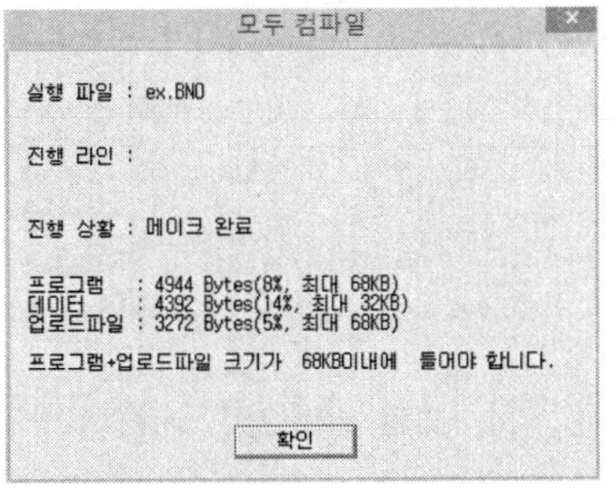

[그림 A2-20] 모두 컴파일

만약 에러가 발생하여 실행파일을 만들지 못한 경우에는 [그림 A2-21]과 같이 래더도 해당 에러 부분에 '적색선'으로 표시되며, 상태표시줄에 표시된 에러 내용에 따라 프로그램을 수정한 후 다시 [시뮬레이터 시작]을 선택하여 실행 파일을 생성한다.

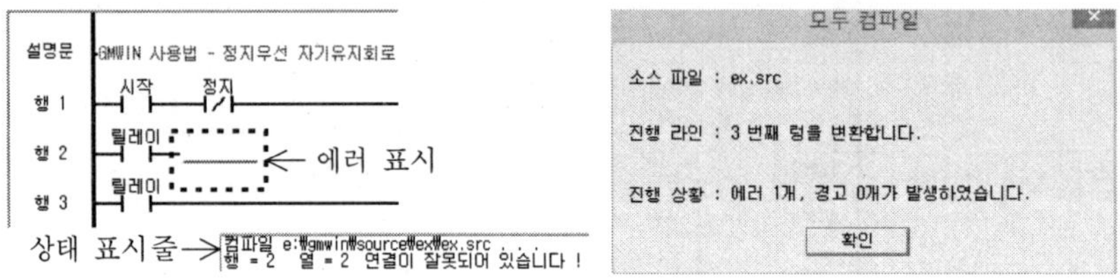

[그림 A2-21] 모두 컴파일 에러

메뉴 [도구]-[시뮬레이터 시작]을 선택하여 [모두 컴파일]이 실행되고 에러가 없으면 [그림 A2-22]와 같이 시뮬레이터 초기상태(STOP) 화면이 나타난다. 이어서 운전모드를 'RUN'으로 절환하고 입력 신호를 인가하면 [그림 A2-23]과 같이 출력이 발생한다.

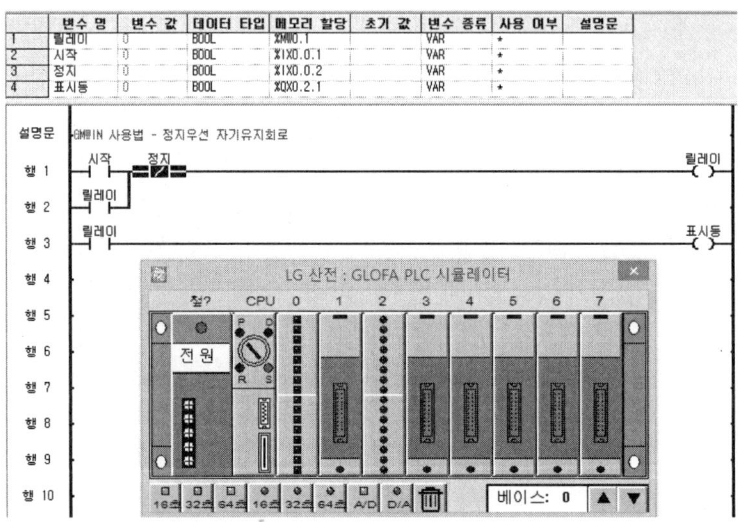

[그림 A2-22] 시뮬레이터 'STOP' 상태

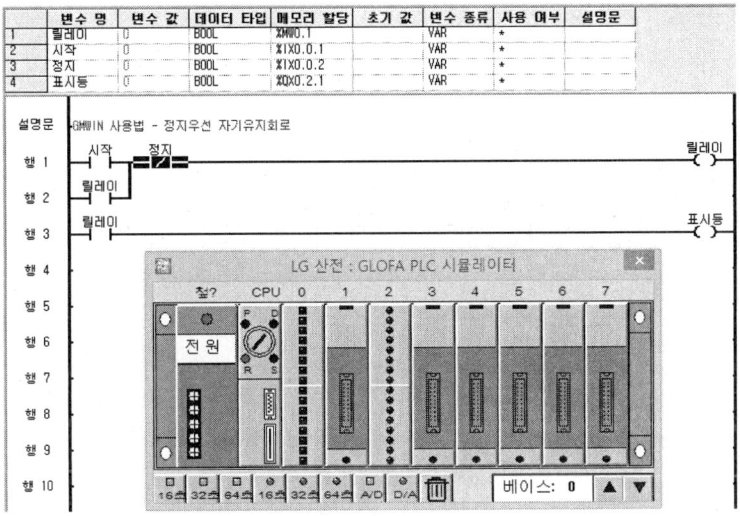

[그림 A2-23] 시뮬레이터 'RUN' 상태(입력 인가 전)

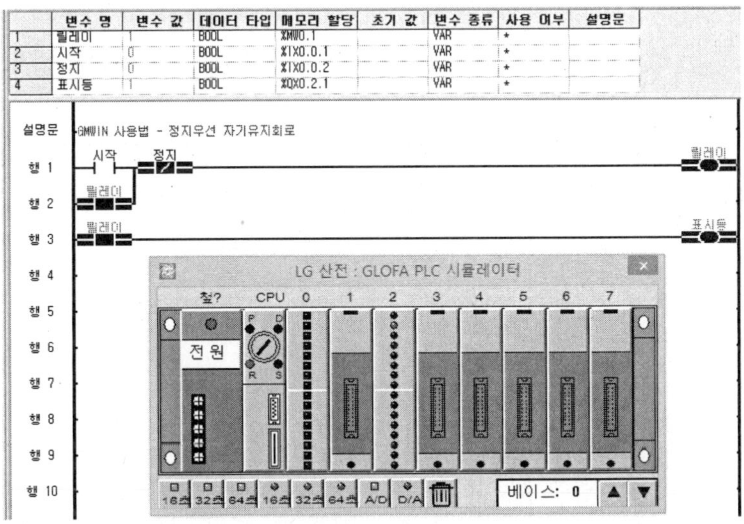

[그림 A2-24] 시뮬레이터 'RUN' 상태(입력 인가 후)

2) 펑션블록 사용 예제

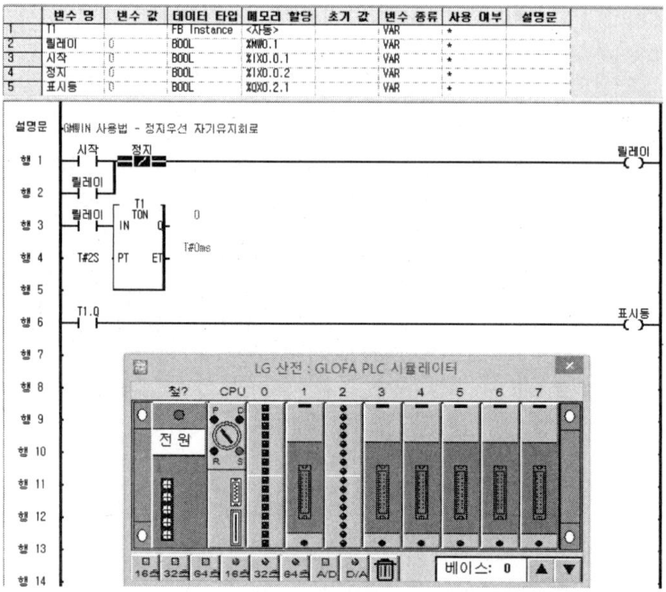

[그림 A2-25] 시뮬레이터 'STOP' 상태(입력 인가 후)

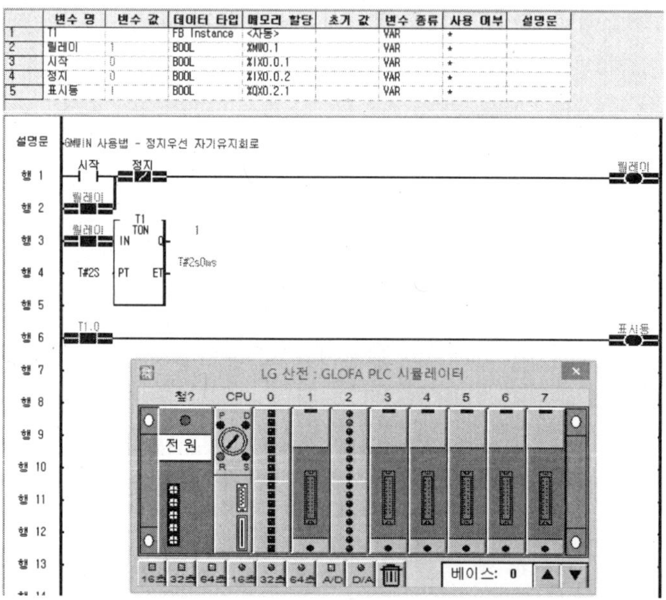

[그림 A2-26] 시뮬레이터 'RUN' 상태(입력 인가 후)

A2-5 프로그램을 PLC로 전송 및 모니터 방법

메뉴 [온라인]-[접속 + 쓰기 + 모드 전환 + 모니터 시작]을 선택하여 일괄 처리하거나 메뉴 [온라인]에서 단계별로 처리하여 모니터한다.

1) 접 속

설정된 접속 옵션에 따라 PLC와의 연결을 시도하기 위하여 메뉴 [온라인]-[접속]을 선택한다. 만약 접속 설정에 따른 접속이 실패하면 먼저 RS-232C 케이블이 PC와 PLC에 잘 연결되었는지 또는 케이블 결선이 끊어짐 없이 잘 연결되었는지 확인한다. 그리고 PC에 연결된 COM 포트 번호가 접속 설정의 COM 포트 번호와 일치하는지 확인하고, PLC가 정상 동작 상태인지 확인한다.

2) 쓰기(download)

사용자 프로그램 및 각 파라미터, 설명문 등을 PLC로 전송하기 위하여 메뉴 [온라인]-[접속]을 선택하여 PLC와 온라인으로 연결한 후 메뉴 [온라인]-[쓰기]를 선택한다. 이때 PLC 운전모드는 스톱모드로 설정되어 있어야 하며, PLC 운전 모드를 스톱모드로 전환하기 위하여 메뉴 [온라인]-[접속]을 선택하여 PLC와 연결한 후 메뉴 [온라인]-[모드 전환]-[스톱]을 선택한다.

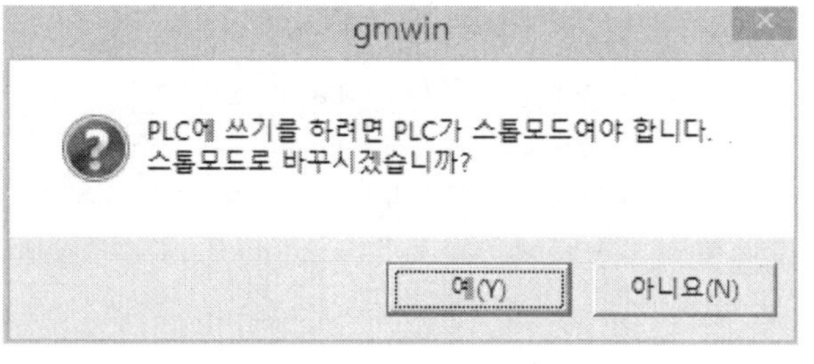

[그림 A2-27] 스톱모드 변경 메시지

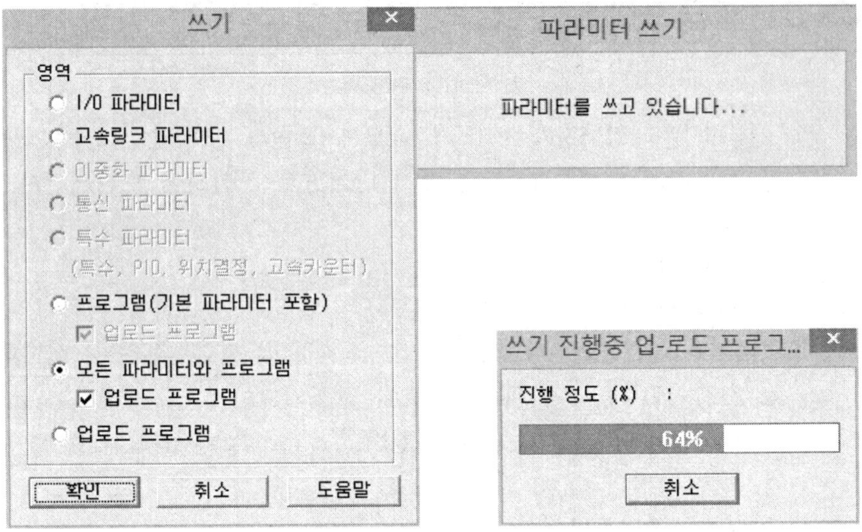

[그림 A2-28] 쓰기 과정

3) 읽기(upload)

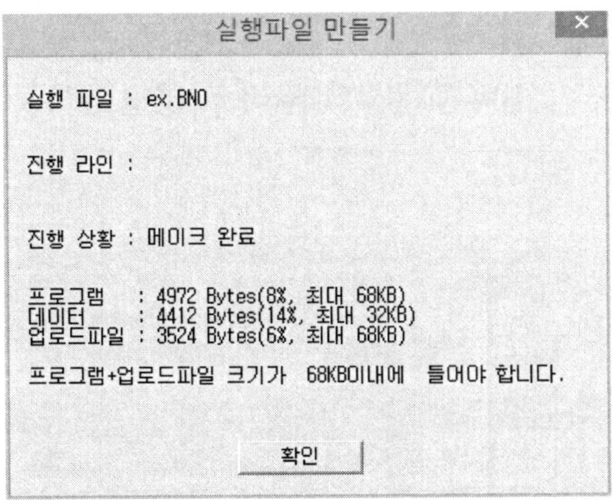

[그림 A2-29] 읽기/실행파일 만들기

PLC내에 저장되어 있는 프로그램 및 각 파라미터, 설명문 등을 업로드하여 현재 프로젝트에 적용하기 위하여 메뉴 [온라인]-[접속]을 선택하여 PLC와 연결한 후 메뉴 [프로젝트] - [PLC로 부터 읽기]를 선택한다.

4) 모니터 시작/끝

메뉴 [온라인]-[접속] 항목을 선택하여 PLC와 연결한 후 메뉴 [모니터]-[모니터 시작/끝]을 선택하여 모니터를 시작한다. 이때 LD 또는 IL 프로그램이 활성화 되어 있으면 모니터 모드로 변경된다. 그리고 메뉴 [모니터]-[모니터 시작/끝] 항목을 선택하여 모니터를 정지한다.

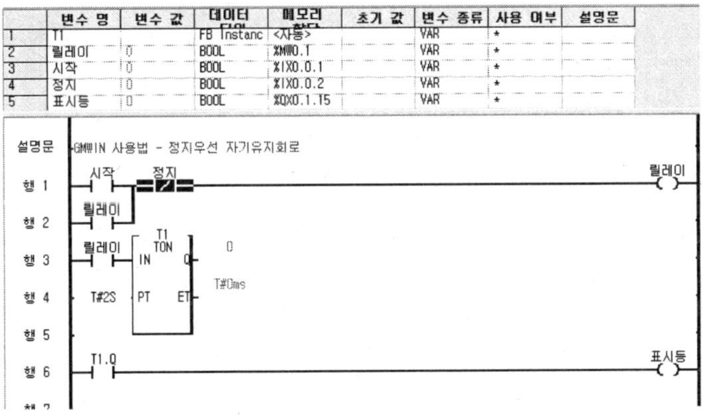

[그림 A2-30] 모니터 시작

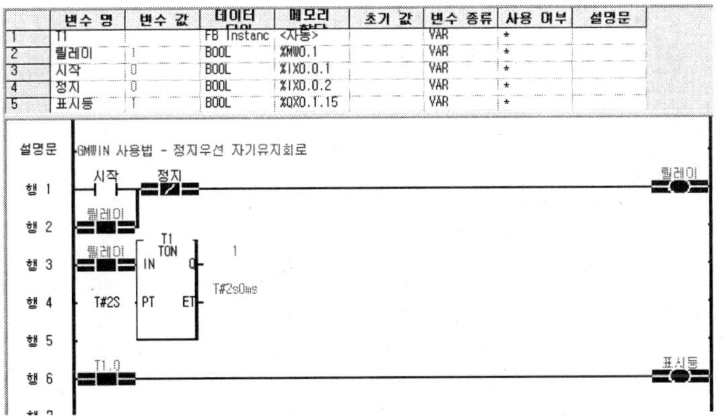

[그림 A2-31] 모니터 상태

APPENDIX

03 명 령 어

A3-1 산전 GLOFA GM 계열

(1) 기본 접점과 코일 (시퀀스 연산자)

기 호	이 름	기 능
		정적 접점
─┤ ├─	평상시 열린 접점	입력을 그대로 전달
─┤/├─	평상시 닫힌 접점	입력을 반전하여 전달
		상태 변환 검출 접점
─┤P├─	양 변환 검출 접점	입력이 OFF에서 ON으로 변화하는 순간 1스캔 시간 동안 ON
─┤N├─	음 변환 검출 접점	입력이 ON에서 OFF로 변화하는 순간 1스캔 시간 동안 ON
		임시 코일

─( )─	코일	접점 연산 결과를 지정된 접점으로 출력
─(/)─	반전코일	접점 연산 결과를 반전하여 지정된 접점으로 출력
유지(래치) 코일		
─(S)─	set 코일	연산 결과가 1번 ON에서 OFF로 되어도 출력값은 ON 유지
─(R)─	reset 코일	셋 되었던 접점을 리셋 시킴
상태 변환 검출 코일		
─(P)─	양 변환 검출 코일	연산 결과가 OFF에서 ON으로 변화하는 순간 1스캔 시간 ON
─(N)─	음 변환 검출 코일	연산 결과가 ON에서 OFF로 변화하는 순간 1스캔 시간 ON

(2) 펑 션

1) 데이터 형태 변환

이 름	종 류			
_TO_	ARY_***_TO_***	4종	ASC_TO_***	3종
	BCD_TO_***	10종	REAL_TO_***	11종
	LREAL_TO_***	12종	SINT_TO_***	16종
	INT_TO_***	16종	DINT_TO_***	16종
	LINT_TO_***	16종	USINT_TO_***	16종
	UINT_TO_***	17종	UDINT_TO_***	18종
	ULINT_TO_***	16종	BOOL_TO_***	14종
	BYTE_TO_***	15종	WORD_TO_***	15종
	DWORD_TO_***	17종	LWORD_TO_***	16종
	TRUNC(실수를 정수로)		STRING_TO_***	20종
	NUM_TO_STRING		TIME_TO_***	4종
	DATE_TO_***	4종	TOD_TO_***	4종
	DT_TO_***	5종		

2) 수치 연산 펑션

• 하나의 입력을 갖는 수치 연산 펑션

GMR, GM1, GM2 에서만 지원되며, ABS는 GM3, GM4, GM6, GM7 에서도 지원된다.

이 름	기 능
일반 함수	
ABS	절대값 연산(Absolute Value)
SQRT	제곱근 연산(Square Root)
로그 함수	
LN	자연 대수 연산(Natural Logarithm)
LOG	상용 대수 연산(Logarithm Base To 10)
EXP	자연 지수 연산(Natural Exponential)
삼각 함수	
SIN	사인값 연산(Sine)
COS	코사인값 연산(Cosine)
TAN	탄젠트값 연산(Tangent)
ASIN	아크 사인값 연산(Arc Sine)
ACOS	아크 코사인값 연산(Arc Cosine)
각도 함수	
RAD_REAL/LREAL	각도의 단위를 (°)에서 라디안(Radian)으로 변환
DEG_REAL/LREAL	라디안(Radian)값을 각도(°)로 변환
ATAN	아크 탄젠트값 연산(Arc Tangent)

• 기본 수치 연산 평션

EXPT는 GMR, GM1, GM2에서만 지원하며, (XCHG_***는 GM3, GM4, GM6, GM7에서도 지원된다.

이 름	기 능
입력 개수를 확장할 수 있는 연산(단, n은 8까지 가능)	
ADD	더하기 (OUT <= IN1 + IN2 + ... + INn)
MUL	곱하기 OUT <= IN1 * IN2 * ... * INn)
입력 개수가 일정한 연산	
SUB	빼기(OUT <= IN1 - IN2)
DIV	나누기(OUT <= IN1 / IN2)
MOD	나머지 구하기(OUT <= IN1 Modulo IN2)
EXPT	지수 연산(OUT <= IN1IN2)
MOVE	데이터 복사(OUT <= IN)
입력 데이터 값 교환	
XCHG_***	입력 데이터 값을 서로 교환

3) 비트열 펑션

이 름	기 능
비트 이동/회전	
SHL	입력을 N 비트 왼쪽으로 이동(오른쪽은 0 으로 채움)
SHR	입력을 N 비트 오른쪽으로 이동(왼쪽은 0 으로 채움)
SHIFT_C_***	입력을 N 비트만큼 지정된 방향으로 이동(Carry 발생)
ROL	입력을 N 비트 왼쪽으로 회전
ROR	입력을 N 비트 오른쪽으로 회전
ROTATE_C_***	입력을 N 비트만큼 지정된 방향으로 회전(Carry 발생)
비트 연산	
AND	논리곱(OUT <= IN1 AND IN2 AND ... AND INn)
OR	논리합(OUT <= IN1 OR IN2 OR ... OR INn)
XOR	배타적 논리합(OUT <= IN1 XOR IN2 XOR ... XOR INn)
NOT	논리 반전(OUT <= NOT IN1)

4) 선택 펑션

이 름	기 능(단, n은 8까지 가능)
SEL	입력 IN0 와 IN1 중에 선택하여 출력
MAX	입력 IN1,...INn 중에 최대값 출력
MIN	입력 IN1,...INn 중에 최소값 출력
LIMIT	상하한 제한값 출력
MUX	입력 IN0, ... INn 중 K 번째 입력을 출력

5) 데이터 교환 펑션

이 름	기 능
SWAP_BYTE	BYTE 의 상·하위 Nibble 을 교환하여 줄력
SWAP_WORD	WORD 의 상·하위 BYTE 를 교환하여 줄력
SWAP_DWORD	DWORD 의 상·하위 WORD 를 교환하여 줄력
SWAP_LWORD	LWORD 의 상·하위 DWORD 를 교환하여 줄력
ARY_SWAP_BYTE	Array 로 입력된 BYTE 의 상·하위 Nibble 을 교환하여 줄력
ARY_SWAP_WORD	Array 로 입력된 WORD 의 상·하위 BYTE 를 교환하여 줄력
ARY_SWAP_DWORD	Array 로 입력된 DWORD 의 상·하위 WORD 를 교환하여 줄력
ARY_SWAP_LWORD	Array 로 입력된 LWORD 의 상·하위 DWORD 를 교환하여 줄력

6) 비교 펑션

이 름	기 능(단, n은 8까지 가능)
GT	'크다' 비교, OUT <= (IN1>IN2) & (IN2>IN3) & ... & (INn-1 > INn)
GE	'크거나 작다' OUT<=(IN1>=IN2) & (IN2>=IN3) & ... & (INn-1>= INn)
EQ	'같다' OUT<=(IN1=IN2) & (IN2=IN3) & ... & (INn-1 = INn)
LE	'작거나 같다' OUT<=(IN1<=IN2) & (IN2<=IN3)& ... & (INn-1<= INn)
LT	'작다' OUT<=(IN1<IN2) & (IN2<IN3) & ... & (INn-1 < INn)
NE	'같지 않다' OUT<=(IN1<>IN2)&(IN2<>IN3)& ... &(INn-1<> INn)

7) 문자열 펑션

이 름	기 능
LEN	입력 문자열의 길이 구하기
LEFT	입력 문자열을 왼쪽으로부터 L 만큼 출력
RIGHT	입력 문자열을 오른쪽으로부터 L 만큼 출력
MID	입력 문자열의 P 번째부터 L 만큼 출력
CONCAT	입력 문자열을 붙여 출력
INSERT	첫째 문자열의 P번째 문자 뒤에 둘째 입력 문자열을 삽입 출력
DELETE	입력 문자열의 P번째 문자부터 L 개 문자를 삭제하여 출력
REPLACE	첫째 문자열 P번째 문자부터 L개 문자를 둘째 문자열로 대치출력
FIND	첫째 문자열 중 둘째 문자열 패턴과 동일부분 시작문자 위치출력

8) 날짜 시각 펑션

이 름	기 능
ADD_TIME	시간, 시각 및 날짜 시각에 시간 더하기
SUB_TIME	시간, 시각 및 날짜 시각에 시간 빼기
SUB_DATE	날짜에서 날짜를 빼서 시간 산출하기
SUB_TOD	시각에서 시각을 빼서 시간 산출하기
SUB_DT	날짜 시각에서 날짜 시각을 빼서 시간 산출하기
MUL_TIME	시간에 숫자 곱하기
DIV_TIME	시간에 숫자 나누기
CONCAT_TIME	날짜와 시각을 붙여서 날짜 시각 만들기

9) 시스템 제어 펑션

이 름	기 능
DI	태스크 프로그램 기동 불허
EI	태스크 프로그램 기동 허가
STOP	프로그램에 의한 운전정지
ESTOP	프로그램에 의한 비상 운전정지
DIREC_IN	입력 데이터 즉시 갱신(GM1- GM7에 적용)
DIREC_O	출력 모듈 데이터 즉시 갱신(GM1- GM7에 적용)
WDT_RST	Watch_Dog 타이머 갱신
MCS	Master Control
MCSCLR	Master Control Clear

10) 데이터 조작 명령 펑션

이 름	기 능
MEQ_***	입력 값을 Masking 한 후 이 값들을 비교
DIS_***	입력 값들을 지정된 Bit 개수 단위로 출력
UNI_***	Array로 입력된 값을 지정된 Bit수만큼 결합
BIT_BYTE	8개의 Bit들을 BYTE로 모음
BYTE_BIT	BYTE를 8개의 Bit로 나눔
BYTE_WORD	2개의 BYTE들을 WORD로 모음
WORD_BYTE	WORD를 2개의 BYTE로 나눔
WORD_DWORD	2개의 WORD들을 DWORD로 모음
DWORD_WORD	DWORD를 2개의 WORD로 나눔
DWORD_LWORD	2개의 DWORD들을 LWORD로 모음
LWORD_DWORD	LWORD를 2개의 DWORD로 나눔
GET_CHAR	지정된 문자열로부터 한문자(Character)를 추출
PUT_CHAR	지정된 문자를 지정된 문자열에 쓰기
STRING_TO_ARY	지정된 문자열을 BYTE Array로 변환
ARY_TO_STRING	BYTE Array를 지정된 문자열로 변환

11) 스택 연산 명령 펑션

이 름	기 능
FIFO_***	선입 선출 명령
LIFO_***	후입 선출 명령

12) MK(MASTER-K) 펑션

이 름	기 능(단, n은 8까지 가능)
ENCO_***	ON 된 비트 위치를 숫자로 출력
DECO_***	지정된 비트 위치를 ON
BSUM_***	ON 된 비트 개수를 숫자로 출력
SEG	BCD 또는 HEX 값을 7 세그먼트 디스플레이 코드로 변환
BMOV_***	비트 스트링의 일부분을 복사/이동
INC_***	IN 데이터를 하나 증가
DEC_***	IN 데이터를 하나 감소

13) Array 연산 명령 펑션

이 름	기 능
ARY_MOVE	Array Type 의 데이터 복사(OUT <= IN)
ARY_CMP_***	2 개의 Array 로 입력된 값을 동일한 값이 있는지 비교
ARY_SCH_***	Array 내에서 입력된 값과 동일한 값을 찾아 출력
ARY_FLL_***	입력 데이터 값으로 Array 내부의 선택 영역을 채움.
ARY_AVE_***	Array 내부의 지정된 영역에 대하여 평균값을 구함
ARY_SFT_C_***	Array 의 Bit 들을 정해진 개수만큼 지정된 방향으로 이동
ARY_ROT_C_***	Array 의 Bit 들을 정해진 개수만큼 지정된 방향으로 회전
SHIFT_A_***	Array 블록 중 지정된 범위의 값들을 지정된 방향으로 이동
ROTATE_A_***	Array 블록 중 지정된 범위의 값들을 지정된 방향으로 회전

(3) 펑션 블록

이 름	기 능
	바이스테이블
SR	세트 우선 쌍안정 출력
RS	리세트 우선 쌍안정 출력
SEMA	시스템 자원 제어용 Semaphore
	에지 검출
R_TRIG	상승 에지 검출(Rising Edge Detector)
F_TRIG	하강 에지 검출(Falling Edge Detector)
	카운터
CTU	가산 카운터(Up Counter)
CTD	감산 카운터(Down Counter)
CTUD	가감산 카운터(Up Down Counter)
CTR	링 카운터(Ring Counter)
	타이머
TP	펄스 타이머(Pulse Timer)
TON On	딜레이 타이머(On-Delay Timer)
TOF Off	딜레이 타이머(Off-Delay Timer)
TMR	적산 타이머(Integrating Timer)
TP_RST	펄스 타이머의 출력 Off가 가능한 노스테이블 타이머
TRTG	리트리거블 타이머(Retriggerable Timer)
TOF_RST	동작 중 출력 Off가 가능한 Off 딜레이 타이머(Off-Delay Timer)
TON_UNIT	정수 설정 On 딜레이 타이머(On-Delay Timer)
TOF_UNIT	정수 설정 Off 딜레이 타이머(Off-Delay Timer)
TP_UNIT	정수 설정 펄스 타이머(Pulse Timer)
TMR_UNIT	정수 설정 적산 타이머(Integrating Timer)
	기 타
SCON	순차 스텝 및 스텝 점프
DUTY	지정된 Scan마다 On/Off 반복

APPENDIX

04 대전력 부하회로 개폐

컨베이어 벨트나 공작기계 등의 동력원으로 사용하는 모터나 히터 등과 같이 대전력을 소비하기 때문에 일반 릴레이 사용이 곤란하므로 전자접촉기를 사용한다.

전자접촉기의 동작원리는 플런저형 전자 릴레이와 동일하고, 대전력의 부하를 제어하는 부하회로(주회로)와 부하를 개폐하기 위한 조작 스위치나 릴레이의 여자회로(보조회로)의 전선 굵기는 서로 다르므로, [그림 A4-1]과 같이 주회로와 보조회로는 분리하여 표시한다.

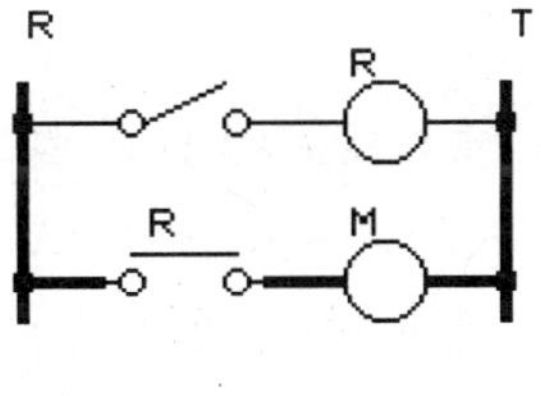

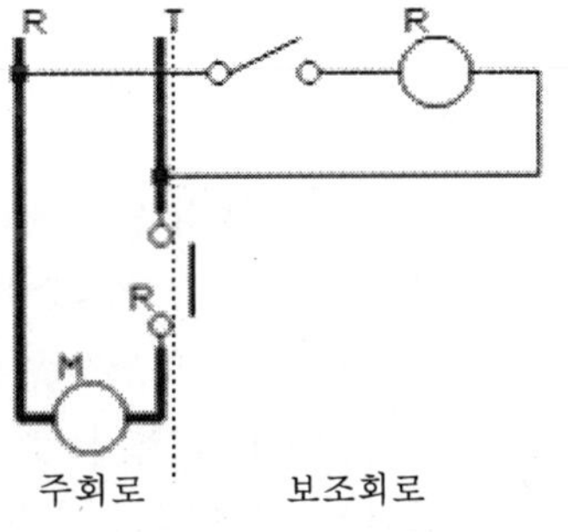

[그림 A4-1] 주회로와 보조회로의 분리

A4-1 전자접촉기

(1) 개 요

[그림 A4-1]에서 주회로를 개폐하기 위한 릴레이는 큰 접점용량이 필요하지만 일반 릴레이는 250[V], 5[A] 정도의 접점용량밖에 되지 않으므로, [그림 A4-2]와 같은 접점용량이 크고 내전압이 큰 전자접촉기(Magnetic Contactor : MC)를 사용하여 주회로를 개폐한다.

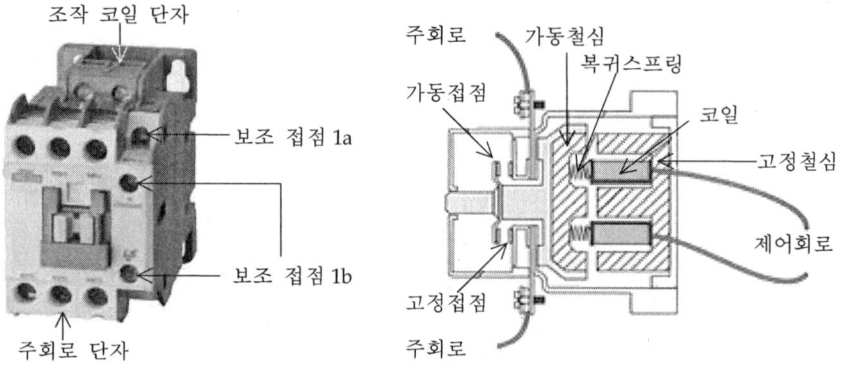

(a) 실물과 내부

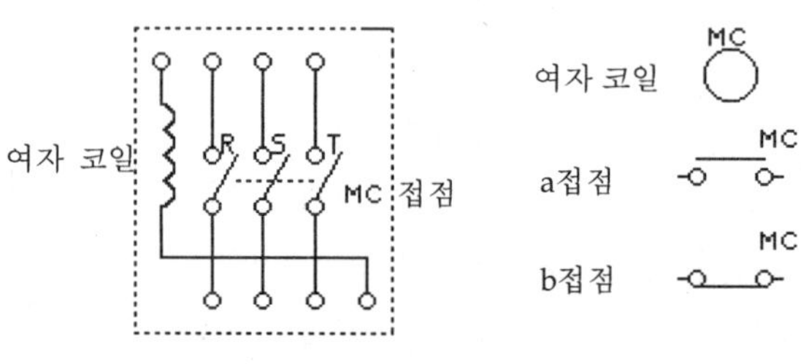

(b) 기본 구조도(좌측)와 그림기호(우측)

[그림 A4-2] 전자 접촉기

[그림 A4-3]은 주회로를 개폐하기 위한 [그림 A4-1]의 릴레이 회로를 전자접촉기 회로로 대체한 것이다.

주회로를 개폐하는 경우 [그림 A4-3(a)]와 같이 한쪽 선로만을 개폐하면 감전 등의 염려가 있으므로, [그림 A4-3(b)]와 같이 각 선로에 전자접촉기 접점을 사용하고 조작회로의 전원은 3상 선로의 2선 사이에서 단상교류를 얻어 사용한다. 그리고 제어가 복잡하여 조작에 접속하는 사용기기가 많아지면 조작회로의 전원은 [그림 A4-3(c)]와 같이 다른 보조전원을 사용한다.

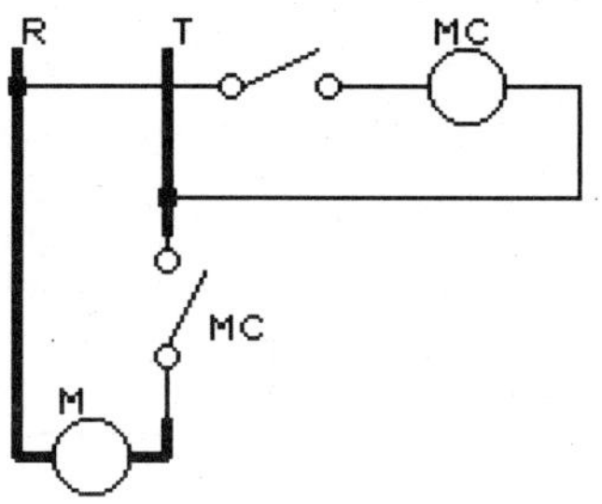

(a) 한쪽 선로만 개폐

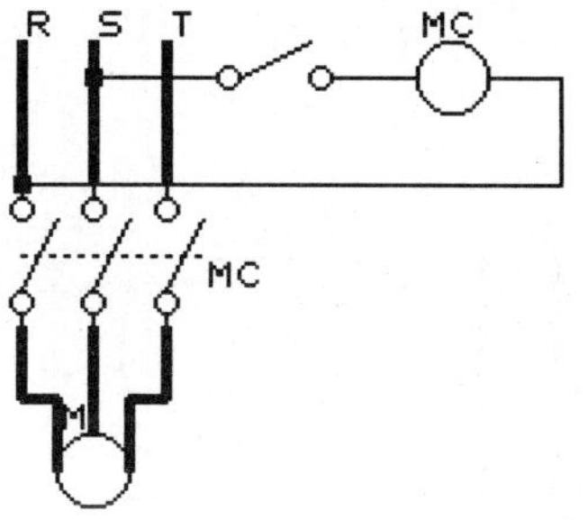

(b) 3상을 동시에 개폐

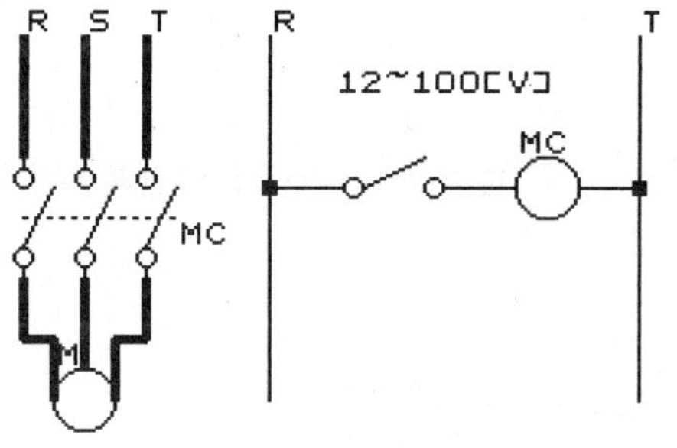

(c) 별도의 보조전원 사용

[그림 A4-3] 전자접촉의 개폐방법

(2) 정전시 전자접촉기의 개폐

정전이 발생하면 자동적으로 주회로가 OFF되고 복전이 되면 수동으로 주회로가 ON되도록 회로를 구성하면 안전사고에 대비한다. 즉 유지형 스위치 대신에 수동조작 자동복귀형 PB 스위치를 사용하여 시동과 정지를 행하고, 자기유지를 위하여 전자접촉기의 보조접점을 사용한다.

1) 회로의 동작과정

- PB1 ON → MC 여자 → 모터가 기동

PB1을 ON 조작 후 손을 떼어도 MC의 보조접점이 닫혀서 모터는 회전을 계속(자기유지)

- PB2 ON → MC 소자 → 모터가 정지

PB2을 ON 조작 후 손을 떼면 MC의 보조접점이 열려 모터가 정지(자기유지 해제)

• 정전시에는 MC가 소자되어 자기유지가 해제되어 모터가 정지하고, 복전이 되면 PB1을 ON 조작하여 모터를 다시 기동한다.

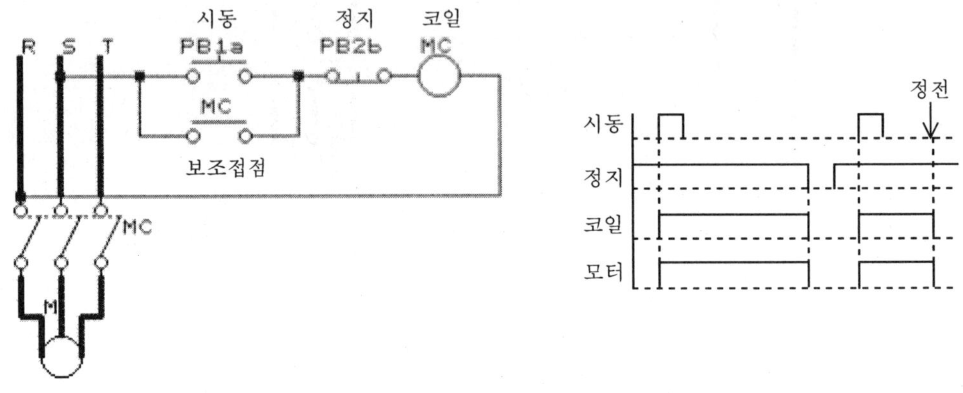

[그림 A4-4] 전자접촉기의 실용회로와 타임차트

A4-2 과전류 보호장치

(1) 퓨 즈

주회로의 각 선로에 삽입하여 전원회로의 단락사고 등에 의하여 과전류가 흐르면 회로를 차단하여 회로를 보호한다. 퓨즈는 과전류 보호장치 중에서 가장 저렴하고 간단하지만, 1개 선로만 용단된 경우 다른 2선로를 통하여 부하가 비정상적으로 구동한다.

(2) 배선용 차단기(Molded Case Circuit Breaker : MCB)

퓨즈의 단점을 제거하기 위하여 과전류가 흐르면 전자력에 의하여 순간적으로 전체 선로를 동시에 차단하여 회로를 보호한다.

(3) 열동 과전류 릴레이(THermal overload Relay : THR)

부하의 이상에 의한 정상전류의 증가를 검출하여 부하를 보호한다.

1) 구 성

- 히터 : 부하전류가 흐르면 발열한다.
- 바이메탈 : 히터에 의하여 발열되어 변위한다.
- a 접점 : 경보용 접점으로 릴레이가 작동한 것을 알리는 표시등의 점등에 사용한다.
- b 접점 : 조작회로에 결선하여 전자접촉기의 여자회로를 차단한다.

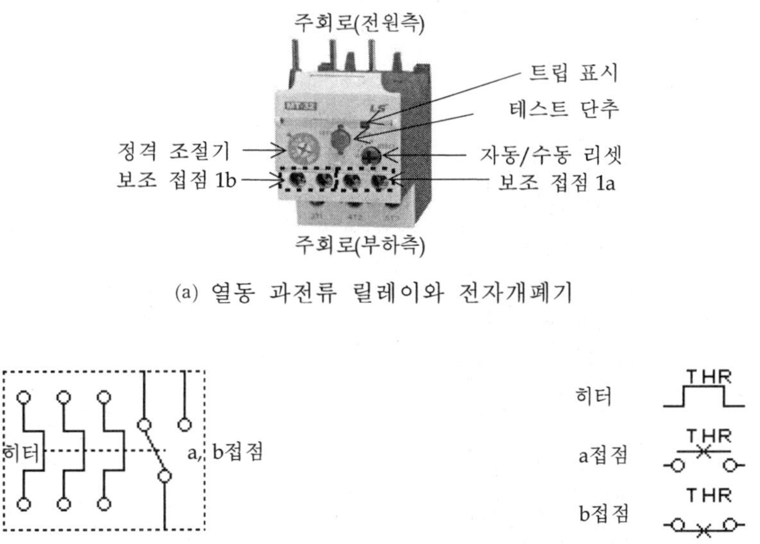

(a) 열동 과전류 릴레이와 전자개폐기

(b) 기본 구조도

(c) 그림기호

[그림 A4-5] 열동 과전류 릴레이

2) 동작과정

릴레이의 히터가 부하전류의 증가를 검출 → 히터가 가열 → a접점이 ON, b접점이 OFF → 경보표시등이 점등, MC 소자 → 주회로 OFF

- 릴레이가 동작하는 전류치는 다이얼로 부하의 정격전류에 맞추어 사용한다. 최근에는 과전류에 의한 부하의 보호뿐만 아니라 어느 선로가 개방되면 자동적으로 회로를 차단하는 보호 기능이 개발되었다.

A4-3 전자개폐기

전자접촉기의 ON/OFF에 의해 모터 등의 부하를 운전/정지시킴으로써 부하를 보호, 제어하는 목적으로 사용된다.

부하에 일정 이상의 과전류가 흐르면 과부하계전기가 이를 감지하여 전자접촉기의 조작 전원을 OFF시켜 부하를 정지시킨다. 그리고 전자접촉기와 과부하계전기가 조합되어 사용되며 이를 전자개폐기(Magnetic Switch : MS)라고 한다.

[그림 A4-6]은 지금까지 설명한 내용을 정리한 실체배선도와 조작회로 부분의 순서도이다. 참고로 모터의 정역운전에 전자개폐기를 사용하는 경우 3상선로 중 임의의 2상선로를 교체한다.

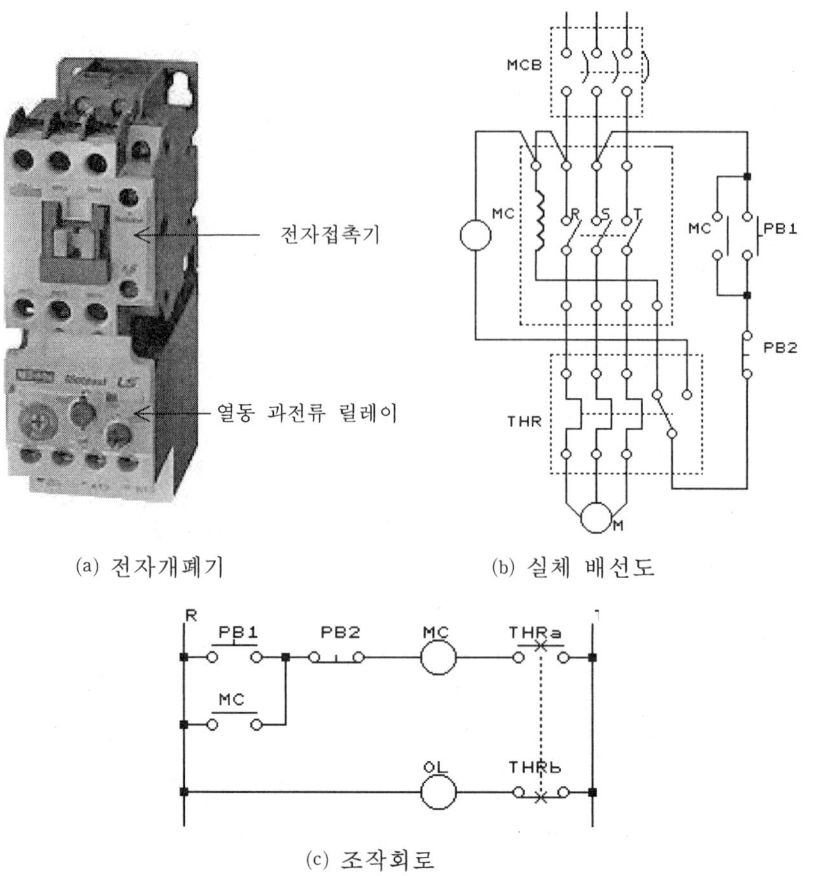

(a) 전자개폐기

(b) 실체 배선도

(c) 조작회로

[그림 A4-6] 전자개폐기의 실체배선도와 조작회로의 순서도

찾아보기

[숫자, 영문]

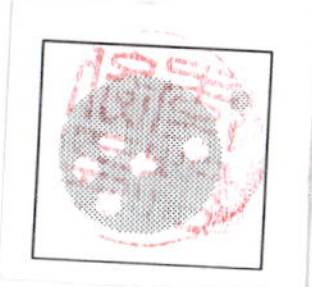

공장자동화 기초와 응용

2018년 2월 25일 1판 2쇄 발행

저 자 이 상 준
발행인 남 승 우

발행처 도서출판 상尙 학學 당堂

시울시 동작구 사당로9가길 6(사당동)
TEL : 02) 595-1692 ~ 4
FAX : 02) 595-1394
E-mail : namdoo6@unitel.co.kr
신고 : 2-155호 (1968. 11. 29)

정가 27,000원

ISBN 978-89-6587-125-5 93560

〈디자인〉 편집 이선경 / 표지 나아기획